用ChatGPT学会Python编程

袁昕 编著

北京大学出版社
PEKING UNIVERSITY PRESS

内 容 提 要

本书创新地以 ChatGPT 作为辅助学习工具，系统全面地讲解了零基础读者如何快速有效地学习 Python 编程技能。

全书共 15 章，第 1 章讲解了 ChatGPT 的功能及在编程学习中的作用；第 2 章讲解了 Python 的语言特点及开发环境的搭建；第 3 ~ 10 章为基础内容，讲解了 Python 的语言基础，包括输入与输出、变量与数据类型、运算、控制流、函数、列表、字典、模块；第 11 ~ 13 章为进阶内容，介绍了使用 Python 进行文件操作、网络爬虫的相关操作，以及面向对象程序设计；第 14 ~ 15 章深入介绍了 ChatGPT 工具在编程中的应用，包括利用它进行辅助开发和在程序中接入 ChatGPT。

本书内容系统全面，案例丰富，讲解浅显易懂，既适合 Python 零基础入门的读者学习，也适合作为广大中职、高职院校相关专业的教材用书。

图书在版编目(CIP)数据

码上行动：用ChatGPT学会Python编程 / 袁昕编著. — 北京：北京大学出版社，2024.1
ISBN 978-7-301-34619-8

Ⅰ. ①码… Ⅱ. ①袁… Ⅲ. ①软件工具－程序设计 Ⅳ. ①TP311.561

中国国家版本馆CIP数据核字（2023）第213712号

书　　名 码上行动：用ChatGPT学会Python编程
MASHANG XINGDONG: YONG ChatGPT XUEHUI Python BIANCHENG
著作责任者 袁　昕　编著
责任编辑 王继伟　刘羽昭
标准书号 ISBN 978-7-301-34619-8
出版发行 北京大学出版社
地　　址 北京市海淀区成府路205 号　100871
网　　址 http://www.pup.cn　　新浪微博: @ 北京大学出版社
电子邮箱 编辑部 pup7@pup.cn　总编室 zpup@pup.cn
电　　话 邮购部 010-62752015　发行部 010-62750672　编辑部 010-62570390
印 刷 者 河北滦县鑫华书刊印刷厂
经 销 者 新华书店
787毫米×1092毫米　16开本　21印张　474千字
2024年1月第1版　2024年1月第1次印刷
印　　数 1-4000册
定　　价 79.00 元

前言

INTRODUCTION

为什么写这本书

Python 是一门简洁、易读、可扩展且功能强大的编程语言，广泛应用于数据分析、人工智能、网络开发和科学计算等领域。丰富的第三方模块、跨平台等特性，以及活跃的社区支持，使得 Python 广受众多开发者的好评。同时，较低的上手门槛也使其成为很多新手入门编程的首选语言。

ChatGPT 则是一种先进的语言模型，可以与用户进行自然语言的对话交互，提供实时指导和解答。其数据库中的知识储备广泛，可以针对不同领域的问题提供相关信息和见解。此外，ChatGPT 还能够生成连贯的文本，用于自动生成文档、辅助写作和表达创造性的内容等任务。

因此，笔者希望通过本书，让更多的学习者掌握 Python 编程这项强大的技能，同时了解和利用 ChatGPT 这项先进的技术，使得学习的过程更加轻松和高效。

通过 ChatGPT 的对话式交流，学习者可以很方便地获取与 Python 编程相关的实时指导和解答，从而更容易地理解概念，更快速地解决问题。ChatGPT 可以根据用户的个人需求和学习进度进行个性化的指导，这意味着学习者可以根据自己的学习风格和节奏进行学习，获得定制化的学习路径和建议。

ChatGPT 的出现一定会给现有的学习模式带来重大的影响。而本书作为一种新的尝试，旨在给读者一些启发。若在学习过程中能利用好 AI 技术，无论是初学者还是有经验的程序员，是学习 Python 还是学习其他语言和技能，都可以事半功倍。

当然，目前的 AI 技术尚有局限。本书的核心框架仍是基于笔者多年的开发与教学经验，在此基础上与 ChatGPT 的功能相结合，编写了这本新颖的 Python 入门教程。希望这些内容可以让各位读者顺利踏入 Python 的世界，享受编程技术带来的便利和快乐，并能体会到 AI 技术的强大和便捷，从而为未来的学习打下更好的基础。

本书的特点

本书的内容从零基础开始，由浅入深地介绍 Python 的基础语法及相关概念，无须任何编程经验即可阅读学习。在讲解相关知识点时，均配有示例代码，方便读者结合代码进行理解，边学边练。本书在教授 Python 知识的同时，也演示了 ChatGPT 工具的使用。除了通过向 ChatGPT 提问的方式获取信息和指导，书中还进一步介绍了 ChatGPT 在实际开发中的应用。通过一次学习，可以获得两项技能。

本书整体特点可归纳如下。

- 本书内容从零开始，力求浅显易懂，不需要额外的背景知识即可学习。
- 将 AI 前沿产品 ChatGPT 应用到 Python 学习的过程中，演示了如何利用 ChatGPT 辅助学习，提升学习效率。
- 内容涵盖 Python 入门阶段所涉及的基本语法和常见用法，学完这本书便可入门 Python。
- 示例丰富，理论与实践相结合，读者通过示例代码更容易理解概念并运用到实际开发中。
- 在基础内容之外，ChatGPT 答疑解惑中会探讨一些学习和开发中的常见问题，从而让学习者少走弯路。

本书的内容安排

本书内容安排与知识架构如下。

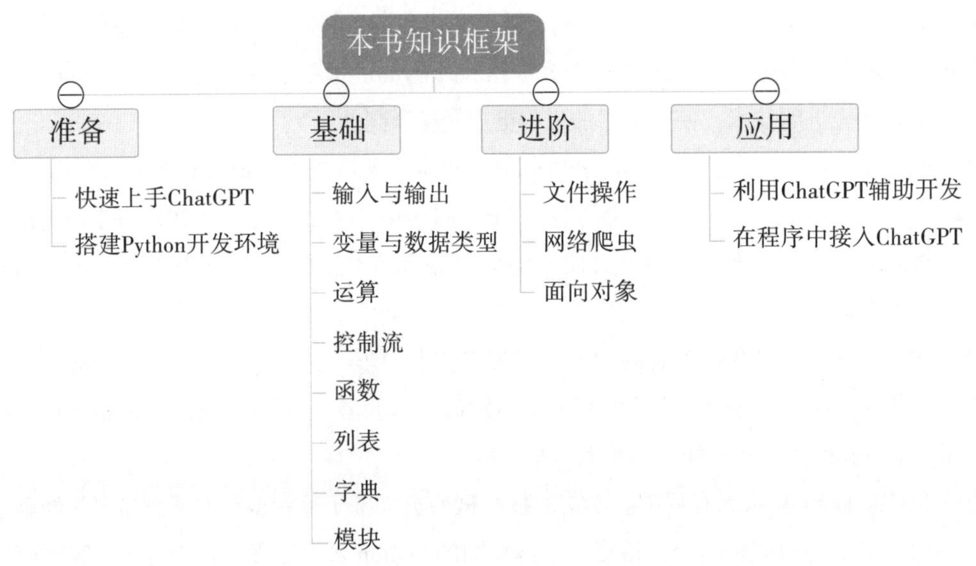

写给读者的学习建议

阅读本书时，建议从第1章开始按顺序学习。在学习的过程中，务必打开代码编辑器，一边学习，一边尝试编写和运行书中的配套代码示例。第一遍学习时可能会遇到一些难以理解的细节，可先不深究，继续向下学习。编程学习是一个反复的过程，在你学习并练习一段时间之后，再回头阅读，会有更深的理解。

而如果读者本身有一定的编程基础，可不必将每个例子都运行一遍，但仍然建议按照章节顺序进行阅读，查漏补缺，并针对自己了解不深的内容进行重点学习。

如果读者希望短时间内快速上手 Python，可直接阅读本书的第 3 ~ 10 章，跳过其他部分。但即便如此，仍然建议在之后空闲下来阅读剩下的部分，尤其是关于 ChatGPT 的使用。

Python 是一门对新手相对友好的语言，入门阶段的难度并不高，但也离不开持续的学习和足够的练习。虽然有了 ChatGPT，我们可以很容易地获得一些代码，但这些独立的代码片段并不能完美解决实际的开发问题。打好编程基础仍是一件值得投入的事情。保持长期学习的心态，不断在写代码和改代码的过程中积累经验，提升能力，相信每位读者都可以成功掌握 Python 编程这项技能。

除了书，您还能得到什么

（1）赠送：案例源代码。提供书中完整的案例源代码，方便读者参考学习和使用。

（2）赠送：20 个 Crossin 老师针对 Python 初学者的经验分享视频与教学视频。

（3）赠送：100 道 Python 练习题，方便读者学习后进行巩固练习，测试自己对 Python 编程基础的掌握情况。

（4）赠送：Crossin 老师精选的 30 个 Python 进阶实战案例及源代码，适合读者学完基础后进行巩固练习，增加实践经验。

（5）赠送：20 个 ChatGPT 使用技巧，优化提示词，得到更高质量的回答。

（6）赠送：Python 打卡学习交流 QQ 群。可定期参与打卡学习活动，与其他学习者一起学习、交流讨论，并可在阅读本书遇到问题时得到解答，从而在学习道路上少走弯路。Python 打卡学习交流 QQ 群群号为 694737889。

（7）赠送：PPT 课件。本书配有与内容讲解同步的 PPT 课件，以便老师教学使用。

（8）赠送：ChatGPT 的调用方法与操作说明手册。

（9）赠送：国内 AI 语言大模型简介与应用手册。

温馨提示

以上资源，请扫描下方二维码关注微信公众号，输入本书 77 页的资源下载码，获取下载地址及密码。

另外，读者若有学习问题，可以关注微信公众号“Crossin 的编程教室”，输入相关问题，Crossin 老师看到消息后会及时回复。

本书由 Crossin（袁昕）老师执笔编写。在本书的编写过程中，作者竭尽所能地为您呈现更好、更全的实用内容，但仍难免有疏漏和不妥之处，敬请广大读者不吝指正。

目录 CONTENTS

第3章 输入与输出 034

第4章 变量与数据类型 047

第 1 章

快速上手 ChatGPT

★本章导读★

本章我们先认识一下 ChatGPT，了解它在 Python 学习中能够起到的作用，以及在 Python 学习中如何使用 ChatGPT。

★知识要点★

通过本章内容的学习，读者能掌握以下知识：

◆ 了解 ChatGPT 的原理、用法和应用场景

◆ 了解如何用 ChatGPT 辅助 Python 的学习

1.1 ChatGPT 的自我介绍

ChatGPT 是一个能够聊天的 AI 产品，因此我们可以让它来进行一个全面的“自我介绍”。

1.1.1 ChatGPT 是什么

ChatGPT 是由 OpenAI 公司于 2022 年 11 月推出的一个基于大型语言模型的人工智能聊天机器人应用服务。

关于它的更多情况，我们就直接让它自己来说说吧！

提问：ChatGPT 是什么？

ChatGPT:

ChatGPT 是由 OpenAI（一个人工智能研究组织）开发的一种基于自然语言处理（NLP）的大型语言模型，它采用了深度学习技术。ChatGPT 的全称是 Chat Generative Pre-trained Transformer（聊天生成式预训练转换器），其中 Transformer 是一种神经网络架构，可以处理序列数据，如文本。

ChatGPT 是建立在前人研究的基础上的，它的设计思路是先对大规模语料进行预训练，然后再

对特定任务进行微调，从而达到更好的表现。预训练过程中，模型通过学习大规模文本数据，如维基百科、新闻文章和社交媒体上的帖子等，来理解自然语言的语法和语义，从而生成能够流畅表达人类思维的文本。

ChatGPT 是一种通用性较强的语言模型，能够处理各种自然语言任务，如问答、文本生成、机器翻译等。因此，它在许多领域都有广泛应用，如智能客服、智能写作、语音识别、情感分析等。

与人类进行对话是 ChatGPT 的一大亮点，它可以接受用户输入的自然语言，然后根据自己的预训练经验和对话历史，生成符合语法和语义的回复。ChatGPT 的对话能力已经达到了令人印象深刻的水平，甚至在某些情况下能够欺骗人类，让他们误认为正在与一个真实的人类进行交互。

然而，需要注意的是，ChatGPT 并不是完美的，它有时会犯错或生成不太准确的回复，这也是基于模型的自然语言处理技术的局限性。

从 ChatGPT 的自我介绍中可以看出，它是一个大型语言模型，处理文本信息是它的核心能力，其生成的对话目前已经达到可以欺骗人类的水平。但同时也要注意，其生成的内容并不一定是准确的，不能直接作为事实性的依据或决策性的参考。

1.1.2 ChatGPT 的原理

因为 ChatGPT 具备检索信息和智能生成人类语言的能力，再加上它内部有庞大的知识资料库，所以当需要查找某类信息时，可以直接向 ChatGPT 询问答案，而无须像过去一样通过网络搜索、查找文献等方式。这很可能会颠覆当前的搜索引擎，成为下一代的信息获取方式。

下面，同样用 ChatGPT 来了解一下其自身的实现原理。

提问：详细解释 ChatGPT 的原理。

ChatGPT:

ChatGPT 是一种基于自然语言处理和深度学习技术的语言模型。它的原理可以分为三部分：预训练、微调和生成。

1. 预训练：ChatGPT 是通过预训练来学习自然语言的语法和语义的。预训练数据集通常是大规模的、未标注的文本数据，如维基百科、新闻、小说和社交媒体的帖子等。ChatGPT 采用了 Transformer 结构，即多头自注意力机制（Multi-headed Self-attention）和前馈神经网络（Feedforward Neural Network）的组合。在预训练过程中，模型通过输入一个文本序列，从中预测下一个单词或掩盖其中一个单词并预测它，来学习语言模型。这样，模型就可以理解单词之间的关系和上下文，学习到自然语言的规则和语法。

2. 微调：在预训练完成后，ChatGPT 需要通过微调来适应特定任务。微调的数据集通常是有标注的，如情感分析、问答系统、对话生成等任务。在微调过程中，ChatGPT 会根据任务的不同来调整自己的语言模型，以达到更好的性能表现。

3. 生成：ChatGPT 是一种生成式模型，可以自动生成符合语法和语义的文本。在对话生成中，模型会根据之前的对话历史和当前输入的对话内容，生成符合语法和语义的回复。生成过程中，模型通过不断地推理和生成来完成对话，从而实现与人类的交互。

总体来说，ChatGPT 是一种强大的语言模型，可以处理各种自然语言任务，如问答、文本生成、机器翻译等。其原理基于深度学习技术，能够通过大规模的数据学习自然语言的规则和语法，从而生成符合人类思维习惯的文本回复。

从回答中可以看出，ChatGPT 的基础是深度学习，需要大规模的文本进行预训练。其结果的生成具有一定的随机性，如果读者用相同的问题问 ChatGPT，得到的回复会与本书中的回复存在差异，但还是符合语法和语义的。

1.1.3 如何使用 ChatGPT

下面我们就来了解如何使用 ChatGPT。具体操作步骤如下。

第 1 步：打开浏览器，访问 ChatGPT 的官方网站 https://chat.openai.com/，如图 1-1 所示。

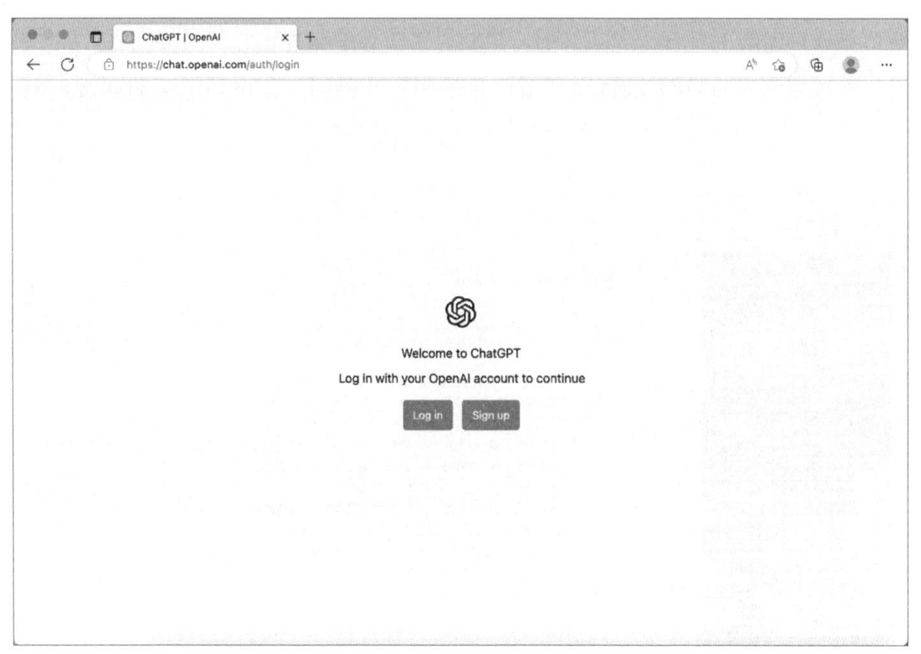

图 1-1　ChatGPT 登录页面

第 2 步：单击【Sign up】按钮，按照提示进行注册。注册完成后单击【Log in】按钮登录 ChatGPT。登录后的对话页面如图 1-2 所示。

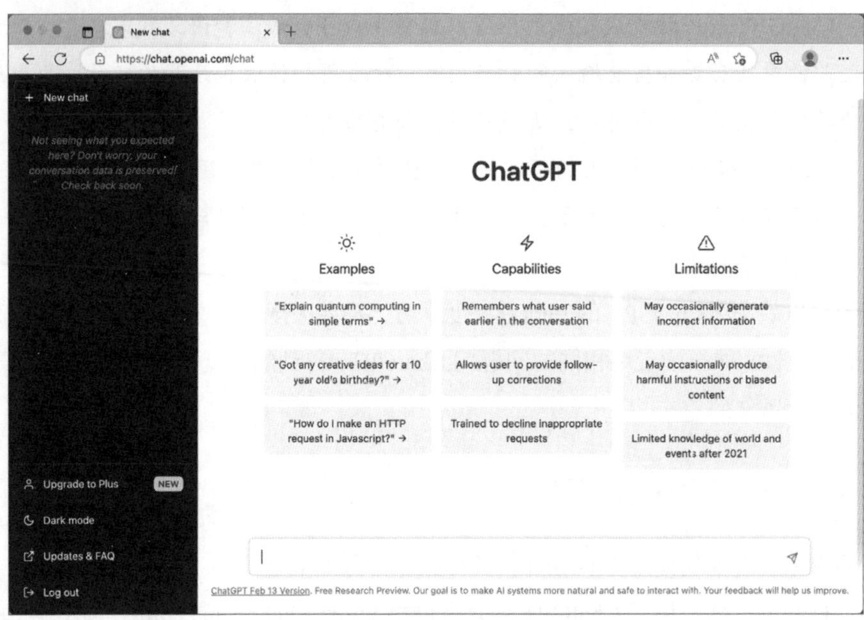

图 1-2　ChatGPT 对话页面

第 3 步：对话页面的下方有一个文本框，我们只要在其中输入想要提问的内容，然后单击右侧的小飞机按钮，就可以同 ChatGPT 进行交互了。直接用中文提问，会得到中文的回答，效果如图 1-3 所示。

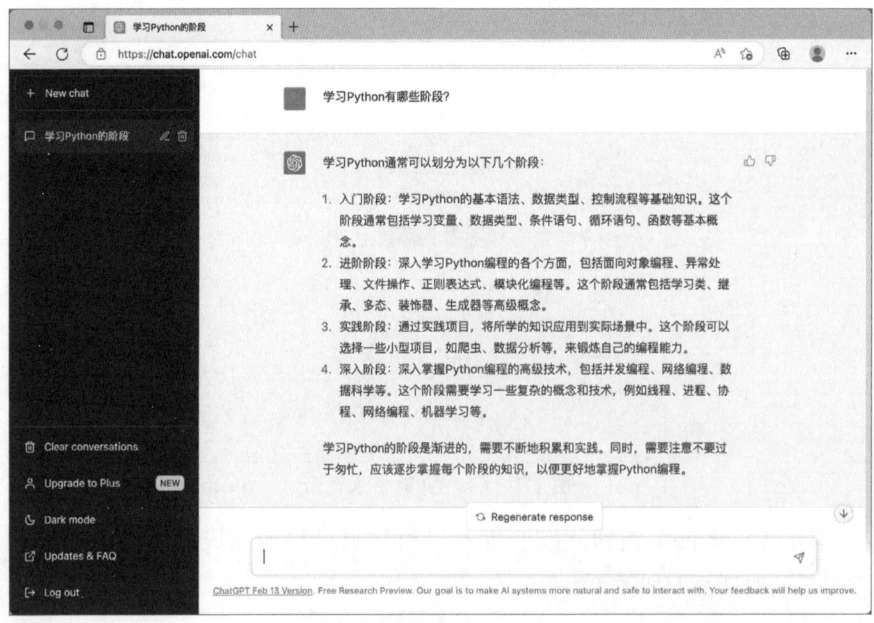

图 1-3　与 ChatGPT 进行交互

第 4 步：如果 ChatGPT 未能正确回答，或者对回答不满意，可以单击对话框上方的【Regenerate response】按钮重新生成一次回答。

相比过去的一些智能问答系统，ChatGPT 有一个明显的改进，就是可以保留之前对话中的内容，并从中提取信息。例如，在前面的例子中，我们提到了“学习 Python”，那么之后的问答中，ChatGPT 会理解我们说的“初学者”就是指“学习 Python 的初学者”，效果如图 1-4 所示。

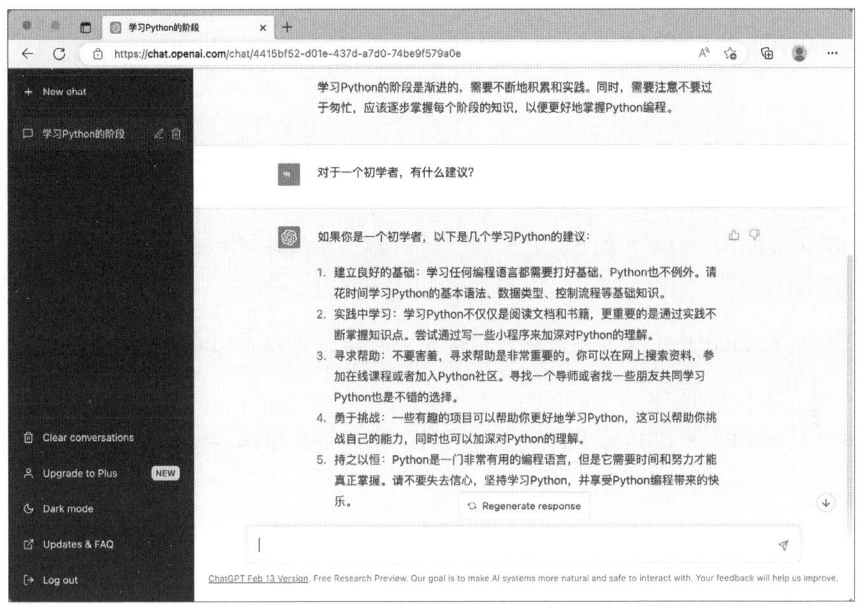

图 1-4 与 ChatGPT 进行连续交互

第 5 步：同 ChatGPT 的每一组对话，会在页面的左侧列出，可以单击列表项切换对话，效果如图 1-5 所示。

图 1-5 切换 ChatGPT 对话

1.1.4 ChatGPT 的应用场景

通过 1.1.3 节的体验，我们已经可以初步感受到 ChatGPT 的强大和方便。那么就让我们再来问问 ChatGPT，它还能给我们提供哪些帮助呢?

提问：列举 ChatGPT 的应用场景。

ChatGPT:

ChatGPT 作为一种强大的自然语言处理模型，可以应用于多种场景。以下是一些 ChatGPT 的应用场景。

智能客服：ChatGPT 可以用来生成自然语言的回答，可以与用户进行自然而流畅的对话，提高客户服务效率。

聊天机器人：ChatGPT 可以用来生成自然语言的对话，可以应用在社交媒体、语音助手、智能家居等领域，提供个性化的服务。

问答系统：ChatGPT 可以根据用户输入的问题，生成符合语法和语义的回答，可以应用在搜索引擎、智能客服、知识库问答等领域。

机器翻译：ChatGPT 可以将一种语言翻译成另一种语言，可以应用在跨语言交流、文本翻译等领域。

文本生成：ChatGPT 可以生成符合语法和语义的文章、故事、新闻等，可以应用在文本摘要、文本生成、文学创作等领域。

情感分析：ChatGPT 可以分析文本的情感色彩，可以应用在社交媒体监测、产品评论分析、舆情监测等领域。

自然语言生成：ChatGPT 可以生成符合语法和语义的自然语言，可以应用在自然语言生成、自然语言处理等领域。

语音合成：ChatGPT 可以生成自然语言的声音输出，可以应用在语音合成、智能语音助手等领域。

知识图谱：ChatGPT 可以用于自然语言推理和知识表示，可以应用于知识图谱的构建和推理。

舆情监测：ChatGPT 可以分析社交媒体上的情感、话题和趋势，可以应用在舆情监测、品牌管理等领域。

总之，ChatGPT 的应用场景非常广泛，可以应用于各种自然语言处理任务，如对话生成、机器翻译、情感分析、文本生成、知识图谱等。随着技术的发展和应用场景的不断扩展，ChatGPT 在未来还将有更多的应用。

可以看出，ChatGPT 的应用场景以对话交互的应用为主，同时它也具备文字内容创作的能力。另外，ChatGPT 在文本和语言的处理、分析、监测等方面有较大用途。

1.2 用 ChatGPT 学 Python

ChatGPT 的能力远不止对于语言文字的处理，它甚至可以对代码进行理解和生成，这依赖于它丰富的知识库和背后强大的神经网络系统。

本节中，我们将带领大家一起用 ChatGPT 来辅助 Python 编程的学习。

1.2.1 讲解知识点

使用 ChatGPT 辅助 Python 学习最直接的方式，就是对知识点进行讲解，具体示例如下。

提问：介绍一下 Python 中的 math 模块。

ChatGPT:

在 Python 中，math 模块是一个内置的数学函数库，提供了许多用于数学计算的函数和常量。通过导入 math 模块，我们可以轻松地进行数学计算，从而方便地处理数字数据。

下面是 math 模块中一些常用的函数和常量。

1. 数学函数

sqrt(x)：求平方根。

pow(x, y)：求 x 的 y 次幂。

exp(x)：求 e 的 x 次幂。

log(x)：求 x 的自然对数。

log10(x)：求 x 的以 10 为底的对数。

sin(x)：求 x 的正弦值。

cos(x)：求 x 的余弦值。

tan(x)：求 x 的正切值。

2. 常量

pi：圆周率，约等于 3.141592653589793。

e：自然常数，约等于 2.718281828459045。

除了上述常用的数学函数和常量，math 模块还提供了一些其他的数学计算函数，如三角函数、双曲函数、数值取整、小数舍入等。这些函数可以在需要进行数学计算的时候使用。

需要注意的是，在使用 math 模块中的函数时，需要先导入模块。可以使用以下语句导入 math 模块。

```
import math
```

使用 math 模块中的函数时，需要在函数名前添加模块名。如：

```
math.sqrt(4)
```

这个语句将返回 2.0，即 4 的平方根。

此外，math 模块还提供了许多用于数学计算的辅助函数。例如：

ceil(*x*)：返回不小于 *x* 的最小整数。

floor(*x*)：返回不大于 *x* 的最大整数。

fabs(*x*)：返回 *x* 的绝对值。

gcd(*a*, *b*)：返回 *a* 和 *b* 的最大公约数。

factorial(*x*)：返回 *x* 的阶乘。

下面是一些使用 math 模块的例子。

```
import math
# 计算圆的面积
r = 3
area = math.pi * math.pow(r, 2)
print(area)
# 计算 sin(30°) 的值
angle = math.radians(30)
sin_value = math.sin(angle)
print(sin_value)
# 求 8 和 12 的最大公约数
a = 8
b = 12
gcd_value = math.gcd(a, b)
print(gcd_value)
# 对小数进行取整
x = 3.14159
rounded_x = round(x, 2)
print(rounded_x)
```

上述代码将输出以下结果：

28.274333882308138

0.49999999999999994

4

3.14

从上面的例子中，我们可以看到 math 模块在数学计算中的广泛应用。通过使用 math 模块中提供的函数和常量，我们可以轻松地进行各种数学计算，从而更加高效地处理数字数据。

提问：Python 中的局部变量和全局变量有什么区别？

ChatGPT:

在 Python 中，变量可以分为两种类型：局部变量和全局变量。它们之间的主要区别在于作用域和生命周期不同。

1. 局部变量

局部变量是定义在函数内部的变量，它们的作用域仅限于函数内部。在函数执行完毕后，这些变量就会被销毁，因此它们的生命周期只存在于函数的执行期间。

在函数内部，局部变量可以使用赋值语句来进行定义和修改。如果函数中使用了与全局变量同名的局部变量，则在函数内部使用的是局部变量，而不是全局变量。例如：

```
x = 10  # 全局变量
def func():
    x = 20  # 局部变量
    print("局部变量 x 的值为：", x)
func()
print("全局变量 x 的值为：", x)
```

上述代码将输出以下结果：

局部变量 x 的值为：20

全局变量 x 的值为：10

可以看到，函数内部定义的 x 是局部变量，只在函数内部生效，不影响全局变量 x 的值。

2. 全局变量

全局变量是定义在函数外部的变量，它们的作用域是整个程序。在整个程序执行期间，全局变量都可以被访问和修改。

在函数内部，如果要修改全局变量的值，需要使用 global 关键字进行声明。例如：

```
x = 10  # 全局变量
def func():
    global x
    x = 20
    print("全局变量 x 的值为：", x)
func()
print("全局变量 x 的值为：", x)
```

上述代码将输出以下结果：

全局变量 x 的值为：20

全局变量 x 的值为：20

可以看到，使用 global 关键字声明的 x 是全局变量，函数内部对 x 的修改也会影响到全局变量 x 的值。

总的来说，局部变量和全局变量的主要区别在于它们的作用域和生命周期。在函数内部，优先使用局部变量；如果需要访问和修改全局变量的值，需要使用 global 关键字进行声明。

上文通过对 Python 中的模块介绍和概念讲解展示了 ChatGPT 在学习中的作用。对于基础知识点的讲解，ChatGPT是完全可以胜任的，但也要留意其回答中偶尔会存在一些错漏。

• 1.2.2 编写代码示例

除了讲解知识点，还可以直接让ChatGPT提供示例代码片段进行学习，具体示例如下。

提问：写一段Python代码，实现控制台下的“石头剪刀布”游戏。

ChatGPT:

好的，以下是一个简单的Python代码实现控制台下的“石头剪刀布”游戏。

```
import random

options = ["石头", "剪刀", "布"]

while True:
    # 玩家输入选项
    player = input("请输入石头、剪刀或布，或者输入q退出游戏：")

    # 判断玩家是否退出游戏
    if player == "q":
        print("游戏结束")
        break

    # 判断玩家输入是否合法
    if player not in options:
        print("请输入正确的选项")
        continue

    # 计算机随机选择选项
    computer = random.choice(options)

    # 输出计算机选择的选项
    print("电脑选择了：", computer)

    # 判断胜负
    if player == computer:
        print("平局")
    elif (player == "石头" and computer == "剪刀") \
            or (player == "剪刀" and computer == "布") \
            or (player == "布" and computer == "石头"):
        print("你赢了！")
    else:
        print("你输了！")
```

运行代码后，玩家可以输入“石头”“剪刀”“布”进行游戏，也可以输入“q”退出游戏。

在每次游戏结束后，会输出计算机的选择和胜负结果。

把代码复制到编辑器中运行，可以发现代码运行正常，效果如图 1-6 所示。

```
IDLE Shell 3.11.2
Python 3.11.2 (main, Mar 27 2023, 18:39:42) [Clang 14.0.6 ] on darwin
Type "help", "copyright", "credits" or "license()" for more information.
>>>
======= RESTART: /Users/crossin/码上行动：用ChatGPT学会Python编程
/01/1.2.2石头剪刀布.py =======
请输入石头、剪刀或布，或者输入 q 退出游戏：剪刀
电脑选择了： 石头
你输了！
请输入石头、剪刀或布，或者输入 q 退出游戏：石头
电脑选择了： 剪刀
你赢了！
请输入石头、剪刀或布，或者输入 q 退出游戏：布
电脑选择了： 布
平局
请输入石头、剪刀或布，或者输入 q 退出游戏：锤子
请输入正确的选项
请输入石头、剪刀或布，或者输入 q 退出游戏：q
游戏结束
>>>
Ln: 18 Col: 0
```

图 1-6　ChatGPT 编写的“石头剪刀布”游戏

用类似的方法可以让 ChatGPT 撰写 Python 各知识点的示例，以帮助我们加深理解。不过有的时候 ChatGPT 生成的代码不完全符合我们的预期，需要调整提示词并多次尝试。

1.2.3 调试 debug

利用 ChatGPT 还可以对程序代码进行 debug 调试，具体示例如下。

我们先准备一段代码，其作用是删除列表中的偶数。

```
l = [1, 2, 3, 4, 4, 5, 5, 5, 6, 6, 8, 9]
for i in l:
    if i % 2 == 0:
        l.remove(i)
print(l)
```

然而以上代码的运行结果却和我们的预期不符，列表中仍然含有偶数 4 和 6，如图 1-7 所示。

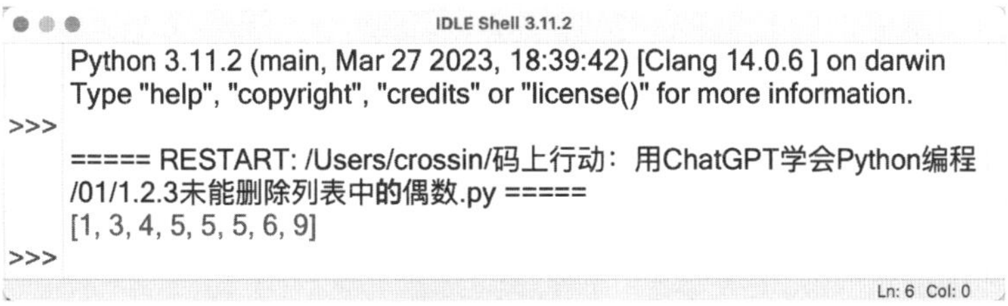

```
IDLE Shell 3.11.2
Python 3.11.2 (main, Mar 27 2023, 18:39:42) [Clang 14.0.6 ] on darwin
Type "help", "copyright", "credits" or "license()" for more information.
>>>
===== RESTART: /Users/crossin/码上行动：用ChatGPT学会Python编程
/01/1.2.3未能删除列表中的偶数.py =====
[1, 3, 4, 5, 5, 5, 6, 9]
>>>
Ln: 6 Col: 0
```

图 1-7　未能删除列表中的偶数

把这段代码发给 ChatGPT，看看它怎么说。

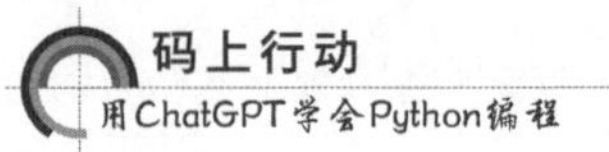

提问：

```
l = [1, 2, 3, 4, 4, 5, 5, 5, 6, 6, 8, 9]
for i in l:
    if i % 2 == 0:
        l.remove(i)
print(l)
```

ChatGPT:

在 Python 中，修改一个列表的同时进行迭代操作可能会导致意外的结果。这是因为当你从一个列表中删除元素时，其他元素的索引会发生变化，从而可能导致一些元素被跳过或多次处理。

在上面的代码中，当程序删除一个偶数元素时，该元素后面的元素索引都会提前 1 位，这使得它后面一个元素的位置变成了它原本的位置，从而跳过了循环的下一次迭代。如果它后面的元素也是偶数，那么这个元素就不会被删除。

因此，上面的代码可能会导致意外的结果。如果要删除列表中的偶数元素，可以使用列表推导式或 filter 函数来实现。

```
# 使用列表推导式
l = [1, 2, 3, 4, 4, 5, 5, 5, 6, 6, 8, 9]
l = [x for x in l if x % 2 != 0]
print(l)

# 使用 filter 函数
l = [1, 2, 3, 4, 4, 5, 5, 5, 6, 6, 8, 9]
l = list(filter(lambda x: x % 2 != 0, l))
print(l)
```

这些方法会创建一个新的列表，而不会修改原始列表。

可以看出，ChatGPT 准确指出了代码中的问题，并且给出了两种替代写法。代码运行效果如图 1-8 所示。

```
IDLE Shell 3.11.2
Python 3.11.2 (main, Mar 27 2023, 18:39:42) [Clang 14.0.6 ] on darwin
Type "help", "copyright", "credits" or "license()" for more information.
>>>
====== RESTART: /Users/crossin/码上行动：用ChatGPT学会Python编程/01/1.2.3删除列表中的偶数.py ======
[1, 3, 5, 5, 5, 9]
[1, 3, 5, 5, 5, 9]
>>>
Ln: 7  Col: 0
```

图 1-8　两种方法正确删除列表中的偶数

在实际使用中，ChatGPT 未必每次都能给出准确的修改方案，但可以在一定程度上帮助学习者打开思路，定位问题所在。

1.2.4 生成测试数据

除了直接让 ChatGPT 编写代码，我们也可以让它生成一些开发中使用的测试数据。

提问：生成一组测试用的用户数据，以 JSON 形式给出。

ChatGPT:

以下是一个测试用的用户数据，以 JSON 形式给出。

```
[
  {
    "id": 1,
    "username": "john_doe",
    "email": "john_doe@gmail.com",
    "age": 25,
    "gender": "male",
    "address": {
      "street": "123 Main St",
      "city": "Anytown",
      "state": "CA",
      "zipcode": "12345"
    }
  },
  {
    "id": 2,
    "username": "jane_doe",
    "email": "jane_doe@gmail.com",
    "age": 30,
    "gender": "female",
    "address": {
      "street": "456 Oak St",
      "city": "Anytown",
      "state": "CA",
      "zipcode": "12345"
    }
  },
  {
    "id": 3,
    "username": "bob_smith",
    "email": "bob_smith@yahoo.com",
    "age": 45,
    "gender": "male",
    "address": {
```

```
      "street": "789 Maple St",
      "city": "Anytown",
      "state": "CA",
      "zipcode": "12345"
    }
  }
]
```

此数据集包含了三个用户的信息，包括他们的ID、用户名、电子邮箱地址、年龄、性别和地址。地址信息是嵌套在每个用户对象中的一个对象，包括街道地址、城市、州和邮政编码。这些信息可以用于测试Web应用程序或API的功能。

如果对数据内容或格式不满意，可以让ChatGPT做进一步修改。

提问：数据中的username有重复的姓“doe”，不要重复的，另外增加手机号信息。

ChatGPT:

以下是更新后的测试用的用户数据，以JSON形式给出。

```
[
  {
    "id": 1,
    "username": "john_doe",
    "email": "john_doe@gmail.com",
    "phone": "555-1234",
    "age": 25,
    "gender": "male",
    "address": {
      "street": "123 Main St",
      "city": "Anytown",
      "state": "CA",
      "zipcode": "12345"
    }
  },
  {
    "id": 2,
    "username": "jane_smith",
    "email": "jane_smith@gmail.com",
    "phone": "555-5678",
    "age": 30,
    "gender": "female",
    "address": {
      "street": "456 Oak St",
      "city": "Anytown",
      "state": "CA",
```

```
      "zipcode": "12345"
    }
  },
  {
    "id": 3,
    "username": "bob_johnson",
    "email": "bob_johnson@yahoo.com",
    "phone": "555-9012",
    "age": 45,
    "gender": "male",
    "address": {
      "street": "789 Maple St",
      "city": "Anytown",
      "state": "CA",
      "zipcode": "12345"
    }
  }
]
```

此数据集包含了三个用户的信息，包括他们的 ID、用户名、电子邮箱地址、手机号、年龄、性别和地址。现在每个用户都具有唯一的用户名和电子邮箱地址。手机号信息是新添加的，用于测试包含手机号信息的功能。地址信息仍然是嵌套在每个用户对象中的一个对象，包括街道地址、城市、州和邮政编码。

提问：将上面的数据转换成 XML 格式。

ChatGPT:

以下是将测试用的用户数据转换成 XML 格式的结果。

```
<users>
  <user>
    <id>1</id>
    <username>john_doe</username>
    <email>john_doe@gmail.com</email>
    <phone>555-1234</phone>
    <age>25</age>
    <gender>male</gender>
    <address>
      <street>123 Main St</street>
      <city>Anytown</city>
      <state>CA</state>
      <zipcode>12345</zipcode>
    </address>
  </user>
  <user>
```

```
    <id>2</id>
    <username>jane_smith</username>
    <email>jane_smith@gmail.com</email>
    <phone>555-5678</phone>
    <age>30</age>
    <gender>female</gender>
    <address>
      <street>456 Oak St</street>
      <city>Anytown</city>
      <state>CA</state>
      <zipcode>12345</zipcode>
    </address>
  </user>
  <user>
    <id>3</id>
    <username>bob_johnson</username>
    <email>bob_johnson@yahoo.com</email>
    <phone>555-9012</phone>
    <age>45</age>
    <gender>male</gender>
    <address>
      <street>789 Maple St</street>
      <city>Anytown</city>
      <state>CA</state>
      <zipcode>12345</zipcode>
    </address>
  </user>
</users>
```

XML 格式的数据使用标签来表示每个元素，如 <users> 表示用户列表，<user> 表示一个用户，然后用标签包含每个用户的详细信息，如 <id> 表示用户的 ID，<username> 表示用户名，以此类推。地址信息仍然是嵌套在每个用户对象中的一个元素，使用 <address> 表示。

从上述问答中可以看出，借助 ChatGPT 可以很轻松地生成各种标准格式的数据，这在开发中可以大大节省时间。

通过上述几个例子我们能体会到，ChatGPT 可以在学习 Python 的过程中起到很大的辅助作用，相当于有了一个专属的智能助教，从而让学习者事半功倍。

本章小结

本章主要介绍了 ChatGPT 的基本信息、使用方法和应用场景，以及如何将其应用在 Python 的学习之中。通过实例可以感受到 ChatGPT 的强大功能，这将会给编程学习带来极大的帮助，从而让学习者事半功倍。可以预见在不久之后，ChatGPT 必将为过去的学习方式带来重大的变革。

第 2 章

搭建 Python 开发环境

★本章导读★

在开始学习 Python 编程之前，必须先搭建好 Python 的开发环境。本章将介绍如何在自己的计算机上下载并安装 Python，为后续的学习做好准备。

★知识要点★

通过本章内容的学习，读者能掌握以下知识：

◆ 了解 Python 的特点和应用场景

◆ 了解如何搭建 Python 开发环境

2.1 ChatGPT 讲解知识点——Python 快速入门

在本书中，我们将借助 ChatGPT 来讲解相关的概念和知识点。接下来我们就一起来看看，ChatGPT 是如何介绍 Python 这门编程语言的。

2.1.1 Python 语言简介

我们先来问问 ChatGPT 关于 Python 语言的基本情况。

提问：简要介绍一下 Python 语言。

ChatGPT:

Python 是一种高级编程语言，最初由 Guido van Rossum 于 1989 年在荷兰设计开发。Python 语言以其简单易学、代码清晰、易读性强、代码简洁等特点受到了欢迎，成为一门被广泛使用的编程语言。

以下是 Python 语言的一些特点。

1. 简单易学：Python 代码可读性强，语法简单清晰，易于学习和使用。

2. 开放性：Python 是一门开放源代码的语言，允许用户自由修改和发布。

3. 通用性：Python 可用于开发各种类型的应用程序，包括桌面应用程序、Web 应用程序、游戏、网络爬虫等。

4. 大量的标准库：Python 内置了大量的标准库，可以方便地进行各种操作，如文件操作、网络通信、数学计算等。

5. 高级语言特性：Python 支持面向对象编程、函数式编程等高级语言特性，可用于开发复杂的应用程序。

6. 可移植性：Python 语言可以在多个操作系统上运行，如 Windows、Linux、macOS 等。

Python 从最初的设计到现在已经经历了多个版本的更新和发展，目前最新的版本是 Python 3。Python 语言在不同领域中有着广泛的应用，特别是在数据科学、人工智能、机器学习、自然语言处理等领域。

如 ChatGPT 所述，Python 是一门简单易学且应用广泛的编程语言。

2.1.2 为什么学 Python

Python 语言的一些特点，使得它非常适合编程新手作为第一门编程语言来学习。

提问：为什么建议编程新手学习 Python？

ChatGPT:

Python 是一种简单易学、功能强大的编程语言，非常适合初学者入门学习编程。以下是一些原因。

1. 语法简单：Python 语法非常简单，易于学习和理解，它没有像其他编程语言那样的复杂语法，初学者能够很快地掌握基本语法。

2. 易于阅读和理解：Python 代码具有高度的可读性，采用的是自然语言的风格，代码清晰明了，易于理解。

3. 大量的教学资源：Python 已经成为最受欢迎的编程语言之一，有许多优质的教程和资源供学习者使用。

4. 应用广泛：Python 可用于各种应用领域，如数据科学、人工智能、Web 开发、游戏开发、网络爬虫等，让学习者能够更加全面地了解编程世界。

5. 社区活跃：Python 有一个活跃的社区，开发者可以通过这个社区获得技术支持和交流。

总之，Python 是一种非常适合初学者学习的编程语言。它具有简单易学、易于理解、应用广泛等特点，让初学者更容易入门编程，并且可以在各种应用领域中实现自己的编程理想。

总结一下：容易学、应用广是 Python 适合新手作为第一门编程语言学习的主要原因。

2.1.3 Python 的应用场景

Python 语言因为易学习、易上手，常被用作编程课程的“教学语言”。但它的能力绝不仅仅体现在教学方面，在实际开发中也有着广泛的应用。

提问：Python 的应用场景有哪些?

ChatGPT:

Python 是一种功能强大的编程语言，可以在各种应用场景中使用。以下是 Python 的一些主要应用场景。

1. 数据科学：Python 在数据科学领域中使用非常广泛，因为它拥有许多数据分析、数据可视化、数据挖掘等领域所需的库和框架，如 NumPy、Pandas、Matplotlib、Scikit-learn 等。

2. 人工智能和机器学习：Python 是人工智能和机器学习领域的主流语言之一。Python 拥有许多流行的机器学习和人工智能库，如 TensorFlow、Keras、PyTorch 等，可以用于图像处理、自然语言处理、推荐系统等。

3. 网络爬虫：Python 可以用于网络爬虫的开发，如爬取网站上的数据、抓取搜索引擎结果等。

4. 自动化测试和持续集成：Python 可以用于编写自动化测试脚本和持续集成脚本，使开发过程更高效、更快速。

5. Web 开发：Python 有许多流行的 Web 框架，如 Django、Flask 等，可以用于开发高性能的 Web 应用程序。

6. 游戏开发：Python 可以用于游戏开发，如 Pygame 等库可以用于开发 2D 游戏。

7. 科学计算和工程计算：Python 拥有大量的科学计算和工程计算库，如 SciPy、SymPy 等，可以用于数值计算、优化和仿真等。

总之，Python 可以用于各种应用场景，包括数据科学、人工智能和机器学习、网络爬虫、自动化测试和持续集成、Web 开发、游戏开发、科学计算和工程计算等领域。同时，Python 也具有丰富的库和框架，为各种应用场景提供了强大的支持。

以上就是 ChatGPT 给我们介绍的关于 Python 语言的一些基本情况，从中可以了解到 Python 的特点、应用场景等，从而在正式开始学习前对 Python 有一个初步的印象。

2.2 Python 环境搭建

使用编程语言进行开发需要特定的开发环境和工具，不同的编程语言所用的工具不尽相同。在本节中，我们将介绍如何安装 Python 及开发环境，以及如何使用 Python 自带的编辑器 IDLE。

2.2.1 下载 Python

我们先来问问 ChatGPT，如何下载 Python。

提问：如何下载 Python？

ChatGPT:

要下载 Python，可以按照以下步骤进行操作。

1. 访问 Python 官方网站（https://www.python.org/downloads/）。

2. 在该页面中，选择适合您的操作系统和版本的 Python。对于 Windows 用户，可以选择 Windows 版的 Python 安装程序；对于 Mac 用户，可以选择 Mac 版的 Python 安装程序；对于 Linux 用户，可以选择适合自己的发行版。

3. 单击下载按钮下载 Python 安装程序。请注意，不同版本的 Python 可能会有不同的安装程序，如 64 位和 32 位版本。

4. 下载完成后，运行安装程序并按照提示完成安装。在安装过程中，可以根据需要选择自定义安装选项，如选择安装目录、添加 PATH 环境变量等。

5. 安装完成后，可以通过命令行或集成开发环境（IDE）来运行 Python 程序。

请注意，Python 也可以通过包管理器（如 pip）进行安装。但是，对于初学者来说，最好使用官方网站提供的 Python 安装程序进行安装。

如 ChatGPT 所说，可以通过 Python 官网下载安装程序。具体步骤如下。

第 1 步：在浏览器中打开 https://www.python.org/，等页面加载完毕后把鼠标指针放在 Downloads 导航标签上，会自动弹出适合当前系统的最新版本，直接单击按钮即可开始下载，如图 2-1 所示。

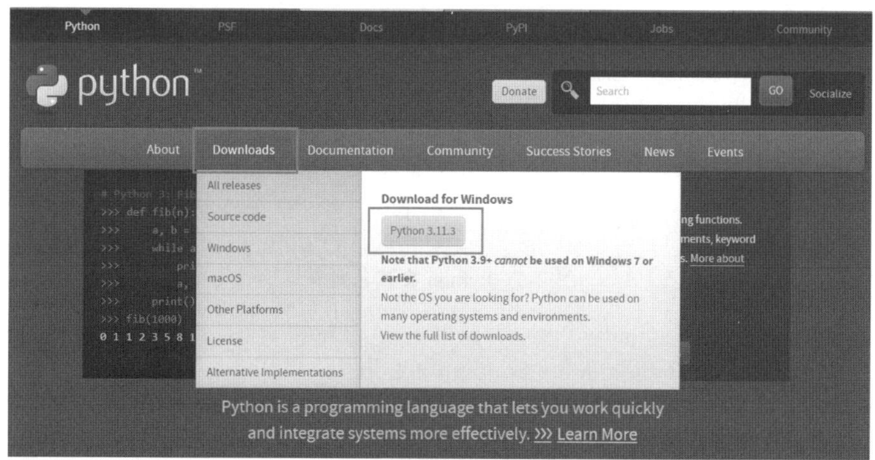

图 2-1　Python 官网首页

第 2 步：也可以单击 Downloads 下对应的操作系统页，选择最新的版本。本书写作时，Python 最新版本为 3.11，后文将以 3.11 版本为例进行演示，如图 2-2 所示。

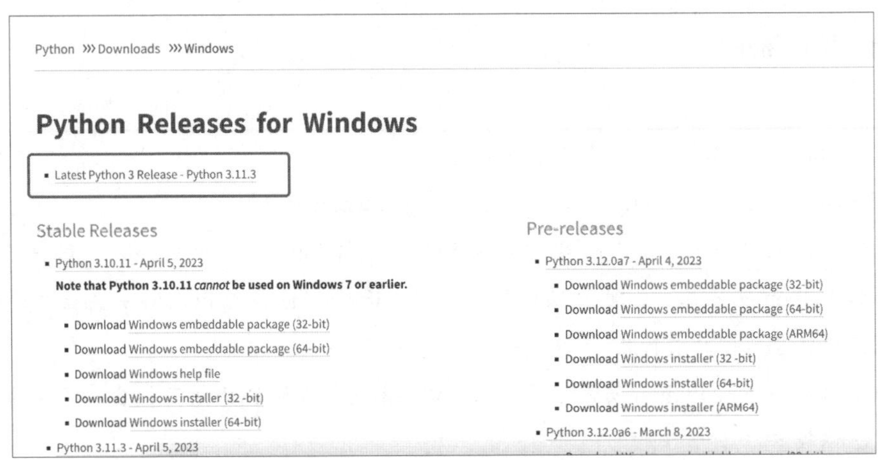

图 2-2　Windows 平台的 Python 版本列表

第 3 步：在版本页面的“Files”列表中选择安装包，如 64 位 Windows 系统的读者可以选择“Windows installer(64-bit)”。单击链接即可开始下载，如图 2-3 所示。

Files

Version	Operating System	Description
Gzipped source tarball	Source release	
XZ compressed source tarball	Source release	
macOS 64-bit universal2 installer	macOS	for macOS 10.9 and later
Windows embeddable package (32-bit)	Windows	
Windows embeddable package (64-bit)	Windows	
Windows embeddable package (ARM64)	Windows	
Windows installer (32 -bit)	Windows	
Windows installer (64-bit)	Windows	Recommended
Windows installer (ARM64)	Windows	Experimental

图 2-3　Python 安装包列表

2.2.2 安装 Python

Python 安装包下载完成后，可按以下步骤进行安装。

第 1 步：双击安装包，运行安装程序。注意要勾选下方的“Add python.exe to PATH”选项，如图 2-4 所示。

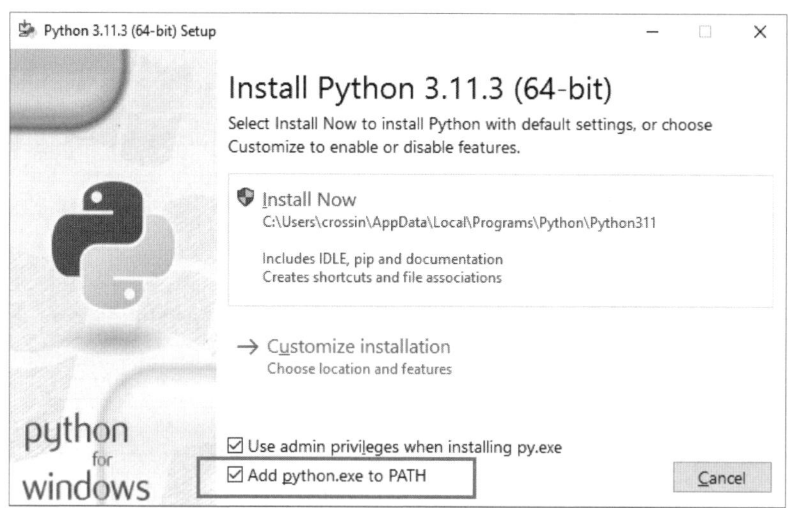

图 2-4　Python 安装程序界面

第 2 步：单击“Install Now”选项，直接开始安装。如果要更改安装目录或其他设置，可单击“Customize installation”选项，确认设置后开始安装。安装过程如图 2-5 所示。

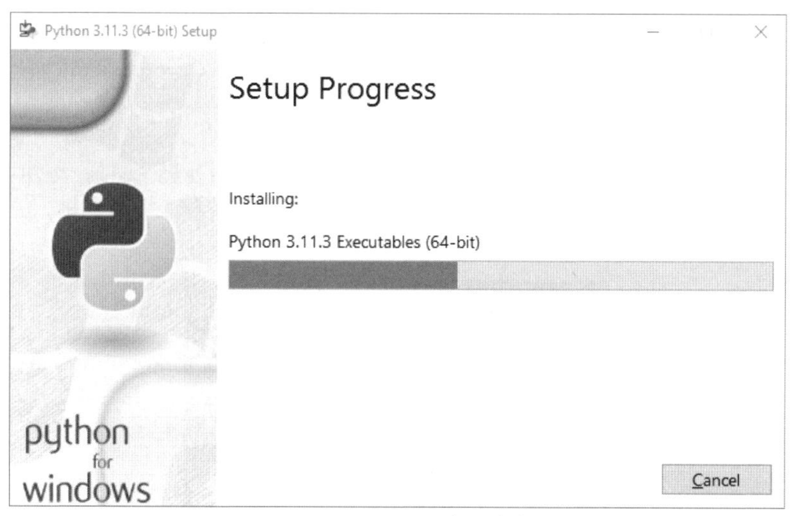

图 2-5　Python 程序安装中

第 3 步：等待安装完成，跳出提示界面，如图 2-6 所示。单击右下角的“Close”按钮完成 Python 的安装。

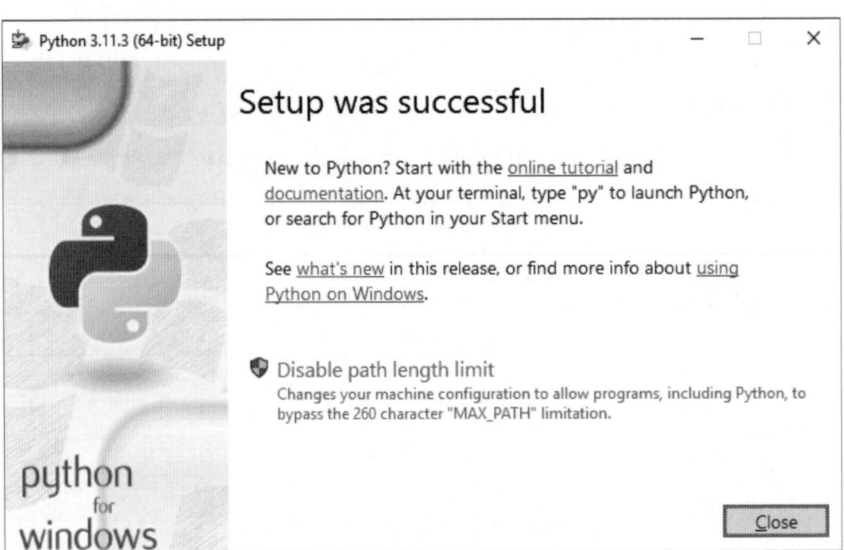

图 2-6　Python 程序安装成功提示

不同版本的 Python 安装程序的选项和提示文字会略有不同，但基本流程是一致的。如果你在安装过程中遇到问题，可以在微信公众号“Crossin 的编程教室”寻求帮助。

2.2.3 在 IDLE 中写代码

Python 附带一个叫作 IDLE 的编辑器，通过 IDLE 就可以开始编写及运行 Python 代码了，具体操作步骤如下。

第 1 步：打开计算机的“开始”菜单，在“所有程序”列表中找到 Python 文件夹，单击展开，会发现下面有 4 个菜单选项，如图 2-7 所示。

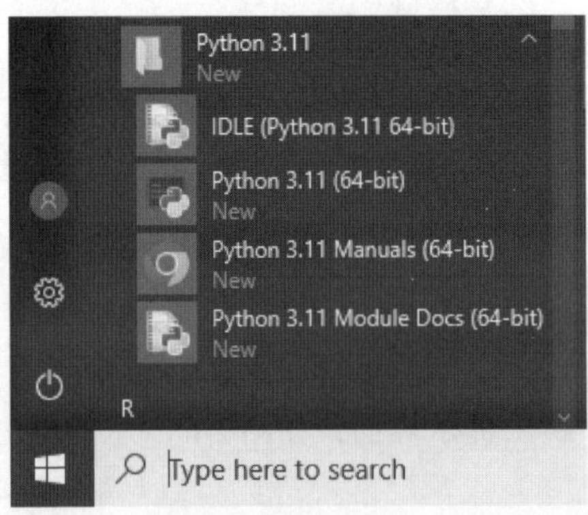

图 2-7　“开始”菜单中的 Python 文件夹

其中，IDLE (Python 3.11 64-bit) 是图形界面的 Python 代码编辑器；Python 3.11 (64-bit) 是命令行中的 Python 运行环境；Python 3.11 Manuals (64-bit) 是用户文档；Python 3.11 Module Docs (64-bit) 是模块文档。

第 2 步：单击“IDLE (Python 3.11 64-bit)”，打开程序，界面如图 2-8 所示。IDLE 默认启动界面为 Python IDLE Shell，称为 shell 模式，也称为 Python 控制台或交互模式。

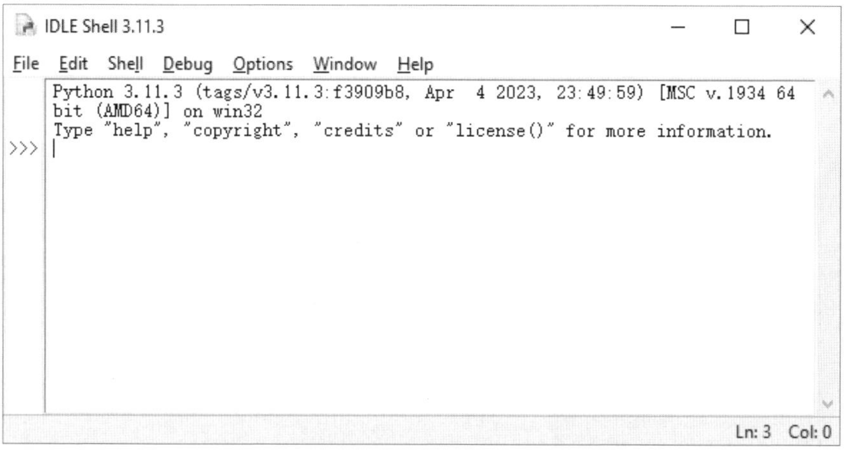

图 2-8　IDLE 默认界面

界面的主体是一个文本编辑区域，上方显示了 Python 的版本信息，下方一行开头有“>>>”符号，后方闪烁的光标指示程序正在等待用户输入信息。

第 3 步：在“>>>”符号后面输入下面的代码。

```
print("Hello World!")
```

第 4 步：输入完成后，按“Enter”键，IDLE 就会运行这行代码，运行结果如图 2-9 所示。可以看到程序在我们输入的代码下方又输出了一行蓝色的“Hello World!”。

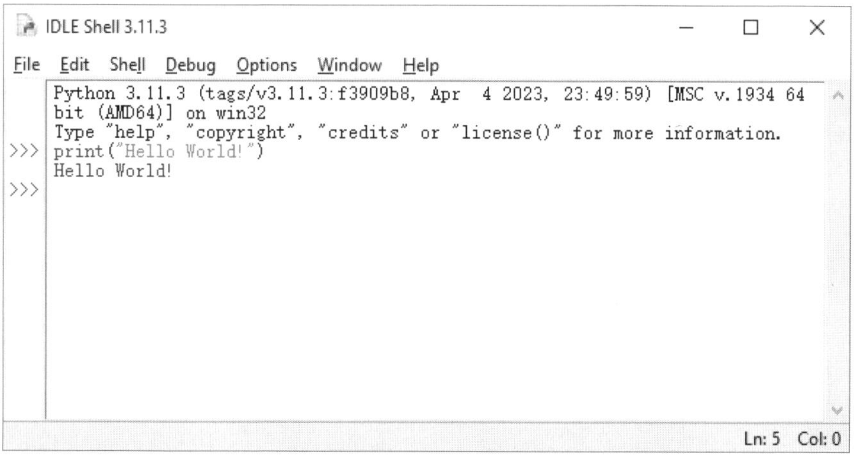

图 2-9　IDLE 中运行 Python 代码

刚刚输入的这行代码是一个简单的 Python 程序，也是大多数编程学习者学习的第一行代码：输出“Hello World!”。其中 print() 是一个输出函数，用来向控制台输出括号里的内容。关于 print 的详细内容，我们将会在第 3 章中介绍。

现在，我们已经成功编写并运行了一行 Python 代码。但很快我们就会发现，IDLE 的 shell 模式每次只能运行一行代码，并且不能保存写好的代码。如果编写更加复杂的程序，需要用到 IDLE 的文本模式。接下来演示如何使用文本模式编写多行代码，具体操作步骤如下。

第 1 步：打开 IDLE 后，单击上方菜单栏中的“File”选项，再单击“New File”选项，如图 2-10 所示。

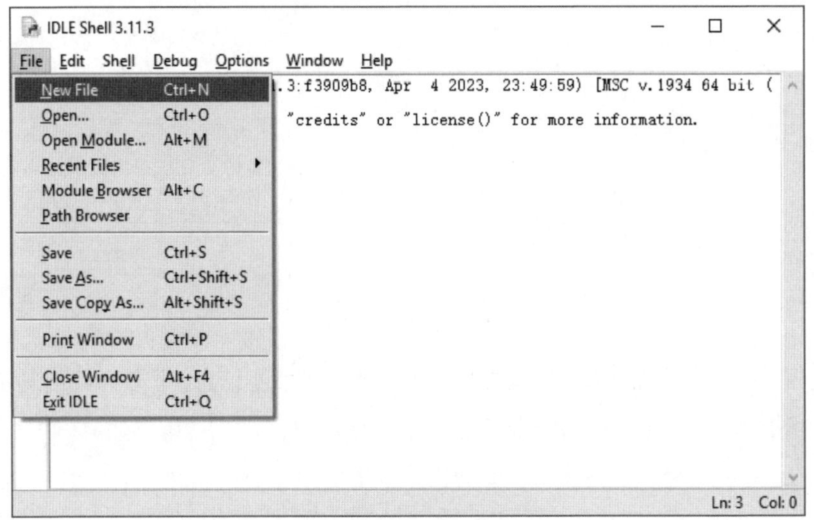

图 2-10　IDLE 新建文件

第 2 步：程序会打开一个空白的文本框。这就是 IDLE 的文本模式界面，可在其中编写程序，如图 2-11 所示。

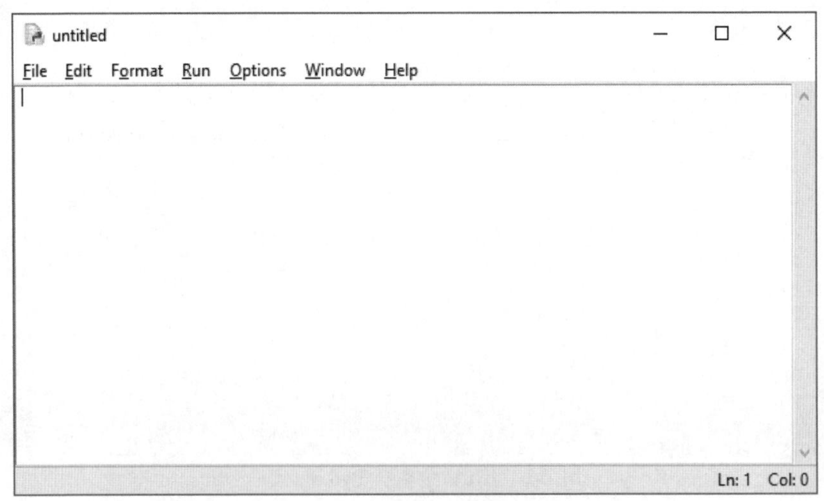

图 2-11　IDLE 文本模式界面

第 3 步：在文本框中输入如下 3 行代码，如图 2-12 所示。

```
print("Hello World!")
print("Hello Python!")
print("Hello Crossin!")
```

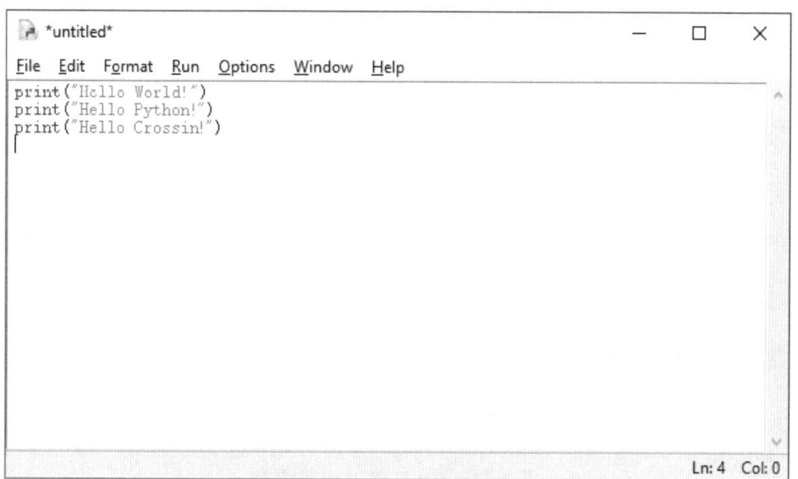

图 2-12 在 IDLE 文本模式中输入代码

第 4 步：编写完程序后，接下来就要运行代码。单击上方菜单栏中的“Run”选项，再单击“Run Module”选项，如图 2-13 所示。

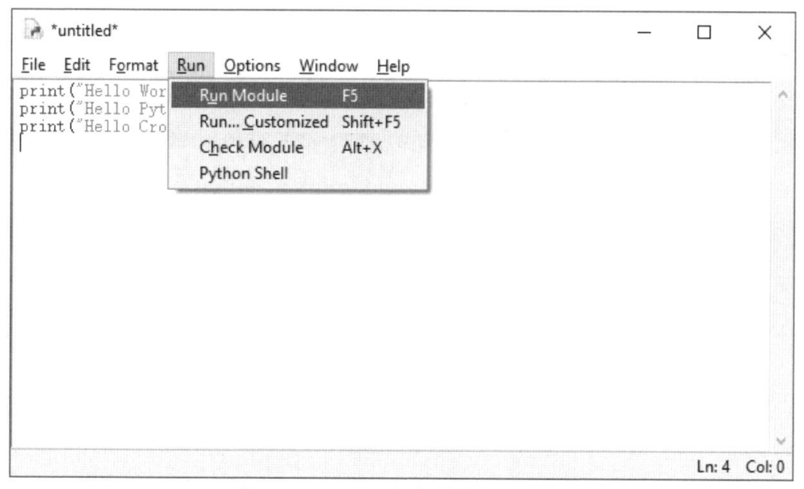

图 2-13 IDLE 文本模式运行代码

第 5 步：第一次单击会弹出如图 2-14 所示的界面提示保存代码。选择文件保存目录，输入文件名，然后单击“Save”按钮保存。

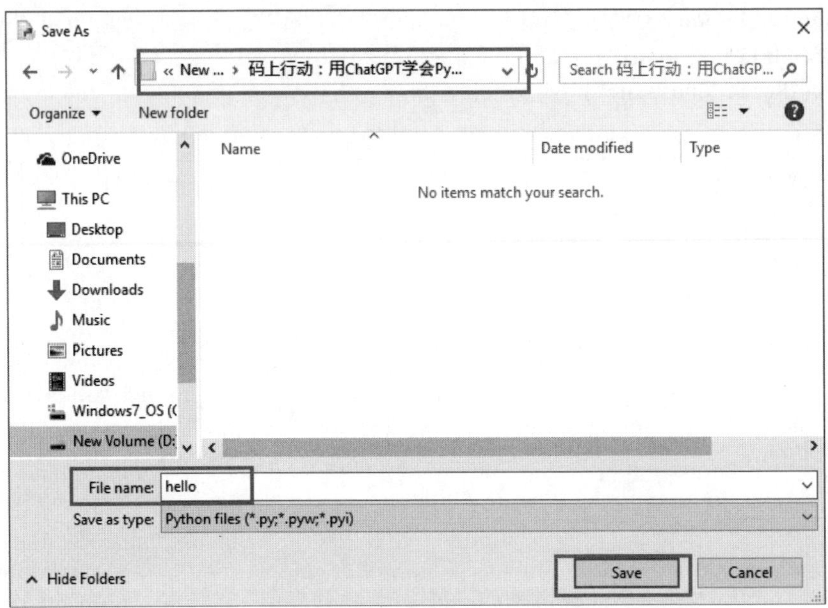

图 2-14　IDLE 保存代码文件

第 6 步：保存之后，程序就开始运行了。这时会弹出之前的 shell 模式窗口，并在里面输出代码中设定的内容，如图 2-15 所示。

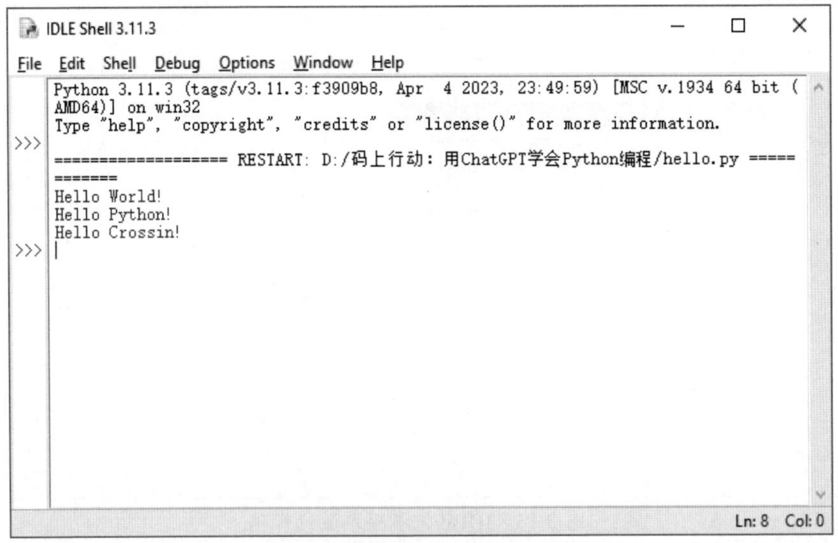

图 2-15　IDLE 运行代码后输出

以上便是通过 IDLE 编写 Python 代码的全过程，是不是很方便？在后面的章节中，我们还将反复用到它。

2.3 ChatGPT 答疑解惑

新手在刚开始学习 Python 的时候，免不了遇到各种问题和疑惑，本节我们将借助 ChatGPT 来解答 Python 学习过程中常见的问题。

2.3.1 Python 代码编辑器

除了 Python 自带的 IDLE，还有很多优秀的第三方 Python 代码编辑器，下面让 ChatGPT 给我们列举一下。

提问：有哪些推荐的 Python 代码编辑器?

ChatGPT:

Python 是一种非常流行的编程语言，有很多编辑器可以用来编写和运行 Python 代码。以下是几种常用的 Python 代码编辑器及它们的优缺点和适用场景。

1. PyCharm

PyCharm 是 JetBrains 公司开发的一个强大的 Python IDE，它有两个版本：Community 版本（免费）和 Professional 版本（付费）。

优点如下。

- 提供丰富的功能，如自动代码补全、调试器、测试工具、版本控制等。
- 内置 Django、Flask 等框架支持，可以轻松创建和管理 Web 应用程序。
- 有一个强大的插件库，可以扩展其功能。
- 提供代码质量分析和重构工具，可以帮助改进代码质量。

缺点如下。

- 占用内存较多，可能导致计算机运行速度变慢。
- 对于初学者来说，可能会感到有些复杂和难以理解。
- 由于功能很多，可能需要一些时间来学习和掌握其功能。

适用场景如下。

适用于需要使用 Django、Flask 或其他 Python 框架进行 Web 开发的开发者。

2. VS Code

VS Code 是 Microsoft 开发的一个跨平台代码编辑器，支持多种编程语言，包括 Python。

优点如下。

- 速度快、轻量级，可以在较慢的计算机上快速运行。
- 有一个强大的插件库，可以扩展其功能。
- 提供丰富的调试功能，可以方便地调试代码。

· 可以集成 Git，方便管理版本控制。

缺点如下。

· 可能需要一些插件来支持 Python 开发，需要一些配置和学习。

· 缺少一些高级功能，如自动完成、代码重构等。

适用场景如下。

适用于需要一个轻量级、易于使用的编辑器进行开发的开发者。

3. Jupyter Notebook

Jupyter Notebook 是一种 Web 应用程序，可以创建和共享包含代码、文本和可视化内容的文档。它支持多种编程语言，包括 Python。

优点如下。

· 支持实时代码运行和调试，可以更方便地进行数据分析和机器学习等任务。

· 支持 Markdown 和 LaTeX 等标记语言，可以更方便地编写文档和说明。

· 支持多人协作，可以方便地共享与交流代码和文档。

缺点如下。

· 由于是 Web 应用程序，它的运行速度可能会受到网络环境的影响。

· 可能不适合大型项目或需要更复杂工具链的开发。

适用场景如下。

需要进行数据分析和机器学习等任务的开发者。

4. Sublime Text

Sublime Text 是一款简洁、快速的文本编辑器，它支持多种编程语言，包括 Python。

优点如下。

· 速度快、轻量级，可以在较慢的计算机上快速运行。

· 有一个强大的插件库，可以扩展其功能。

· 提供自动完成和代码片段等高级功能，可以提高代码编写速度。

缺点如下。

· 对于 Python 开发来说，可能需要一些插件来支持开发。

· 缺少一些高级功能，如代码重构和调试等。

适用场景如下。

适用于需要一个简洁、快速、易于扩展的编辑器进行开发的开发者。

5. Atom

Atom 是一款免费、开源的文本编辑器，支持多种编程语言，包括 Python。

优点如下。

· 可以通过插件扩展其功能，可以满足不同开发者的需求。

- 有自动完成和代码片段等高级功能，可以提高编码效率。
- 具有易于使用的界面，可以轻松定制外观和布局。

缺点如下。

- 可能在处理大型项目时出现性能问题。
- 可能需要较长的学习曲线来学习和配置。

适用场景如下。

适用于需要一个可扩展的编辑器进行开发的开发者。

6. Spyder

Spyder 是一个专门为科学计算而设计的 Python IDE，它集成了多个科学计算库和工具。

优点如下。

- 提供强大的科学计算工具，如 IPython 控制台、NumPy 和 SciPy 库等。
- 具有简单的用户界面和易于使用的工具栏，使得它非常适合初学者。
- 可以集成多种数据可视化工具，如 Matplotlib 和 Seaborn 等。

缺点如下。

- 对于其他类型的 Python 开发可能不太方便，因为它的功能主要面向科学计算和数据分析。
- 与其他 IDE 相比，可能缺少一些高级功能，如自动完成和代码重构等。

适用场景如下。

适用于需要进行科学计算和数据分析的开发者。

总之，以上这些 Python 代码编辑器都有各自的优点和缺点，选择一个适合自己的编辑器取决于自己的个人偏好和开发需求。初学者可以从 PyCharm 或 VS Code 开始，这两个编辑器易于使用和配置，并且具有很强的可扩展性。

ChatGPT 为我们列出了常见的几种 Python 第三方编辑器及其优缺点。作为新手，可优先考虑 PyCharm 或 VS Code。

2.3.2 如何选择 Python 的版本

Python 不止有一个版本，新手在学习时应该如何选择呢？

提问：Python 的不同版本有什么区别，建议选择哪个版本？

ChatGPT:

Python 有两个主要的版本：Python 2 和 Python 3。Python 2 的最新版本是 2.7.x，而 Python 3 的最新版本是 3.11.x。这两个版本之间有很多区别，主要包括以下几个方面。

1. 语法差异：Python 2 和 Python 3 的语法存在一些差异，如 Python 3 中 print() 是一个函数，需要用括号包含打印内容，而 Python 2 中则直接使用 print 语句。

2. Unicode 支持：Python 2 默认使用 ASCII 编码，而 Python 3 默认使用 Unicode 编码，这也是 Python 3 与 Python 2 最重要的不兼容之处。

3. 标准库：Python 3 中一些模块的名称和功能与 Python 2 不同，如 urllib2 在 Python 3 中被拆分为 urllib.request 和 urllib.error。

4. 性能：Python 3 在一些方面的性能比 Python 2 有所提升，如字典操作、字符串操作等。

总的来说，Python 2 和 Python 3 有很多不同之处，尤其是在语言细节和语法方面。建议学习者选择 Python 3 进行学习，因为 Python 2 已经不再更新，官方于 2020 年停止支持，同时 Python 3 也有更好的语言设计和更完善的库支持。如果你需要在一个旧项目上工作，而该项目使用的是 Python 2，那么你可能需要了解 Python 2 的特点和语法。

Python 的版本差异曾一度饱受诟病，但经过数年的发展，Python 3 已成为主流，新手直接选择最新的版本学习即可。

2.3.3 学习 Python 的建议

编程新手常常担心因学习路径和方法不对而走弯路，我们来看看 ChatGPT 的建议。

提问：对于 Python 初学者有什么建议？

ChatGPT:

对于 Python 初学者，我有以下几点建议。

1. 确定学习目标和路线：Python 技术范围广泛，学习者需要根据自己的兴趣和需求，选择学习的方向和路线。例如，开发 Web 应用、数据分析、机器学习等。

2. 学习基础语法和数据类型：掌握 Python 的基础语法和数据类型是学习 Python 的必要条件，学习者需要认真学习与理解 Python 的变量、运算符、条件语句、循环语句、函数等基本概念和语法规则。

3. 练习编程和项目实战：Python 的学习需要练习和实践，学习者需要通过编写小程序、算法、项目实战等方式，提高编程能力和熟练度。同时，学习者还需要了解和掌握 Python 的常用工具和库，如 Jupyter Notebook、NumPy、Pandas、Matplotlib、Scikit-learn 等。

4. 参与 Python 社区和开源项目：Python 社区非常活跃，有很多讨论区、邮件列表、开源项目等。参与社区可以让学习者了解 Python 生态系统和最新技术，同时还能与其他 Python 爱好者交流学习心得和经验。

5. 学习方法：学习者需要采用合适的学习方法，如划分任务、制订计划、反复练习、及时总结等。同时，还需要保持耐心和毅力，不要轻易放弃。

6. 学习资源：Python 有很多优秀的学习资源，如官方文档、教学视频、在线教程、书籍等。学习者可以根据自己的需求和学习进度，选择合适的学习资源。

7. 持续学习和更新知识：Python 技术变化很快，学习者需要持续更新知识和了解最新技术，如新版本的 Python、新的工具和库、新的编程范式等。

8. 编写规范的代码：学习者需要遵循 Python 的编程规范和最佳实践，如 PEP8，以编写易读、易维护、易扩展的代码。

总的来说，学习 Python 需要耐心和毅力，同时也需要制订合理的学习计划和路线。通过不断练习和实践，以及参与社区和开源项目，学习者可以不断提升自己的编程技能和实践经验。

根据 ChatGPT 给初学者的建议，结合自身的经验，我认为坚持和实践是学好 Python 最重要的两点。做好这两点，相信读者朋友们可以很快掌握 Python 编程技能。

本章小结

本章主要讲解了搭建 Python 开发环境的相关知识。首先，通过 ChatGPT 简要介绍了 Python 语言的基本特点，讨论了为什么建议学习 Python 及 Python 的应用场景。然后，详细介绍了 Python 环境搭建的步骤，包括下载 Python、安装 Python 及如何在 IDLE 中写代码等。最后，还通过 ChatGPT 针对一些常见问题进行了答疑解惑，并对新手学习 Python 提出了一些建议。通过本章的学习，读者可以快速掌握 Python 开发环境的搭建方法和相关知识，为后续的 Python 学习打下良好的基础。

第 3 章

输入与输出

★本章导读★

在开始详细介绍 Python 的具体语法之前，我们先了解一些 Python 的入门知识。本章将介绍 Python 编程语言中最基础的几个概念，并完成一个与程序交互的小程序。

★知识要点★

通过本章内容的学习，读者能掌握以下知识：

- ◆ 了解代码文件、注释、缩进、控制台、环境变量等基础概念
- ◆ 了解如何运行 Python 程序
- ◆ 掌握 Python 的控制台输入输出

3.1 ChatGPT 讲解知识点——Python 基础概念

在正式开始讲解 Python 语法之前，我们先借助 ChatGPT 来了解几个 Python 相关的基础概念。

3.1.1 代码文件

在第 2 章中，我们将写好的几行代码保存成一个以 .py 结尾的文件，这种文件是什么，我们来问一问 ChatGPT。

提问：.py 结尾的文件是什么?

ChatGPT:

.py 结尾的文件是 Python 脚本文件，也称为 Python 源代码文件。在 Python 中，程序员可以使用任何文本编辑器创建 .py 文件，并在文件中编写 Python 代码。这些代码可以包括 Python 的核心语言特性，如变量、函数、控制流语句等。.py 文件被编写完成后，可以使用 Python 解释器来执行其中的代码。简而言之，.py 文件是 Python 程序的源代码文件，它们包含了 Python 程序员编写的

可执行代码。

在创建 .py 文件时，需要注意以下几点。

1. 文件名：建议使用有意义的名称来命名 .py 文件，以便更好地组织和管理 Python 代码。

2. 编码格式：Python 默认使用 UTF-8 编码格式，但是在某些情况下可能需要使用其他编码格式，如中文编码需要使用 UTF-8、GBK 等编码格式。

3. 文件路径：如果想在 Python 程序中引用 .py 文件，需要注意文件的路径。通常情况下，可以将 .py 文件放在与 Python 程序相同的文件夹中，或者将其放在 Python 安装目录下的 Lib 文件夹中。

4. 代码规范：在编写 Python 代码时，应该遵循一定的代码规范，如 PEP 8 等。这可以提高代码的可读性和可维护性，并使得不同程序员编写的代码更容易协作和集成。

5. 版本兼容性：在编写 Python 代码时，需要注意不同版本的 Python 可能存在语法和函数差异，因此应该选择适合自己 Python 版本的语法和函数。

综上所述，创建 .py 文件时需要注意文件名、编码格式、文件路径、代码规范和版本兼容性等方面的问题。这些注意点可以帮助程序员更好地管理和编写 Python 代码。

通常会将编写好的 Python 代码保存成以 .py 为后缀名的文件，以便后续的运行、修改和传输。

3.1.2 代码注释

Python 代码中有一种内容并不参与代码的执行，这种内容叫作注释。

提问：什么是代码注释？

ChatGPT:

代码注释是一种程序员在代码中添加的文本，用于解释代码的功能、目的、原理、注意事项等。注释不会被计算机执行，而是仅供程序员阅读。在 Python 中，注释以 # 开头，可以单独存在一行，也可以紧跟在代码后面。注释可以是任意长度的文本，通常是为了让其他程序员更容易理解代码而编写的。

在编写代码时，添加注释是一个良好的习惯。注释可以帮助程序员更快地理解代码，并提高代码的可读性和可维护性。特别是在编写复杂的代码或在团队中编写代码时，注释可以更好地促进协作和沟通。

以下是一些添加注释的示例。

在函数定义中添加注释，用于描述函数的功能、参数和返回值。

```
def add(a, b):
    # This function returns the sum of two numbers.
    # a: an integer.
    # b: an integer.
    # return: an integer, the sum of a and b.
    return a + b
```

在代码块中添加注释，用于解释代码的目的、原理或注意事项。

```
# This code block reads a file and prints its contents.
with open('file.txt', 'r') as f:
    # Read the file and store its contents in a variable.
    contents = f.read()
    # Print the contents of the file.
    print(contents)
```

综上所述，代码注释是程序员添加在代码中的文本，用于解释代码的功能、目的、原理、注意事项等。添加注释是一个良好的编程习惯，可以提高代码的可读性和可维护性。

提问：Python 中有几种注释形式？

ChatGPT:

在 Python 中通常有两种形式的注释：单行注释和多行注释。

单行注释使用井号（#）开头，并且一直延续到该行的末尾。这种注释形式通常用于添加简短的注释或解释代码行的作用。例如：

```
# This is a single line comment
print("Hello, World!")  # This line prints a message
```

多行注释是由三个单引号（'''）或三个双引号（"""）开始和结束的，可以跨越多行。这种注释形式通常用于添加详细的注释或文档字符串，以描述函数或类的用法、参数和返回值等。例如：

```
'''
This is a multi-line comment.
It can span multiple lines.
'''
def add(a, b):
    """
    This function returns the sum of two numbers.
    a: an integer.
    b: an integer.
    return: an integer, the sum of a and b.
    """
    return a + b
```

需要注意的是，多行注释也可以在代码中使用，但是它们并不是被忽略，而是被解释器当作一个字符串对象。

综上所述，Python 中有两种注释形式：单行注释和多行注释。单行注释使用 # 开头，并且只能延续到该行的末尾；多行注释由三个单引号或双引号开始和结束，并且可以跨越多行。多行注释通常用于添加函数或类的文档字符串，而单行注释则用于添加短注释或解释代码行的作用。

注释虽不是有效功能代码，但是代码的重要组成部分。好的注释可以大大提升代码的可读性，便于代码的维护和扩展。

3.1.3 代码缩进

在编写 Python 代码时，缩进是一个很重要的语法格式规范。

提问：什么是 Python 的代码缩进?

ChatGPT:

在 Python 中，代码缩进指的是代码块内部相对于代码块外部缩进的空格或制表符。在其他编程语言中，代码块通常使用花括号（{}）或关键字（如 begin/end、do/while）来表示。而在 Python 中，代码块使用缩进来表示，这种缩进方式称为语法缩进。

Python 的语法缩进是一种强制性的语法规则，它可以使代码更加简洁、易于阅读和理解。每一行代码都必须有正确的缩进，否则 Python 解释器会报错。下面是一个简单的示例。

```
1. if 10 > 5:
2.     print("10 is greater than 5")
3. else:
4.     print("10 is not greater than 5")
```

在上面的示例中，第一行代码使用了 if 语句来判断 10 是否大于 5。该语句后面需要执行一些代码块，因此下一行代码必须缩进。在 Python 中，通常使用四个空格来缩进代码块。

下面是一个更复杂的示例。

```
def calculate_average(numbers):
    """
    This function calculates the average of a list of numbers.
    """
    if not numbers:
        return None
    total = 0
    count = 0
    for number in numbers:
        total += number
        count += 1
    return total / count
```

在上面的示例中，函数的定义和文档字符串使用了缩进，函数内部的 if 语句和 for 循环也使用了缩进。这些缩进可以帮助人们快速识别代码块，并更好地理解代码的结构和意图。

需要注意的是，Python 中的语法缩进是强制性的，它不仅影响代码的可读性，还直接影响代码的运行结果。因此，在编写 Python 代码时，务必要注意缩进是否正确，遵循 Python 的缩进规则。

如 ChatGPT 所述，通过缩进来区分代码块是 Python 的一个特点。这不仅影响格式的美观，也直接影响代码的运行结果。所以在编写 Python 代码时一定要注意缩进，新手很容易因为缩进不对而导致程序出错。

3.1.4 控制台

有一些基础概念并不属于 Python 的范畴，但在学习 Python 的过程中经常会遇到，如控制台，它本身是一个操作系统相关的概念。

提问：什么是控制台？

ChatGPT:

控制台（console）是计算机上一种用于与操作系统交互的命令行接口（CLI）。它通常以文本形式显示，用户可以通过输入命令和参数来控制计算机的行为，如打开文件、运行程序等。在某些操作系统中，控制台也称为终端（terminal）。在 Python 中，我们可以使用控制台来运行 Python 程序或交互式地运行 Python 代码。

不同的操作系统有不同的控制台界面。

1. Windows 系统控制台

在 Windows 系统中，控制台可以通过打开命令提示符（Command Prompt）或 PowerShell 来实现。命令提示符提供了 Windows 命令行界面，而 PowerShell 则是一个强大的脚本语言和命令行界面，它可以通过 .NET Framework 和 .NET Core 来实现跨平台的操作。

2. Linux 系统控制台

在 Linux 中打开控制台(terminal)，可以按快捷键“Ctrl + Alt + T”，或者使用菜单中的终端应用程序。在不同的 Linux 发行版中，可能会有不同的终端应用程序，如 GNOME 终端、KDE 终端、XTerm 等。

3. macOS 系统控制台

在 macOS 系统中，控制台可以通过打开终端（terminal）来实现。终端是一个基于 UNIX Shell 的命令行界面，它允许用户在 macOS 系统上运行各种命令和脚本。终端提供了多个窗口和标签页来进行多任务操作，用户可以使用快捷键来完成常见操作。

总之，不同系统的控制台界面可能会有所不同，但它们的基本功能都是提供一个命令行界面，让用户通过输入命令来控制计算机的行为。掌握控制台的使用方法可以提高工作效率，并且对于开发人员来说也是非常有用的。

提问：什么是 Python 控制台？

ChatGPT:

Python 控制台是一个交互式的命令行界面，可以在其中输入 Python 代码并立即执行。Python 控制台通常是通过 Python 解释器提供的，因此在计算机中安装了 Python 解释器后，就可以使用命令行来打开 Python 控制台。

Python 控制台的作用类似于一个即时执行器，可以用来测试和调试代码，或者进行一些简单的计算。用户可以在控制台中逐行输入代码，并查看每行代码运行的结果，以便更好地理解 Python 语言的特性和函数的用法。同时，Python 控制台也可以作为一个简单的 Python 脚本编辑器，用户可以在其中编写一些简单的 Python 脚本，并通过控制台执行脚本。

可以通过以下步骤打开 Python 控制台。

1. 在 Windows 操作系统中，可以按“Win+R”快捷键打开运行对话框，在其中输入 cmd，按“Enter”键打开命令提示符窗口。在 Linux 或 macOS 操作系统中，可以打开终端应用程序。

2. 在命令提示符或终端窗口中输入 python 或 python3 命令，按“Enter”键。这将启动 Python 解释器，并在命令提示符或终端窗口中显示 Python 控制台的提示符，如“>>>”。

3. 现在，您可以在 Python 控制台中逐行输入 Python 代码，并按“Enter”键运行代码。Python 控制台将显示每行代码的运行结果，以便您检查代码的正确性。

4. 要退出 Python 控制台，请在提示符处输入 quit() 或 exit() 命令，按“Enter”键即可退出。

需要注意的是，Python 控制台是一个命令行界面，可能不太适合初学者，建议初学者在学习 Python 时，先使用一些图形界面的 Python 开发环境，如 PyCharm、VS Code 等，等掌握了基本的 Python 语法和用法后再尝试使用 Python 控制台。

控制台，或者叫命令行，是执行操作系统命令的工具。Python 控制台则是一种交互式的 Python 运行环境，可用来调试代码。在后续的学习中会接触到这两个工具。

3.1.5 环境变量

环境变量也是一个操作系统相关的概念，但在 Python 的实际开发中经常会跟它打交道。

提问：什么是环境变量?

ChatGPT:

环境变量是指在操作系统中用于存储特定信息的变量，它们通常是系统级别的变量，对于整个操作系统和应用程序都是全局性的。环境变量包括系统环境变量和用户环境变量两种类型。

系统环境变量是所有用户共享的，它们会影响整个系统，如操作系统的安装路径、系统的语言等。

用户环境变量只对特定的用户有效，每个用户都可以设置自己的环境变量，如用户的临时文件夹路径、用户的默认下载路径等。

在计算机系统中，应用程序可以读取环境变量并根据它们来决定如何运行，比如根据环境变量来定位某个文件或选择不同的配置文件等。

在 Python 中，环境变量也有着重要的作用，如在安装某些 Python 库时，需要将库所在的路径添加到系统环境变量中，以便 Python 能够正确地找到这些库。

提问：如何设置环境变量？

ChatGPT:

在 Windows 中设置环境变量。

1. 打开“控制面板”。
2. 单击“系统和安全”。
3. 单击“系统”。
4. 单击“高级系统设置”。
5. 在“系统属性”对话框中，单击“环境变量”按钮。
6. 在“用户变量”或“系统变量”下方的列表中，选择“Path”变量，然后单击“编辑”按钮。
7. 在“编辑环境变量”对话框中，单击“新建”按钮。
8. 输入要添加到环境变量中的路径，如“C:\Python38”。
9. 单击“确定”按钮，然后关闭所有对话框。

在 macOS 中设置环境变量。

1. 打开“终端”应用程序。
2. 输入以下命令并按“Enter”键：nano ~ /.bash_profile
3. 在打开的文件中，输入要设置的环境变量，如“export PATH=$PATH:/usr/local/bin/python”。
4. 按“Ctrl+X”组合键，然后按“Y”和“Enter”键保存文件。
5. 输入以下命令并按“Enter”键：source ~ /.bash_profile，以使更改生效。

请注意，不同的操作系统版本可能会略有不同。上述步骤仅供参考，具体步骤可能因操作系统版本而异。

环境变量如果没有设置正确，会导致无法在命令行中执行 python 和 pip 命令。

以上就是 ChatGPT 给我们讲解的一些 Python 基础概念。这些概念或许大家目前还无法完全理解，但没有关系，只要有个大概的印象即可，后面我们会在学习中结合实例来运用。

3.2 输入输出

接下来，我们开始讲解 Python 的语法。

在 Python 语言中，输入与输出函数是最基本的两个函数，使用这两个函数，程序可以通过控制台获取用户的输入及向控制台输出结果。

3.2.1 print 输出

在第 2 章中，我们已经使用过 print 函数，用它输出了一行“Hello World!”。print 中文意思是“打印”，在 Python 里它不是往纸上打印，而是打印到控制台，或者叫命令行、终端。print 是 Python 里很基本、常见的一个操作，语法格式如下。

```
print( 你要打印的内容 )
```

注意：这里一定要用英文字符的括号。在编写 Python 代码时，所有程序中出现的符号，如括号、引号、冒号等都应当是英文字符，否则程序无法识别。建议编写代码时关闭中文输入法。

【示例 3-1 程序】

在 IDLE 编辑器中输入如下示例程序。

第 1 行：使用 print 函数输出字符串。

第 2 行：使用 print 函数输出整数。

第 3 行：使用 print 函数输出小数。

第 4 行：使用 print 函数输出算术表达式。

第 5 行：使用 print 函数输出关系运算表达式。

示例 3-1

```
1. print('world')
2. print(2)
3. print(3.14)
4. print(1 + 2 * 3)
5. print(2 > 5)
```

保存并运行程序，程序在 Python 控制台中输出了 5 行结果，如图 3-1 所示。观察一下输出的内容可以发现，print 除了打印文字，还能输出各种数字、运算结果、比较结果等。用 print 输出字符串，需要给字符串加上双引号或单引号，除此之外的数字、计算式、变量等，都不需要加引号。

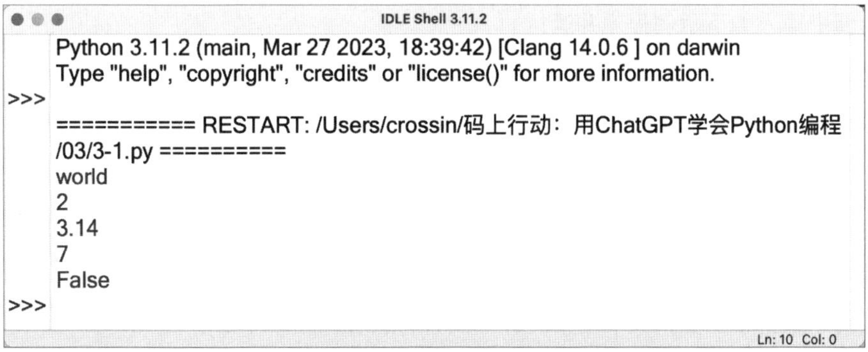

```
IDLE Shell 3.11.2
    Python 3.11.2 (main, Mar 27 2023, 18:39:42) [Clang 14.0.6 ] on darwin
    Type "help", "copyright", "credits" or "license()" for more information.
>>>
    =========== RESTART: /Users/crossin/码上行动：用ChatGPT学会Python编程
    /03/3-1.py ==========
    world
    2
    3.14
    7
    False
>>>
Ln: 10 Col: 0
```

图 3-1 示例 3-1 运行结果

print 可以一次输出多个内容，只需要用逗号将这些要输出的内容隔开即可。

【示例 3-2 程序】

在 IDLE 编辑器中输入如下一行示例程序。

示例 3-2

```
1. print('Hello', 'Crossin', "Python", 100)
```

保存并运行程序，结果如图 3-2 所示。Python 控制台在一行内依次输出了“Hello”“Crossin”“Python”和“100”，中间以空格间隔开。

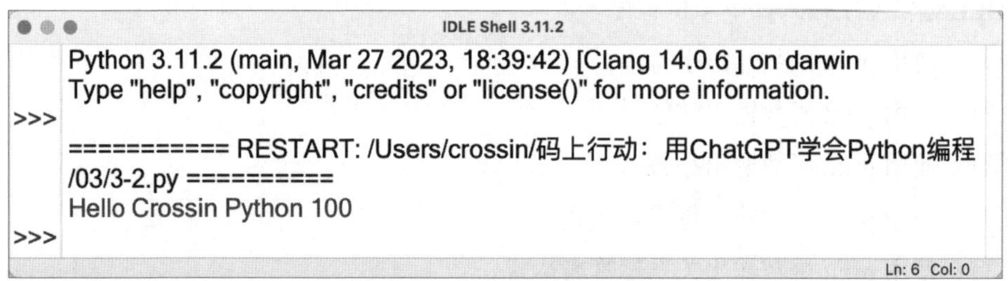

图 3-2　示例 3-2 运行结果

3.2.2 input 输入

有输出自然也会有输入。Python 提供的输入函数是 input，用来从控制台获取用户输入，语法格式如下。

```
input( 提示语 )
```

括号中的提示语可以省略，如果设置了提示语，程序会在获取输入时显示。

【示例 3-3 程序】

在编辑器中输入如下示例程序并运行。

第 1 行：使用 input 函数获取用户输入，并把输入结果赋值给变量 a。

第 2 行：使用 print 函数输出变量 a 的值。

示例 3-3

```
1. a = input(" 请输入 a 的值：")
2. print(a)
```

这段代码中用到了变量，关于变量的详细内容将会在第 4 章中讲解。

程序运行结果如图 3-3 所示，黑色的“1234”为用户输入，蓝色的“1234”为程序输出。一开始，程序提示“请输入 a 的值：”，闪烁光标等待用户输入。当我们输入“1234”并按“Enter”键后，程序会在下一行输出“1234”。

```
IDLE Shell 3.11.2
Python 3.11.2 (main, Mar 27 2023, 18:39:42) [Clang 14.0.6 ] on darwin
Type "help", "copyright", "credits" or "license()" for more information.
>>>
=========== RESTART: /Users/crossin/码上行动：用ChatGPT学会Python编程
/03/3-3.py ==========
请输入a的值：1234
1234
>>>
Ln: 7 Col: 0
```

图 3-3　示例 3-3 运行结果

3.2.3 ChatGPT 演示代码——向用户打招呼

接下来让 ChatGPT 为我们写一段关于 print 和 input 的演示代码。

提问：用 print 和 input 写一段向用户打招呼的演示代码。

ChatGPT:

以下是一个使用 print 和 input 函数实现的向用户打招呼的简单 Python 代码示例。

```
1. name = input("你好，请问你叫什么名字？ ")
2. print("欢迎来到 Python 世界，" + name + "！ ")
```

在运行这段代码时，用户会被提示输入自己的名字，然后程序将通过 print 函数向用户发送一条欢迎消息，其中包含用户输入的名字。

第 1 行代码使用 input 函数等待用户输入，提示信息为“你好，请问你叫什么名字？”，用户输入的内容会被存储到变量 name 中。

第 2 行代码使用 print 函数输出欢迎信息，包括用户输入的名字。通过字符串拼接的方式，使用加号将三部分字符串连接起来，中间的 name 变量表示用户输入的名字。

这是一个非常基础的交互式程序，可以帮助初学者了解 print 函数和 input 函数的基本用法，并熟悉 Python 控制台环境。

ChatGPT 给出的代码演示了简单的控制台输入输出，同样也用到了变量。

将代码复制到编辑器中，保存并运行，结果如图 3-4 所示。

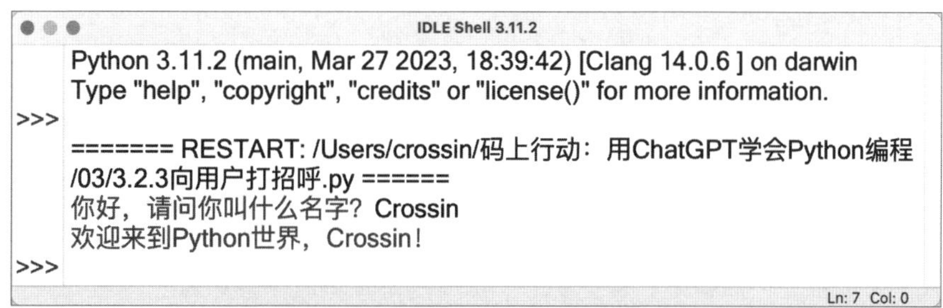

图 3-4　ChatGPT 演示代码运行结果

在后面的章节中，我们还将利用 ChatGPT 编写更多的演示代码，帮助读者理解相关的知识点。

3.3 ChatGPT 答疑解惑

关于 Python 入门方面的更多问题，我们来看一看 ChatGPT 的解答。

3.3.1 运行 Python 代码的方式

通过 IDLE 运行 Python 代码并不是唯一的方式。

提问：运行 Python 代码有哪些方式？

ChatGPT:

运行 Python 代码有多种方式。

1. 使用 Python 解释器运行 .py 文件：在命令行中使用 python 命令后跟文件路径运行 .py 文件，如 python hello.py。

2. 使用集成开发环境（IDE）：许多 IDE（如 PyCharm、Visual Studio Code 等）可以直接运行 Python 代码，只需单击运行按钮或按快捷键即可。

3. 使用 Jupyter Notebook：Jupyter Notebook 是一种交互式笔记本，可以在其中编写和运行 Python 代码。

4. 在 Python 控制台中交互式运行代码：打开控制台后，直接输入 Python 代码并按“Enter”键即可运行。

以上方法都可以运行 Python 代码，选择哪种方式取决于个人习惯和使用场景。Python 是一种非常流行的编程语言，有很多编辑器可以用来编写和运行 Python 代码。

对于新手来说，在集成开发环境里运行 Python 代码就足够了，但其他的运行方式也应有所了解。

3.3.2 为什么要写注释

前面我们提到 Python 代码中的注释，那么为什么要在代码中写注释呢？

提问：代码中为什么要写注释？

ChatGPT:

在编写代码的过程中，注释是非常重要的。以下是写注释的一些原因。

1. 解释代码的功能：注释可以帮助其他开发人员理解代码的功能，这对于合作开发或维护代码是非常重要的。

2. 提高代码可读性：注释可以使代码更易于阅读，特别是在代码较长或复杂的情况下。

3. 记录代码变更：注释可以记录代码的变化，帮助团队了解代码的发展历史，方便代码的维护和更新。

4. 提高代码质量：注释可以帮助发现代码中的潜在问题，提高代码质量，减少错误。

总之，编写注释可以使代码更易于理解，更易于维护，以及更易于共享。

是否写注释不会影响程序的功能，但好的注释可以让开发效率和代码质量都有所提升，建议从一开始就养成写注释的好习惯。

3.3.3 Python 学习的阶段

为了明确 Python 学习的目标，在过程中少走弯路，我们有必要了解一下 Python 学习的阶段。

提问：Python 学习有哪些阶段？

ChatGPT:

Python 学习的阶段大致可以分为三个。

1. 入门阶段：学习基本语法和数据类型，了解 Python 的基本控制语句和函数定义。此阶段需要注意掌握好 Python 语言的基本概念和基本语法，要多写简单的程序进行练习，对 Python 的运行机制有一定的了解。

2. 进阶阶段：深入学习 Python 的各种特性，掌握面向对象编程、模块化编程、异常处理、迭代器和生成器等高级特性。此阶段需要注意掌握好 Python 的高级特性，要通过练习来熟悉这些特性的使用方法。

3. 实践阶段：在实际项目中应用 Python，包括 Web 开发、数据分析、机器学习、人工智能等领域。此阶段需要注意熟悉 Python 在不同领域中的应用场景，掌握常用的 Python 库和框架，要通过实践来加深对 Python 的理解和应用能力。

总的来说，Python 学习的关键是坚持练习，并且不断提升自己的编程技能和实践能力。在学习过程中，需要注意理论和实践的结合，不要仅仅停留在理论上，要通过实际练习来深入理解 Python 的各种特性和应用场景。同时，要注重代码的可读性和可维护性，编写清晰简洁的代码，并且为代码添加必要的注释。

从 ChatGPT 的回答中可以看出，学习 Python 是一个由浅入深、从理论到实践的过程，但不管哪个阶段，练习都是必不可少的。

本章小结

本章介绍了 Python 基础概念及输入输出的相关内容。在基础概念部分，我们了解了代码文件、代码注释、代码缩进、控制台和环境变量等基础概念，这些基础概念对于初学者来说是非常重要的，熟练掌握这些概念有助于编写高效、简洁的 Python 代码。在输入输出部分，我们学习了如何使用 print 输出和 input 输入，并通过演示代码加深了对输入输出的理解。此外，我们还介绍了运行 Python 代码的方式及代码中为什么要写注释，在学习 Python 的过程中，注释是非常重要的，它可以提高代码可读性、可维护性和可扩展性。同时，要注意代码风格的规范性，这可以使代码更易于阅读和理解。

第 4 章

变量与数据类型

★本章导读★

在本章中，我们将探索 Python 编程语言的两个核心概念：变量与数据类型。作为一门高级编程语言，Python 允许程序员创建和操作多种类型的数据，如数字、字符串、列表、字典等。而变量则是用来存储和操作这些数据的工具。

★知识要点★

通过本章内容的学习，读者能掌握以下知识：

◆ 认识和理解变量，灵活使用变量

◆ 了解常见基本数据类型及不同数据类型之间的区别

◆ 掌握字符串格式化的方法

◆ 掌握不同数据类型之间的相互转换

4.1 ChatGPT 讲解知识点——变量

变量是编程中很重要的一个概念，几乎所有程序都离不开变量。

4.1.1 什么是变量

先让 ChatGPT 讲解一下变量的概念。

提问：讲解一下变量的概念。

ChatGPT:

变量是计算机程序中用来存储数据的一种机制。它是一种具有名称和值的抽象概念，其名称用于标识变量，而值则是存储在变量中的数据。变量的名称也称为标识符，通常由一个或多个字母、数字或下划线组成，并且必须以字母或下划线开头。在程序中，我们可以通过给变量赋值来创建变量并将值存储在其中。

在 Python 中，变量的数据类型是动态的，也就是说，它们的数据类型可以根据其值自动确定。当我们给一个变量赋值时，Python 会根据值的类型来确定变量的数据类型。例如，如果我们将一个整数值赋给变量 x，则 Python 将 x 的数据类型设置为整数类型；如果我们将一个字符串赋给变量 y，则 Python 将 y 的数据类型设置为字符串类型。

变量在程序中扮演了重要的角色，它们可以用于存储和操作数据。在程序中，我们可以使用变量来代表一个数字、一个字符串、一个列表、一个字典等各种数据类型。例如，我们可以使用一个变量来存储用户输入的数字，然后将其用于计算结果；我们也可以使用变量来存储一个字符串，然后将其传递给函数进行处理。变量还可以被用于循环语句、条件语句等语句中，帮助我们控制程序的行为。

需要注意的是，在 Python 中变量只是一个名字，它本身并没有存储数据，而是存储指向数据的引用。因此，当我们将一个变量赋给另一个变量时，实际上是将引用从一个变量传递给另一个变量，而不是将数据复制到另一个变量中。这在程序中的数据处理和内存管理方面具有重要的意义。

从 ChatGPT 的回答中可以了解到，变量用于存储数据，需要符合命名规范，具有明确的数据类型。

4.1.2 变量的命名规范

在给变量命名时需要符合一定的规范。

提问：Python 中变量的命名规范有哪些？

ChatGPT:

在 Python 中，变量的命名需要遵守一定的规范和约定，以保证程序的可读性和可维护性。以下是 Python 中变量命名的规范。

1. 变量名只能由字母、数字和下划线组成，不能包含空格和其他特殊字符。

2. 变量名必须以字母或下划线开头，不能以数字开头。

3. 变量名区分大小写，如 age 和 Age 是不同的变量。

4. 变量名不应该与 Python 中的关键字（如 if、else、while 等）重复。

其他应注意的变量命名建议如下。

1. 变量名应该具有描述性，能够清晰地表达变量所表示的含义，且长度不应过长。

2. 在变量名中不应该使用单个下划线作为前缀，如 _name，这种命名方式通常用于私有变量。

3. 在变量名中不应该使用双下划线作为前缀和后缀，如 __name__，这种命名方式通常用于类的特殊方法和属性。

以下是一些符合 Python 变量命名规范的例子。

```
age = 25
```

```
name = 'Tom'
my_list = [1, 2, 3]
is_okay = True
```

需要注意的是，良好的变量命名可以提高程序的可读性和可维护性，因此在编写程序时应该尽量遵守上述的命名规范和约定。

提问：变量名可以用中文吗？

ChatGPT:

在 Python 中，变量名可以包含 Unicode 字符集中的字符，包括中文字符。也就是说，你可以使用中文字符作为变量名，但是这并不是一个好的编程习惯。

使用中文字符作为变量名虽然是合法的，但是不推荐使用，因为这样可能会出现编码问题，影响代码的可移植性，给代码的维护带来困难。此外，大多数编程规范和编程语言约定都不鼓励使用非 ASCII 字符作为变量名。

因此，尽管 Python 支持使用中文字符作为变量名，但是建议使用英文字符和数字来命名变量，以便于代码的阅读和维护。

Python 中变量的命名规范如 ChatGPT 所述，在实际开发中，除了符合规范，也要尽量让变量名有意义，以提高代码的可读性。

以上就是 ChatGPT 给我们讲解的关于什么是变量及 Python 中变量的命名规范。接下来将结合实例进一步学习变量的有关知识。

4.2 变量的使用

了解了变量的概念，下面我们学习如何在程序中使用变量。

4.2.1 创建变量

变量需要遵循先创建后使用的原则。如果直接使用一个没有赋值过的变量名，会引发名称未定义的 NameError 错误，导致程序中断。

在 Python 中，创建变量的方法很简单，就是给一个变量名赋值。

【示例 4-1 程序】

在编辑器中输入如下示例程序并运行。

第 1 行：创建一个变量 x，并通过等号赋值为 123。

第 2 行：使用 print 函数输出这个变量的值。

示例 4-1

```
x = 123
print(x)
```

语句中等号“=”的作用是将等号右边的值赋值给左边的变量，同时也就完成了变量的创建。

当使用一个变量的值时，只要在需要使用的地方写上变量名即可，如 print(x)，就是把 x 的值作为 print 的参数。

保存并运行程序，程序在 Python 控制台中输出了“123”，如图 4-1 所示。

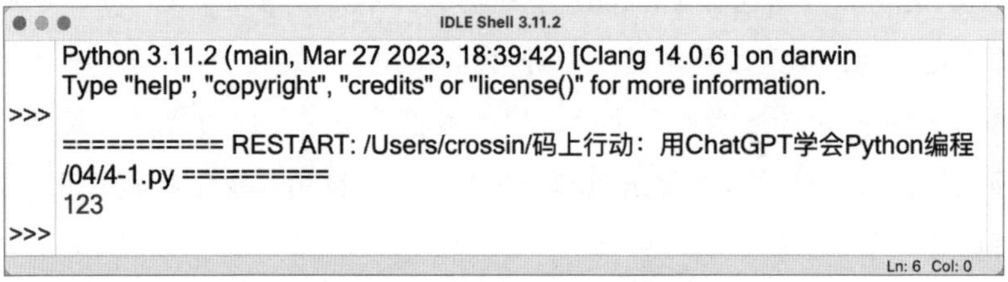

```
IDLE Shell 3.11.2
Python 3.11.2 (main, Mar 27 2023, 18:39:42) [Clang 14.0.6 ] on darwin
Type "help", "copyright", "credits" or "license()" for more information.
>>>
=========== RESTART: /Users/crossin/码上行动：用ChatGPT学会Python编程
/04/4-1.py ==========
123
>>>
Ln: 6  Col: 0
```

图 4-1　示例 4-1 运行结果

也可以用一个已有变量创建一个新变量，在上述代码后面增加两行代码。

【示例 4-2 程序】

在编辑器中输入如下示例程序并运行。

第 1、2 行：创建一个变量 x 并输出。

第 3 行：创建一个变量 y，并通过等号赋值为变量 x 的值。

第 4 行：使用 print 函数输出变量 y 的值。

示例 4-2

```
1. x = 123
2. print(x)
3. y = x
4. print(y)
```

等号右边是一个变量时，表示将右边的变量的值赋值给左边的变量。保存并运行程序，程序在 Python 控制台中输出了两行“123”，如图 4-2 所示。第一行是变量 x 的值，第二行则是变量 y 的值。

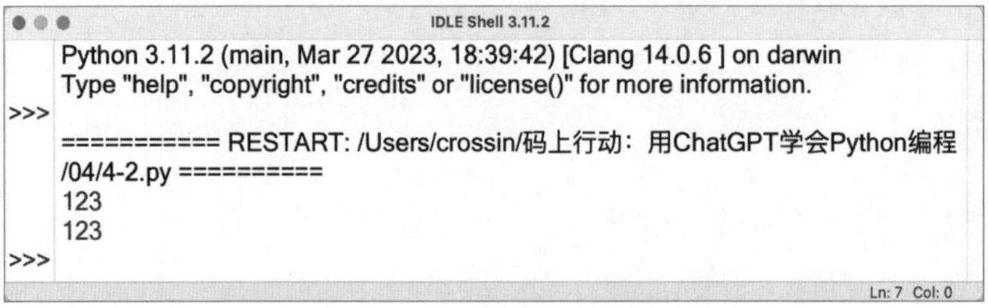

```
IDLE Shell 3.11.2
Python 3.11.2 (main, Mar 27 2023, 18:39:42) [Clang 14.0.6 ] on darwin
Type "help", "copyright", "credits" or "license()" for more information.
>>>
=========== RESTART: /Users/crossin/码上行动：用ChatGPT学会Python编程
/04/4-2.py ==========
123
123
>>>
Ln: 7  Col: 0
```

图 4-2　示例 4-2 运行结果

等号右边也可以是一个计算式。

【示例 4-3 程序】

在编辑器中输入如下示例程序并运行。

第 1、2 行：创建一个变量 x 并输出。

第 3 行：创建一个变量 y，并通过等号赋值为 x 的值加上 111。

第 4 行：使用 print 函数输出变量 y 的值。

示例 4-3

```
1. x = 123
2. print(x)
3. y = x + 111
4. print(y)
```

等号右边是一个计算式时，程序会先计算出等号右边的结果，再赋值给左边的变量。保存并运行程序，程序在 Python 控制台中输出了“123”和“234”，如图 4-3 所示。234 是变量 x 的值加上 111 的计算结果。

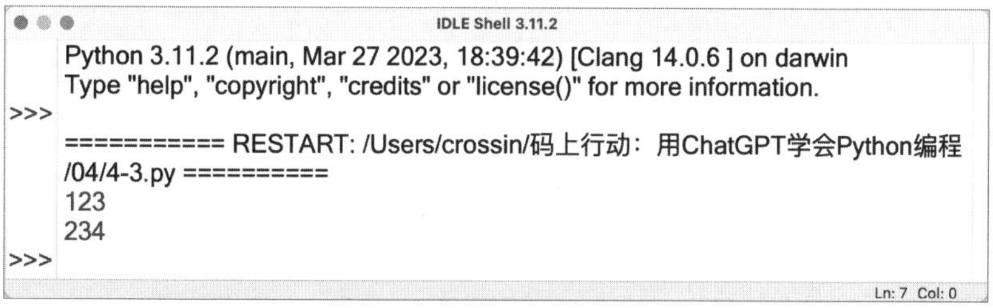

```
IDLE Shell 3.11.2
Python 3.11.2 (main, Mar 27 2023, 18:39:42) [Clang 14.0.6 ] on darwin
Type "help", "copyright", "credits" or "license()" for more information.
>>>
=========== RESTART: /Users/crossin/码上行动：用ChatGPT学会Python编程
/04/4-3.py ==========
123
234
>>>
Ln: 7  Col: 0
```

图 4-3　示例 4-3 运行结果

等号右边还可以是一个函数，如第 3 章中用到的 input。

【示例 4-4 程序】

在编辑器中输入如下示例程序并运行。

第 1 行：创建一个变量 x，赋值为 input 函数的结果，也就是用户从控制台的输入。

第 2 行：使用 print 函数输出变量 x 的值。

示例 4-4

```
1. x = input('输入 x 的值：')
2. print(x)
```

等号右边是一个函数时，程序会先执行函数，得到函数的返回值，再赋值给左边的变量。这里 input 的返回值就是用户在控制台里的输入。关于函数，我们将在第 7 章中详细讲解。

保存并运行程序，程序在 Python 控制台中输出了我们输入的值，如图 4-4 所示。

```
Python 3.11.2 (main, Mar 27 2023, 18:39:42) [Clang 14.0.6 ] on darwin
Type "help", "copyright", "credits" or "license()" for more information.
>>>
=========== RESTART: /Users/crossin/码上行动：用ChatGPT学会Python编程
/04/4-4.py ==========
输入x的值：666
666
>>>
```

图 4-4　示例 4-4 运行结果

4.2.2 修改变量

如果一个变量已经被创建，再对这个变量赋值则会修改变量的值。

【示例 4-5 程序】

在编辑器中输入如下示例程序并运行。

第 1、2 行：创建一个变量 x 并输出。

第 3 行：修改变量 x 的值为 456。

第 4 行：使用 print 函数输出变量 x 的值。

示例 4-5

```
1. x = 123
2. print(x)
3. x = 456
4. print(x)
```

保存并运行程序，程序在 Python 控制台中输出了“123”和“456”，如图 4-5 所示。456 是变量 x 被重新赋值后的结果。

```
Python 3.11.2 (main, Mar 27 2023, 18:39:42) [Clang 14.0.6 ] on darwin
Type "help", "copyright", "credits" or "license()" for more information.
>>>
=========== RESTART: /Users/crossin/码上行动：用ChatGPT学会Python编程
/04/4-5.py ==========
123
456
>>>
```

图 4-5　示例 4-5 运行结果

同创建变量一样，修改变量时，等号右边也可以是另一个变量、一个计算式，或者一个函数。

【示例 4-6 程序】

在编辑器中输入如下示例程序并运行。

第 1、2 行：创建一个变量 x 并输出。

第 3、4 行：创建一个变量 y 并输出。

第 5 行：修改变量 x 的值，通过等号赋值为变量 y 的值加上 111。

第 6 行：使用 print 函数输出变量 x 的值。

示例 4-6

```
1. x = 123
2. print(x)
3. y = 456
4. print(y)
5. x = y + 111
6. print(x)
```

保存并运行程序，程序在 Python 控制台中输出了“123”“456”“567”，如图 4-6 所示。567 是变量 x 被重新赋值后的结果。

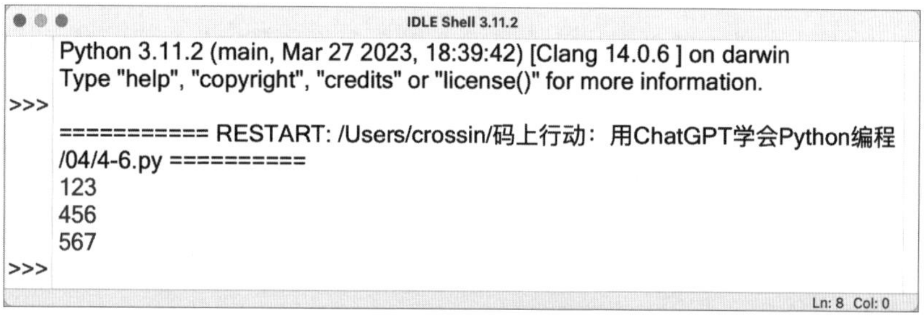

```
IDLE Shell 3.11.2
Python 3.11.2 (main, Mar 27 2023, 18:39:42) [Clang 14.0.6 ] on darwin
Type "help", "copyright", "credits" or "license()" for more information.
>>>
=========== RESTART: /Users/crossin/码上行动：用ChatGPT学会Python编程/04/4-6.py ==========
123
456
567
>>>
Ln: 8 Col: 0
```

图 4-6　示例 4-6 运行结果

在修改变量值时，变量自身也可以作为等号右边的变量或计算式的一部分。

【示例 4-7 程序】

在编辑器中输入如下示例程序并运行。

第 1、2 行：创建一个变量 x 并输出。

第 3 行：修改变量 x 的值，通过等号赋值为变量 x 的值加上 111。

第 4 行：使用 print 函数输出变量 x 的值。

示例 4-7

```
1. x = 123
2. print(x)
3. x = x + 111
4. print(x)
```

保存并运行程序，程序在 Python 控制台中输出了“123”和“234”，如图 4-7 所示。变量 x 原有的值 123 加上 111 的计算结果被重新赋值给变量 x，所以变量 x 的值被修改为 234。

```
IDLE Shell 3.11.2
Python 3.11.2 (main, Mar 27 2023, 18:39:42) [Clang 14.0.6 ] on darwin
Type "help", "copyright", "credits" or "license()" for more information.
>>>
=========== RESTART: /Users/crossin/码上行动：用ChatGPT学会Python编程
/04/4-7.py ==========
123
234
>>>
Ln: 7  Col: 0
```

图 4-7　示例 4-7 运行结果

4.2.3 ChatGPT 演示代码——计算周长和面积

接下来让 ChatGPT 为我们写一段关于变量创建和使用的演示代码。

提问：创建两个变量分别表示长方形的长和宽，计算此长方形的周长和面积并输出。

ChatGPT:

下面是一段 Python 代码，可以创建两个变量分别表示长方形的长和宽，然后计算该长方形的周长和面积，并将其输出到控制台。

```
length = 6       # 长方形的长
width = 4        # 长方形的宽
perimeter = 2 * (length + width)    # 计算周长
area = length * width               # 计算面积
print("长方形的周长为：", perimeter)
print("长方形的面积为：", area)
```

在这段代码中，首先，我们创建了两个变量 length 和 width，分别表示长方形的长和宽。然后，我们根据长方形的周长和面积公式计算出该长方形的周长和面积，并将其存储在变量 perimeter 和 area 中。最后，我们使用 print() 函数将计算结果输出到控制台。

在运行这段代码时，程序会计算出该长方形的周长和面积，并将其输出到控制台。

ChatGPT 给出的代码演示了通过数值和计算式两种方式创建变量，并通过 print 将变量的值输出到控制台。

将代码复制到编辑器中，保存并运行，结果如图 4-8 所示。

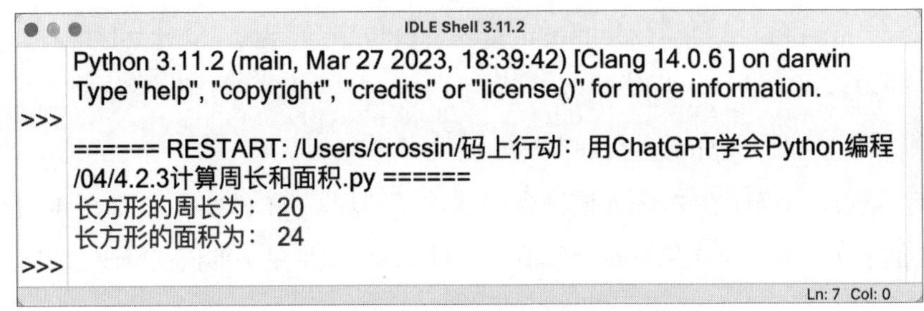

图 4-8　ChatGPT 演示代码运行结果

4.3 ChatGPT 讲解知识点——数据类型

在 4.2 节中，我们提到每个变量都有明确的数据类型。接下来就展开讲一讲 Python 中的数据类型。

4.3.1 什么是数据类型

先让 ChatGPT 介绍一下数据类型的概念。

提问：编程语言中的数据类型是什么？

ChatGPT:

编程语言中的数据类型是用来表示数据的性质和存储方式的。不同的编程语言中可能会有不同的数据类型，但是通常都包括以下几种。

1. 基本数据类型

基本数据类型是编程语言中最基本的数据类型，通常包括整数型、浮点型、布尔型、字符串型等。这些数据类型通常都是编程语言内置的，可以直接使用，而不需要额外的定义。

2. 复合数据类型

复合数据类型通常包括数组、结构体、枚举等。这些数据类型可以用来表示一组相关的数据，如同一类型的一组数据或一组具有相关属性的数据。不同的编程语言中对于复合数据类型的实现可能会有所不同。

3. 自定义类型

自定义类型是指程序员可以自行定义的数据类型，通常通过类或结构体的形式来实现。这些数据类型通常用来表示程序中的特定概念或实体，如人、车、订单等。

不同的数据类型有着不同的内存占用大小、表达范围和精度，以及对于这些数据类型所定义的操作集合等。编程语言中之所以要有数据类型，是为了让程序员能够更方便地对数据进行处理和管理。

具体来说，编程语言中的数据类型有以下几个作用。

1. 内存管理

编程语言中的数据类型决定了变量在内存中的存储方式和所占用的空间大小。不同的数据类型占用的空间大小不同，如整数型和浮点型在内存中所占用的空间大小就不同。如果程序员没有定义好数据类型，那么就会导致内存浪费或内存溢出等问题。

2. 数据操作

不同的数据类型可以支持不同的操作。例如，整数型可以进行加减乘除等算术运算，字符串可以进行拼接和截取等操作。如果没有数据类型的限制，那么程序员就无法对数据进行有意义的操作。

3. 数据验证

编程语言中的数据类型可以对数据进行验证。例如，对于一个数字类型的变量，只能存储数字；对于一个字符串类型的变量，只能存储文本。这可以避免一些不必要的错误和安全问题。

总之，编程语言中的数据类型是非常重要的，它可以让程序员更方便地对数据进行处理和管理，减少程序中的错误和安全问题。

通过 ChatGPT 的回答可以了解到，数据类型用来表示数据的性质和存储方式，区分对应的操作，便于对数据进行管理。数据类型包括基本数据类型、复合数据类型和自定义类型。

4.3.2 Python 中的数据类型

不同的编程语言可能会有不同的数据类型，下面让 ChatGPT 讲讲 Python 中的数据类型。

提问：讲解一下 Python 中的数据类型。

ChatGPT:

在 Python 中，数据类型是指数据的种类。

1. 基本数据类型

Python 中常用的基本数据类型包括以下几种。

- 整数型（int）：表示整数，如 10、–3 等。
- 浮点型（float）：表示浮点数，即带有小数点的数值，如 3.14、–0.5 等。
- 布尔型（bool）：表示布尔值，即 True 或 False。
- 字符串型（str）：表示字符或文本串，用单引号或双引号括起来，如 'hello'、"world" 等。
- 空值（NoneType）：表示空值，用 None 表示。

2. 复合数据类型

Python 中常用的复合数据类型包括以下几种。

- 列表（list）：表示一组有序的元素，用中括号括起来，如 [1, 2, 3]。
- 元组（tuple）：与列表类似，但元素不可修改，用小括号括起来，如 (1, 2, 3)。
- 集合（set）：表示一组无序的唯一元素，用大括号括起来，如 {1, 2, 3}。
- 字典（dict）：表示一组键值对，用大括号括起来，如 {'name': 'Alice', 'age': 18}。

除了以上几种常用数据类型，Python 还支持一些其他数据类型，如复数（complex）、字节串（bytes）、字节数组（bytearray）等，但这些数据类型使用频率相对较低。

在 Python 中，使用内置函数 type() 可以查看一个变量的数据类型。例如：

```
a = 10
print(type(a))    # 输出：<class 'int'>
b = 3.14
print(type(b))    # 输出：<class 'float'>
```

```
c = 'hello'
print(type(c))   # 输出：<class 'str'>
d = [1, 2, 3]
print(type(d))   # 输出：<class 'list'>
```

以上代码分别定义了四个变量 a、b、c 和 d，并使用 type() 函数查看它们的数据类型。

ChatGPT 列举了 Python 中内置的基本数据类型和复合数据类型，并且给出了一种查看变量数据类型的方法：type。

下面将对 ChatGPT 提到的几种基本数据类型进行详细讲解。复合数据类型将在第 8 章中展开讨论。另外，这个回答中 ChatGPT 没有提及的自定义类型，将在第 13 章中为大家介绍。

4.4 Python 基本数据类型

下面我们结合代码，逐一介绍 Python 中的几种基本数据类型。

4.4.1 int 整数型

Python 中的整数型（int）所表示的数据就是数学意义上的整数，如 10、0、-3 等。

【示例 4-8 程序】

在编辑器中输入如下示例程序并运行。

第 1 行：创建一个变量 x，并通过等号赋值为 123。

第 2 行：使用 print 函数输出这个变量的值。

第 3 行：使用 type 函数查看这个变量的数据类型并输出。

第 4 行：输出数字 456 的数据类型。

示例 4-8

```
1. x = 123
2. print(x)
3. print(type(x))
4. print(type(456))
```

前面提到过，Python 中变量的数据类型由赋给变量的值所决定。赋值一个整数，这个变量的数据类型就是整数型。

保存并运行程序，输出结果如图 4-9 所示。<class 'int'> 表示数据类型是整数型。同时可以看到，不赋值给任何变量的一个单独的数字也是有数据类型的。

```
Python 3.11.2 (main, Mar 27 2023, 18:39:42) [Clang 14.0.6 ] on darwin
Type "help", "copyright", "credits" or "license()" for more information.
>>>
=========== RESTART: /Users/crossin/码上行动：用ChatGPT学会Python编程
/04/4-8.py ==========
123
<class 'int'>
<class 'int'>
>>>
```

图 4-9　示例 4-8 运行结果

4.4.2 float 浮点型

Python 中的浮点型（float）所表示的数据就是我们通常说的小数，如 3.14、–0.5 等。

【示例 4-9 程序】

在编辑器中输入如下示例程序并运行。

第 1 行：创建一个变量 x，并通过等号赋值为 123.456。

第 2 行：使用 print 函数输出这个变量的值。

第 3 行：使用 type 函数查看这个变量的数据类型并输出。

第 4 行：输出数字 0 和 0.0 的数据类型。

示例 4-9

```
1. x = 123.456
2. print(x)
3. print(type(x))
4. print(type(0), type(0.0))
```

这里特别对比了一下 0 和 0.0 的数据类型，看看它们是否相同。

保存并运行程序，输出结果如图 4-10 所示。从结果中可以看出，0 是整数型，而 0.0 是浮点型。

```
Python 3.11.2 (main, Mar 27 2023, 18:39:42) [Clang 14.0.6 ] on darwin
Type "help", "copyright", "credits" or "license()" for more information.
>>>
=========== RESTART: /Users/crossin/码上行动：用ChatGPT学会Python编程
/04/4-9.py ==========
123.456
<class 'float'>
<class 'int'> <class 'float'>
>>>
```

图 4-10　示例 4-9 运行结果

4.4.3 bool 布尔型

与上面两种表示数字的数据类型不同，布尔型（bool）只有两个值：True 和 False，分别代表“真”

和“假”，作用是表示一个条件是否成立。

【示例 4-10 程序】

在编辑器中输入如下示例程序并运行。

第 1 行：创建一个变量 x，通过等号赋值为 True。

第 2 行：输出变量 x。

第 3 行：使用 type 函数查看变量 x 的数据类型并输出。

第 4 行：输出 False 的数据类型。

示例 4-10

```
1. x = True
2. print(x)
3. print(type(x))
4. print(type(False))
```

保存并运行程序，输出结果如图 4-11 所示。从结果中可以看出，True 和 False 的数据类型都是布尔型。

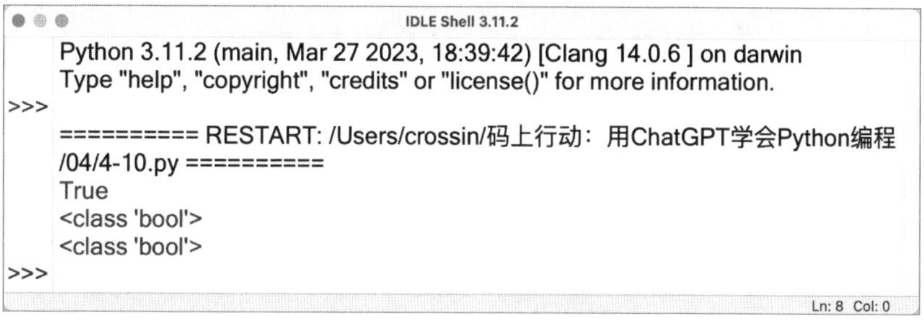

```
IDLE Shell 3.11.2
    Python 3.11.2 (main, Mar 27 2023, 18:39:42) [Clang 14.0.6 ] on darwin
    Type "help", "copyright", "credits" or "license()" for more information.
>>>
    ========== RESTART: /Users/crossin/码上行动：用ChatGPT学会Python编程
    /04/4-10.py ==========
    True
    <class 'bool'>
    <class 'bool'>
>>>
                                                              Ln: 8  Col: 0
```

图 4-11　示例 4-10 运行结果

4.4.4 str 字符串型

字符串型（str）用来表示文本，其特点是被引号括起来。表示字符串的引号可以是单引号、双引号或三引号（三个单引号或三个双引号），但必须是英文字符的引号。

【示例 4-11 程序】

在编辑器中输入如下示例程序并运行。

第 1 行：创建一个变量 x，通过等号赋值为 'Crossin'。

第 2 行：输出变量 x。

第 3 行：使用 type 函数查看变量 x 的数据类型并输出。

第 4 行：输出 "Python" 的数据类型。

第 5~8 行：通过三引号创建一个多行的字符串变量 s。

第 9、10 行：输出变量 s 及其数据类型。

示例 4-11

```
1. x = 'Crossin'
2. print(x)
3. print(type(x))
4. print(type("Python"))
5. s = ''' 这是一个
6. 带换行的
7. 字符串
8. '''
9. print(s)
10.print(type(s))
```

保存并运行程序，输出结果如图 4-12 所示。从结果中可以看出，不管是单引号、双引号还是三引号，其数据类型都是字符串型。

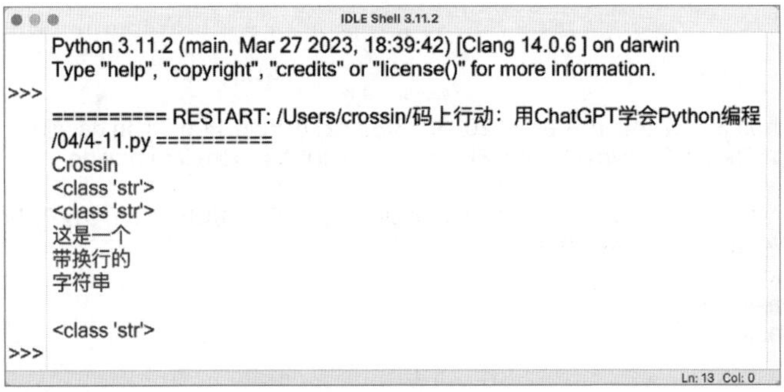

```
IDLE Shell 3.11.2
Python 3.11.2 (main, Mar 27 2023, 18:39:42) [Clang 14.0.6 ] on darwin
Type "help", "copyright", "credits" or "license()" for more information.
>>>
========== RESTART: /Users/crossin/码上行动：用ChatGPT学会Python编程
/04/4-11.py ==========
Crossin
<class 'str'>
<class 'str'>
这是一个
带换行的
字符串

<class 'str'>
>>>
Ln: 13 Col: 0
```

图 4-12　示例 4-11 运行结果

• 4.4.5 ChatGPT 讲解知识点——空值

相比前面几种数据类型，空值（NoneType）比较特殊，我们先让 ChatGPT 来讲讲。

提问：讲解一下 Python 中的 None 和 NoneType。

ChatGPT:

在 Python 中，None 是一个特殊的常量，表示一个空值或缺失值。同时，None 也是一个对象，属于 NoneType 类型。这个数据类型只有一个实例，即 None。

NoneType 是 Python 中的一种内置数据类型，它表示没有值的对象。可以使用 type() 函数来获取一个对象的数据类型，如 type(None) 会返回 <class 'NoneType'>。

在 Python 中，NoneType 类型的对象只有一个实例，即 None。这意味着在使用 None 时，可以直接使用“is”运算符来比较两个对象是否相等，而不必使用“==”运算符。例如，if x is None: 可以判断变量 x 是否为 None。

同时，需要注意的是，当一个函数或方法没有返回值时，它会返回 None。这意味着如果一个函数没有显式地使用 return 语句返回结果，那么它的返回值将为 None。这是 Python 中常见的情况之一。

在 Python 程序中，None 常常用于表示一个变量或值的缺失，或者用于初始化变量。使用 None 可以使代码更加清晰和易于维护，避免了在程序中使用特定的值来代表缺失情况，如使用 -1 或空字符串等。同时，NoneType 类型也是 Python 语言中的一个重要概念，需要程序员熟悉和理解。

从 ChatGPT 的讲解中可以看出，NoneType 只有一个值：None，用来表示什么都没有的空值。

下面用一个简单的例子来看看 None 这个特殊的值。

【示例 4-12 程序】

在编辑器中输入如下示例程序并运行。

第 1 行：创建一个变量 x，通过等号赋值为 None。

第 2 行：输出变量 x。

第 3 行：使用 type 函数查看变量 x 的类型并输出。

示例 4-12

```
1. x = None
2. print(x)
3. print(type(x))
```

保存并运行程序，输出结果如图 4-13 所示。

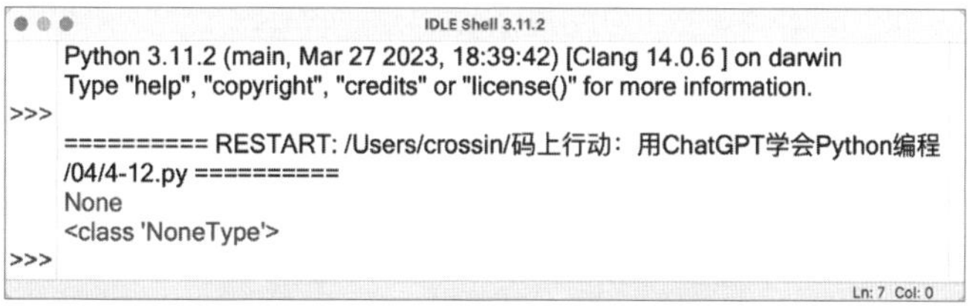

```
IDLE Shell 3.11.2
Python 3.11.2 (main, Mar 27 2023, 18:39:42) [Clang 14.0.6 ] on darwin
Type "help", "copyright", "credits" or "license()" for more information.
>>>
========== RESTART: /Users/crossin/码上行动：用ChatGPT学会Python编程
/04/4-12.py ==========
None
<class 'NoneType'>
>>>
Ln: 7  Col: 0
```

图 4-13　示例 4-12 运行结果

4.4.6 ChatGPT 演示代码——字符串格式化

Python 为字符串提供了很多操作，其中很常用的一类操作就是字符串格式化。下面我们将结合 ChatGPT 来了解一下字符串格式化的具体用法。

提问：什么是字符串格式化，它有什么作用？

ChatGPT:

字符串格式化是指将一些变量或值以一定的格式嵌入一个字符串中，以生成一个新的字符串。它是在编程中常用的一种字符串操作技术。

字符串格式化的作用是可以将数据以特定的格式呈现出来，使其更具可读性和易于理解。比如在输出日志信息、生成报告、格式化日期时间等方面都可以用到字符串格式化。

在不同编程语言中，字符串格式化的方式和语法可能有所不同，但它们都可以完成类似的功能。一些常见的字符串格式化语法包括使用占位符、格式化字符串、模板字符串等。

如 ChatGPT 所述，字符串格式化的主要目的就是将变量或数值嵌入固定的字符串格式当中，拼接出所需要的文字。下面再结合实例来看一看 Python 中字符串格式化的几种方法。

提问：结合代码说明 Python 中有哪些字符串格式化的方法。

ChatGPT:

在 Python 中，常用的字符串格式化的方法有以下几种。

1. 使用百分号（%）进行格式化

这种方法使用百分号（%）作为占位符，然后在字符串中使用一些特定的字符来表示不同的数据类型，如 %s 表示字符串，%d 表示整数等。例如：

```
name = "John"
age = 30
print("My name is %s and I'm %d years old." % (name, age))
```

输出结果为：My name is John and I'm 30 years old.

2. 使用字符串的 format() 方法进行格式化

这种方法使用一对花括号（{}）作为占位符，可以在花括号中指定变量的位置和格式。例如：

```
name = "John"
age = 30
print("My name is {} and I'm {} years old.".format(name, age))
```

输出结果为：My name is John and I'm 30 years old.

3. 使用 f-string 进行格式化

这是 Python 3.6 及以上版本新增的一种字符串格式化方法，它使用以字母 f 开头的字符串作为模板，可以在其中使用一对花括号（{}）表示变量或表达式。例如：

```
name = "John"
age = 30
print(f"My name is {name} and I'm {age} years old.")
```

输出结果为：My name is John and I'm 30 years old.

以上三种方法都可以实现字符串格式化，选择哪种方法取决于个人喜好和具体的应用场景。

我们将 ChatGPT 提供的三段代码合并一下。

【示例 4-13 程序】

在编辑器中输入如下示例程序并运行。

第 1 行：创建一个字符串变量 name。

第 2 行：创建一个整数变量 age。

第 3 行：使用百分号进行格式化并输出。

第 4 行：使用 format 方法进行格式化并输出。

第 5 行：使用 f-string 进行格式化并输出。

示例 4-13

```
1. name = "John"
2. age = 30
3. print("My name is %s and I'm %d years old." % (name, age))
4. print("My name is {} and I'm {} years old.".format(name, age))
5. print(f"My name is {name} and I'm {age} years old.")
```

保存并运行程序，输出结果如图 4-14 所示。可以看到，三种格式化方法的结果是一样的，都可以成功把不同数据类型的变量嵌入字符串当中。但相比之下，f-string 方法更加便捷易用。

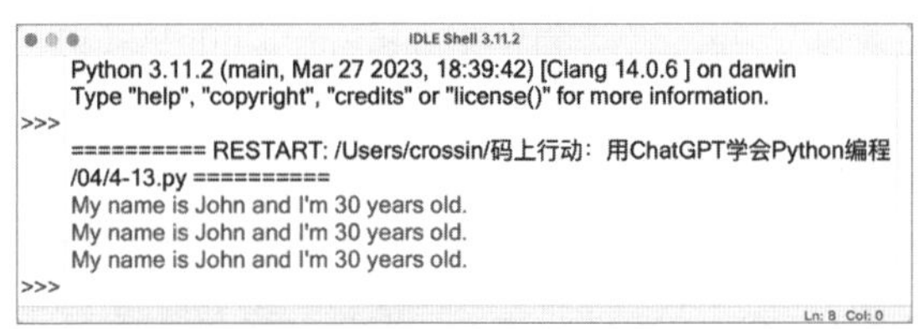

图 4-14　示例 4-13 运行结果

4.4.7 ChatGPT 演示代码——类型转换

在开发中，经常会遇到数据类型不满足需要，必须转换成其他数据类型的情况。比如通过 input 函数获取的用户输入都是字符串型，如果要对输入数值进行计算，必须先转换成整数型或浮点型。

下面让 ChatGPT 来演示一下不同数据类型之间的相互转换。

提问：演示一下 Python 中基本数据类型之间的相互转换。

ChatGPT:

在 Python 中，可以使用一些内置的函数来进行基本数据类型之间的转换。以下是一些常见的转换示例。

1. 整数和浮点数之间的转换

```
a = 10
b = float(a)  # 将整数转换为浮点数
print(b)  # 输出 10.0
c = 3.14159
d = int(c)  # 将浮点数转换为整数
```

```
print(d)  # 输出 3
```

2. 字符串和整数 / 浮点数之间的转换

```
a = "10"
b = int(a)  # 将字符串转换为整数
print(b)  # 输出 10
c = "3.14159"
d = float(c)  # 将字符串转换为浮点数
print(d)  # 输出 3.14159
e = 123
f = str(e)  # 将整数转换为字符串
print(f)  # 输出 "123"
g = 3.14159
h = str(g)  # 将浮点数转换为字符串
print(h)  # 输出 "3.14159"
```

3. 布尔值和整数之间的转换

```
a = True
b = int(a)  # 将布尔值 True 转换为整数 1
print(b)  # 输出 1
c = False
d = int(c)  # 将布尔值 False 转换为整数 0
print(d)  # 输出 0
e = 1
f = bool(e)  # 将整数 1 转换为布尔值 True
print(f)  # 输出 True
g = 0
h = bool(g)  # 将整数 0 转换为布尔值 False
print(h)  # 输出 False
```

以上是一些常见的基本数据类型之间的转换示例。需要注意的是，有些数据类型之间的转换可能会出现精度丢失或溢出等问题，需要谨慎处理。

我们将 ChatGPT 提供的三段代码合并，保存并运行程序，输出结果如图 4-15 所示。可以看到，通过 int、float、str、bool 几个函数可以实现相应的数据类型转换。

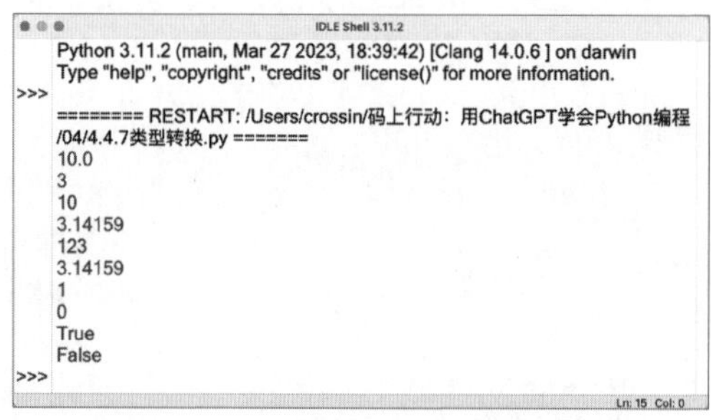

图 4-15　ChatGPT 演示代码运行结果

在进行数据类型转换时，有以下几点需要注意。

（1）浮点数转换整数时，小数点后的部分会被直接舍去，而不是四舍五入。

（2）字符串转换数字时，字符必须符合数字规范，否则会引起报错。

（3）布尔值的 True 相当于整数 1，False 相当于整数 0。

（4）非零、非空值转换布尔值的结果都是 True，零、空值、空集合转换布尔值的结果都是 False。

下面来看一个新手经常会遇到的数据类型转换问题。

提问："3.14159" 转换为整数为什么会报错？

ChatGPT:

将字符串"3.14159"转换为整数时会报错，是因为该字符串表示的是一个浮点数，而在 Python 中，使用 int() 函数将一个浮点数转换为整数时会触发 ValueError 错误。

如果要将一个字符串表示的浮点数转换为整数，可以先将其转换为浮点数，再将浮点数转换为整数。例如：

```
a = "3.14159"
b = int(float(a))  # 先将字符串转换为浮点数，再将浮点数转换为整数
print(b)  # 输出 3
```

在上面的代码中，先使用 float() 函数将字符串 "3.14159" 转换为浮点数 3.14159，再使用 int() 函数将浮点数 3.14159 转换为整数 3。

将 ChatGPT 给出的代码复制到编辑器中，保存并运行，结果如图 4-16 所示。可见此方法可以成功将一串小数字符串转换为整数。在开发中，如果遇到类型报错，可以通过前面提到的 type 函数输出引起报错的变量数据类型，检查是否符合要求。

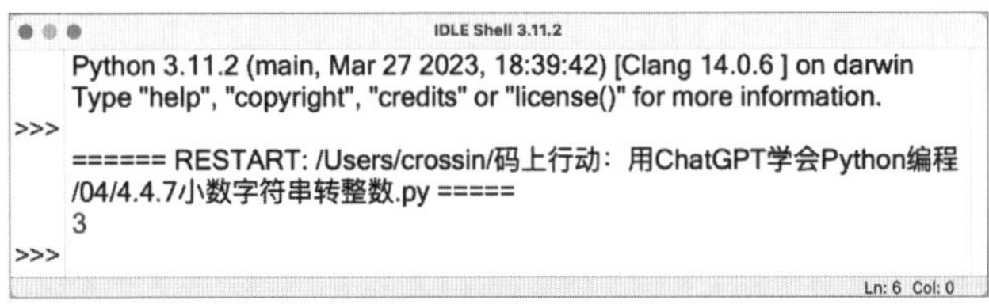

图 4-16　ChatGPT 演示代码运行结果

4.5 ChatGPT 答疑解惑

关于变量与类型方面的更多问题，我们来看一看 ChatGPT 的解答。

4.5.1 变量命名风格

符合规范是变量命名的基本要求，但要想提高代码的可读性，还应当遵循一些良好的变量命名风格。

提问：变量命名有哪些推荐的风格？

ChatGPT:

在 Python 中，变量的命名应该遵循一些推荐的命名风格，以提高代码的可读性和可维护性。以下是一些常见的变量命名风格。

1. 采用小写字母

在 Python 中，通常使用小写字母来命名变量。这不仅符合 Python 的惯例，也有助于与类名等其他标识符进行区分。

2. 使用下划线分隔单词

Python 推荐使用下划线(_)来分隔单词，以提高变量的可读性。例如，first_name、last_name 等。

3. 避免使用单个字符的变量名

除非是临时变量或循环变量等，否则不要使用单个字符的变量名，因为它们通常不具有描述性，不易理解。例如，i、j 等应该只在循环中使用，而不应该用于其他变量。

4. 选择有意义的变量名

变量应该选择能够清晰地描述其含义的名称，这样可以提高代码的可读性和可维护性。例如，student_name、age、height 等都是有意义的变量名。

5. 遵循约定俗成的命名规则

在 Python 中，有一些约定俗成的命名规则，例如，类名采用驼峰命名法（CamelCase），函数名和变量名采用下划线分隔单词，常量名通常使用全大写字母等。

总之，在命名变量时，需要考虑变量的含义和作用，以选择合适的命名风格，从而提高代码的可读性和可维护性。

ChatGPT 列举了一些常见的变量命名风格，可供读者在编写代码时参考。其中很重要的一点就是变量名要有意义。含义清晰的变量名，再加上合理的注释，会让代码更容易被人理解，也方便开发者自己日后的更新维护。

4.5.2 数据类型的选择

既然有这么多种数据类型，那么在编写代码时应当如何选择合适的数据类型呢？

提问：在 Python 中如何选择合适的数据类型？

ChatGPT:

在 Python 中，选择合适的数据类型可以提高程序的效率和可靠性，以下是一些选择数据类型的建议。

1. 根据数据的本质选择数据类型

首先需要考虑数据的本质和表示方法，以便选择适当的数据类型。例如，如果需要表示整数，可以使用 int 数据类型；如果需要表示浮点数，可以使用 float 数据类型；如果需要表示字符串，可以使用 str 数据类型。

2. 考虑数据的取值范围和精度

在选择数据类型时，需要考虑数据的取值范围和精度。如果数据的取值范围较小，可以选择使用 int 或 bool 数据类型；如果需要高精度计算，可以使用 decimal 数据类型；如果需要处理浮点数，可以使用 float 数据类型。

3. 考虑数据的可变性和性能要求

有些数据类型是可变的，如 list 和 dict，可以随时修改其中的元素或键值对；而有些数据类型是不可变的，如 tuple，则不能修改其中的元素或值。在选择数据类型时，需要考虑数据的可变性和性能要求，以便提高程序的效率。

4. 考虑数据的存储和传输方式

在选择数据类型时，还需要考虑数据的存储和传输方式。如果需要将数据保存到文件或数据库中，需要选择支持相应格式的数据类型；如果需要将数据通过网络传输，需要选择支持相应协议的数据类型。

5. 考虑代码的可读性和可维护性

在选择数据类型时，还需要考虑代码的可读性和可维护性。选择合适的数据类型可以使代码更加清晰和易于理解，从而提高代码的可读性和可维护性。

总之，在选择数据类型时，需要根据具体的需求和实际情况来选择适当的数据类型，以提高程序的效率和可靠性。

ChatGPT 给出了选择数据类型的一些建议，最主要的还是要从数据本身的性质及所需要进行的操作来考虑。

4.5.3 变量的存储方式

在 4.1 节讲解变量的概念时提到 Python 中变量存储的是指向数据的引用，如何理解呢？下面来看看 ChatGPT 的回答。

提问：如何理解“Python 中变量只是一个名字，本身不存储数据，存储的是指向数据的引用”？

ChatGPT：

在 Python 中，变量只是一个名字，它本身并不存储数据，而是存储指向数据的引用。换句话说，变量只是一个标签，用于指示数据存储的位置，而数据本身则存储在内存中的某个位置。

可以通过一个简单的例子来解释这个概念。假设有一个字符串对象 "Hello, World!"，我们可以通过一个变量名 s 来引用它。

```
1. s = "Hello, World!"
```

在这个例子中，变量名 s 只是一个名字，它本身并不存储数据。相反，它存储了对字符串对象 "Hello, World!" 的引用，即指向该对象的内存地址。

在 Python 中，所有的数据都是对象，包括整数、浮点数、字符串、列表、元组、字典等。每个对象都有自己的数据类型和值，并且在内存中占据一定的空间。变量名只是一个标签，用于引用这些对象，并且可以随时重新赋值。

因此，当我们修改变量的值时，实际上是修改了变量所引用的对象的值，而不是变量本身的值。例如：

```
1. s = "Hello, World!"
2. s = "Goodbye, World!"
```

在这个例子中，第二条语句实际上是重新给变量 s 赋值，使其指向一个新的字符串对象 "Goodbye, World!"，而不是修改原来的字符串对象。

总之，Python 中的变量只是一个名字，它本身不存储数据，而是存储指向数据的引用。这种设计使得 Python 具有灵活性和动态性，并且能够更好地管理内存空间，提高程序的效率和可靠性。

ChatGPT 的这段解释，一个形象的类比就是：Python 中的变量是一个标签，而不是一个盒子，修改变量的值相当于把标签撕下来贴在新的盒子上，而不是把盒子里的数据扔掉换成新的数据。理解这一点，对于我们后面学习函数的参数传递会有帮助。

本章小结

本章主要介绍了 Python 中的变量与数据类型相关的知识点。首先，介绍了什么是变量，以及 Python 中变量的命名规则。接着，讲解了变量的使用，包括如何创建变量和修改变量的值。随后，介绍了数据类型的概念，以及 Python 中常见的基本数据类型，此外，还讲解了 Python 中的空值（NoneType），以及如何使用字符串格式化和数据类型转换等操作。最后，解答了关于如何选择数据类型、如何命名变量等一些常见的问题。读者在学习本章后，能够掌握 Python 中变量和基本数据类型的使用，进而在编程中选择合适的数据类型，并遵循良好的变量命名规范，使代码更易于理解和维护。

第 5 章

运 算

★本章导读★

在编程中，运算是非常重要的功能，因为它是实现各种计算和数据处理任务的基础。在本章中，我们将结合代码，讲解并演示 Python 所支持的各类运算符。

★知识要点★

通过本章内容的学习，读者能掌握以下知识：

- ◆ 了解 Python 中各类运算符的作用和语法
- ◆ 掌握常见算术运算符的用法
- ◆ 掌握常见比较运算符的用法
- ◆ 掌握常见逻辑运算符的用法

5.1 ChatGPT 讲解知识点——运算符

程序中的运算是通过运算符来实现的，了解各种运算符的使用也就能了解对应的运算操作。

5.1.1 Python 中的运算符

先来问问 ChatGPT，Python 中都有哪些运算符。

提问：Python 中有哪些运算符?

ChatGPT:

在 Python 中，运算符是用于对变量、值或表达式进行操作的符号或字符。Python 中的运算符分为以下几类。

1. 算术运算符

算术运算符用于执行基本算术操作，如加、减、乘、除等。Python 支持的算术运算符如下。

- +：加法
- -：减法
- *：乘法
- /：除法
- //：整除
- %：取模
- **：幂运算

2. 赋值运算符

赋值运算符用于将值赋给变量。Python 支持的赋值运算符如下。

- =：赋值
- +=：加法赋值
- -=：减法赋值
- *=：乘法赋值
- /=：除法赋值
- //=：整除赋值
- %=：取模赋值
- **=：幂运算赋值

3. 比较运算符

比较运算符用于比较两个值的大小关系，返回一个布尔值。Python 支持的比较运算符如下。

- ==：等于
- !=：不等于
- <：小于
- >：大于
- <=：小于等于
- >=：大于等于

4. 逻辑运算符

逻辑运算符用于对布尔值进行操作，如 and、or、not 等。Python 支持的逻辑运算符如下。

- and：逻辑与
- or：逻辑或
- not：逻辑非

5. 位运算符

位运算符用于执行二进制位操作。Python 支持的位运算符如下。

- &：按位与

- |：按位或
- ^：按位异或
- ~：按位取反
- <<：左移运算符
- >>：右移运算符

6. 成员运算符

成员运算符用于检查一个值是否属于某个序列或集合。Python 支持的成员运算符如下。

- in：是否包含
- not in：是否不包含

7. 身份运算符

身份运算符用于比较两个对象的内存地址是否相同。Python 支持的身份运算符如下。

- is：是否相同
- is not：是否不相同

以上就是 Python 中常用的运算符，它们可以用于执行各种不同的计算和操作。需要注意的是，不同类型的运算符优先级不同，因此在复杂的表达式中需要注意运算符的优先级和括号的使用。

如 ChatGPT 所述，Python 中有多种运算符，其中最常用到的就是算术运算符、比较运算符和逻辑运算符。本章我们也将主要针对这几种运算符进行详细讲解。

5.1.2 运算符的优先级

在 ChatGPT 的上一个回答最后，提到了运算符的优先级这个概念，我们让它展开讲讲。

提问：Python 中运算符的优先级是什么样的?

ChatGPT:

在 Python 中，运算符有不同的优先级，它们决定了运算符在表达式中的执行顺序。如果多个运算符在一个表达式中出现，Python 会按照优先级从高到低的顺序依次执行。如果运算符优先级相同，Python 会按照从左到右的顺序依次执行。下面是 Python 中常用运算符的优先级从高到低的顺序。

1. 括号：()
2. 幂运算：**
3. 正负号：+x、-x
4. 乘法、除法、取模、整除：*、/、%、//
5. 加法、减法：+、-
6. 位运算符：&、|、^、<<、>>
7. 比较运算符、成员运算符、身份运算符：==、!=、>、<、>=、<=、in、not in、is、is not

8. 逻辑运算符：not、and、or

9. 赋值运算符：=、+=、-=、*=、/=、//=、%=、**=

需要注意的是，如果需要改变优先级顺序，可以使用括号来改变表达式的计算顺序。使用括号可以将优先级较低的运算符提高优先级，从而优先计算某些子表达式。例如，表达式 2 + 3 * 4 的结果是 14，而表达式 (2 + 3) * 4 的结果是 20。

以上就是 Python 运算符的优先级，如果在开发时不确定优先级顺序，建议用括号来确保计算顺序正确。

5.2 算术运算符

下面我们就来逐一讲解 Python 中的主要运算符，首先是算术运算符。算术运算符是一类用于执行基本数学操作的运算符，通常用于计算数值类型的值。

5.2.1 加

加、减、乘、除是数学中的基本运算，也是编程中最常用的运算符号。进行运算时，符号的两边可以是变量，也可以是数值。

Python 中加法的运算符是“+”。整数型、浮点型这两种表示数字的数据类型进行加法运算时，就是数学意义上的相加。

布尔型也可以进行加法运算，且可以和两种数字数据类型直接进行运算，这是因为布尔型的 True 和 False 本质上就是整数 1 和 0。

Python 中加法比较特殊的一点是，字符串类型也可以进行加法运算，但仅限于字符串类型之间运算，不能与数字进行运算。

【示例 5-1 程序】

在编辑器中输入如下示例程序并运行。

第 1 行：创建一个变量 x，并赋值为 123。

第 2 行：将变量 x 与整数 456 相加，并输出结果。

第 3 行：将变量 x 与浮点数 7.89 相加，并输出结果。

第 4 行：将变量 x 与布尔值 True 相加，并输出结果。

第 5 行：将两个字符串相加，并输出结果。

示例 5-1

```
x = 123
print(x + 456)
print(x + 7.89)
print(x + True)
print('Hello' + 'Python')
```

保存并运行程序，结果如图 5-1 所示。从结果中可以看到，两个字符串相加会按前后顺序拼接成一个新的字符串。

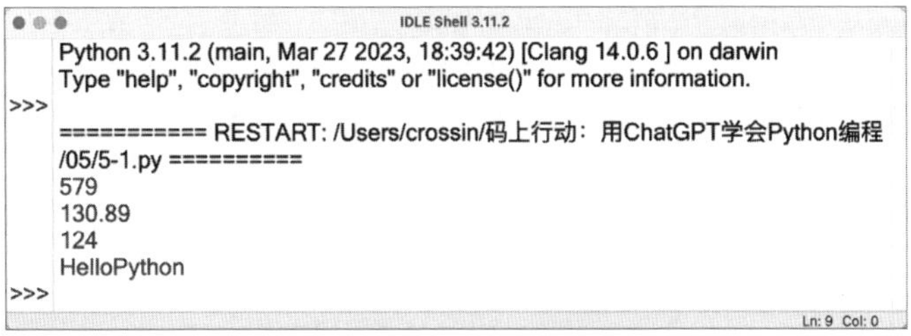

```
IDLE Shell 3.11.2
    Python 3.11.2 (main, Mar 27 2023, 18:39:42) [Clang 14.0.6 ] on darwin
    Type "help", "copyright", "credits" or "license()" for more information.
>>>
    =========== RESTART: /Users/crossin/码上行动：用ChatGPT学会Python编程
    /05/5-1.py ==========
    579
    130.89
    124
    HelloPython
>>>
                                                          Ln: 9  Col: 0
```

图 5-1　示例 5-1 运行结果

5.2.2 减

Python 中减法的运算符是“-”。减法运算的规则与加法运算基本相同，不同的是，字符串不支持减法运算。

【示例 5-2 程序】

在编辑器中输入如下示例程序并运行。

第 1 行：创建一个变量 x，并赋值为 123。

第 2 行：将变量 x 与整数 456 相减，并输出结果。

第 3 行：将变量 x 与浮点数 7.89 相减，并输出结果。

第 4 行：将变量 x 与布尔值 True 相减，并输出结果。

示例 5-2

```
1. x = 123
2. print(x - 456)
3. print(x - 7.89)
4. print(x - True)
```

保存并运行程序，结果如图 5-2 所示。

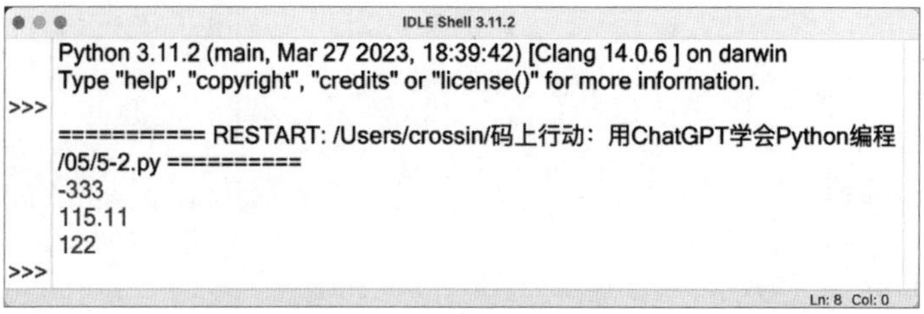

```
IDLE Shell 3.11.2
Python 3.11.2 (main, Mar 27 2023, 18:39:42) [Clang 14.0.6 ] on darwin
Type "help", "copyright", "credits" or "license()" for more information.
>>>
=========== RESTART: /Users/crossin/码上行动：用ChatGPT学会Python编程
/05/5-2.py ==========
-333
115.11
122
>>>
Ln: 8 Col: 0
```

图 5-2　示例 5-2 运行结果

5.2.3 乘

Python 中乘法的运算符是“*”。对于整数、浮点数、布尔值，乘法运算的效果就是数学中的乘法。另外，字符串可以与整数相乘，结果是将原有的字符串进行重复。

【示例 5-3 程序】

在编辑器中输入如下示例程序并运行。

第 1 行：创建一个变量 x，并赋值为 123。

第 2 行：将变量 x 与整数 456 相乘，并输出结果。

第 3 行：将变量 x 与浮点数 7.89 相乘，并输出结果。

第 4 行：将变量 x 与布尔值 False 相乘，并输出结果。

第 5 行：将字符串与整数相乘，并输出结果。

示例 5-3

```
1. x = 123
2. print(x * 456)
3. print(x * 7.89)
4. print(x * False)
5. print('Hello' * 3)
```

保存并运行程序，结果如图 5-3 所示。从结果中可以看出，原字符串乘以 3 之后，变成了原字符串重复 3 遍的新字符串。

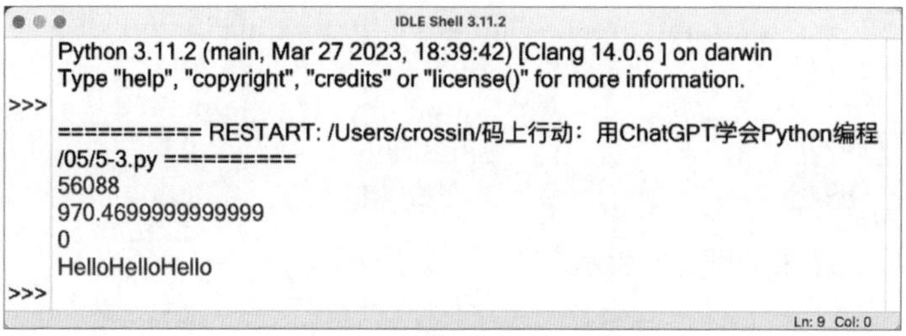

```
IDLE Shell 3.11.2
Python 3.11.2 (main, Mar 27 2023, 18:39:42) [Clang 14.0.6 ] on darwin
Type "help", "copyright", "credits" or "license()" for more information.
>>>
=========== RESTART: /Users/crossin/码上行动：用ChatGPT学会Python编程
/05/5-3.py ==========
56088
970.4699999999999
0
HelloHelloHello
>>>
Ln: 9 Col: 0
```

图 5-3　示例 5-3 运行结果

5.2.4 除

Python 中除法的运算符是“/”。对于整数、浮点数、布尔值，除法运算的效果就是数学中的除法。字符串类型不支持除法运算。另外要注意的是，0 不能作为除数，否则将出现 ZeroDivisionError 报错。

【示例 5-4 程序】

在编辑器中输入如下示例程序并运行。

第 1 行：创建一个变量 x，并赋值为 123。

第 2 行：将变量 x 与整数 3 相除，并输出结果。

第 3 行：将变量 x 与浮点数 7.89 相除，并输出结果。

第 4 行：将变量 x 与布尔值 True 相除，并输出结果。

示例 5-4

```
1. x = 123
2. print(x / 3)
3. print(x / 7.89)
4. print(x / True)
```

保存并运行程序，结果如图 5-4 所示。从结果中可以看出，即使可以被整除，Python 除法运算的结果仍然是浮点数。

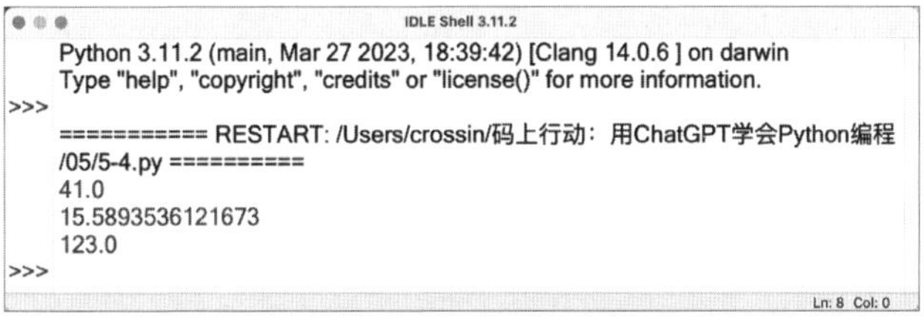

```
IDLE Shell 3.11.2
    Python 3.11.2 (main, Mar 27 2023, 18:39:42) [Clang 14.0.6 ] on darwin
    Type "help", "copyright", "credits" or "license()" for more information.
>>>
    =========== RESTART: /Users/crossin/码上行动：用ChatGPT学会Python编程
    /05/5-4.py ==========
    41.0
    15.5893536121673
    123.0
>>>
                                                              Ln: 8  Col: 0
```

图 5-4　示例 5-4 运行结果

5.2.5 整除

在 5.2.4 节中我们看到，Python 中除法的结果是浮点数。如果希望得到整数结果，可以用整除运算符。

Python 中整除的运算符是“//”。整除运算相当于数学中整数相除的商。不过在 Python 中，浮点数、布尔值也可以进行整除运算，得到的值是除法结果向下取整。如果参与整除运算的两个值中存在浮点数，则结果也是浮点数。其他整除规则与除法相似。

【示例 5-5 程序】

在编辑器中输入如下示例程序并运行。

第 1 行：创建一个变量 x，并赋值为 123。

第 2 行：将变量 x 与整数 3 相整除，并输出结果。

第 3 行：将变量 x 与整数 4 相整除，并输出结果。

第 4 行：将变量 x 与浮点数 7.89 相整除，并输出结果。

第 5 行：将变量 x 与布尔值 True 相整除，并输出结果。

示例 5-5

```
1. x = 123
2. print(x // 3)
3. print(x // 4)
4. print(x // 7.89)
5. print(x // True)
```

保存并运行程序，结果如图 5-5 所示。从结果中可以看出，如果运算中存在浮点数，结果的类型就是浮点型。

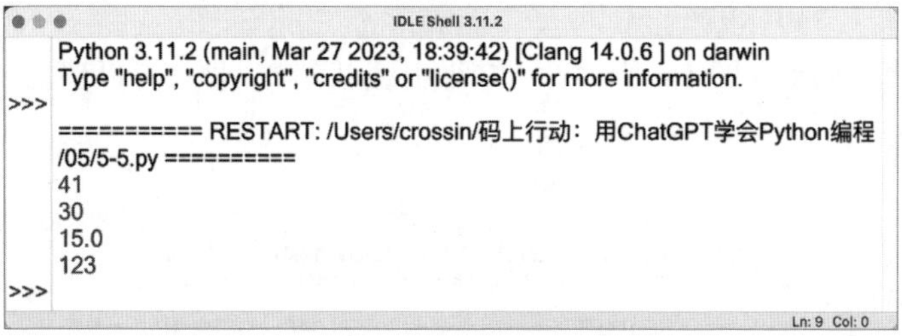

```
IDLE Shell 3.11.2
Python 3.11.2 (main, Mar 27 2023, 18:39:42) [Clang 14.0.6 ] on darwin
Type "help", "copyright", "credits" or "license()" for more information.
>>>
=========== RESTART: /Users/crossin/码上行动：用ChatGPT学会Python编程
/05/5-5.py ==========
41
30
15.0
123
>>>
Ln: 9  Col: 0
```

图 5-5　示例 5-5 运行结果

5.2.6 取模

取模，又称为取余或 mod，是与整除相对应的一个运算，相当于数学中整数相除的余数，即被除数 = 除数 × 整除结果 + 取模结果。Python 中整除的运算符是“%”。如果参与取模运算的两个值中存在浮点数，则结果也是浮点数。其他规则与除法相似。

【示例 5-6 程序】

在编辑器中输入如下示例程序并运行。

第 1 行：创建一个变量 x，并赋值为 123。

第 2 行：将变量 x 与整数 3 取模，并输出结果。

第 3 行：将变量 x 与整数 4 取模，并输出结果。

第 4 行：将变量 x 与浮点数 7.89 取模，并输出结果。

第 5 行：将浮点数 10.0 与整数 5 取模，并输出结果。

第 6 行：将变量 x 与布尔值 True 取模，并输出结果。

示例 5-6

```
1. x = 123
2. print(x % 3)
3. print(x % 4)
4. print(x % 7.89)
5. print(10.0 % 5)
6. print(x % True)
```

保存并运行程序，结果如图 5-6 所示。从结果中可以看出，即使可以被整除，但只要运算中存在浮点数，结果也是浮点数。

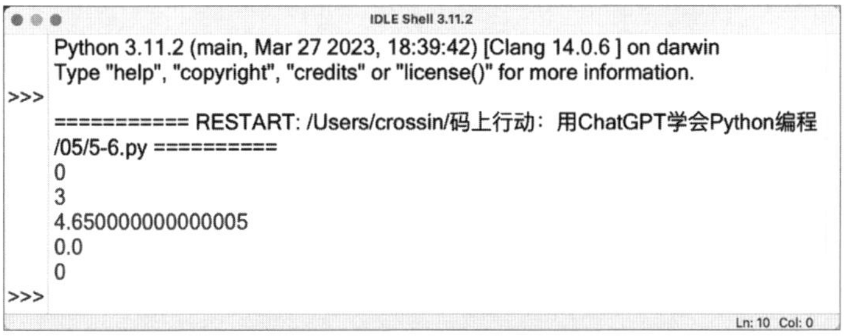

```
IDLE Shell 3.11.2
Python 3.11.2 (main, Mar 27 2023, 18:39:42) [Clang 14.0.6 ] on darwin
Type "help", "copyright", "credits" or "license()" for more information.
>>>
=========== RESTART: /Users/crossin/码上行动：用ChatGPT学会Python编程
/05/5-6.py ==========
0
3
4.650000000000005
0.0
0
>>>
Ln: 10 Col: 0
```

图 5-6 示例 5-6 运行结果

5.2.7 幂运算

幂运算是指一个数的指数次方的运算，如 2 的 3 次方。Python 中幂运算的运算符是“**”，这与很多语言中使用的符号“^”不同。幂运算支持整数型、浮点型和布尔型。

【示例 5-7 程序】

在编辑器中输入如下示例程序并运行。

第 1 行：创建一个变量 x，并赋值为 123。

第 2 行：计算变量 x 的 2 次方，并输出结果。

第 3 行：计算变量 x 的 0.5 次方，并输出结果。

第 4 行：将变量 x 与布尔值 False 进行幂运算，并输出结果。

示例 5-7

```
1. x = 123
2. print(x ** 2)
3. print(x ** 0.5)
4. print(x ** False)
```

保存并运行程序，结果如图 5-7 所示。

```
IDLE Shell 3.11.2
Python 3.11.2 (main, Mar 27 2023, 18:39:42) [Clang 14.0.6 ] on darwin
Type "help", "copyright", "credits" or "license()" for more information.
>>>
=========== RESTART: /Users/crossin/码上行动：用ChatGPT学会Python编程
/05/5-7.py ==========
15129
11.090536506409418
1
>>>
Ln: 8  Col: 0
```

图 5-7　示例 5-7 运行结果

以上算术运算符可以在一个表达式中混合使用，计算按照 5.1 节中说明的优先级顺序进行。

【示例 5-8 程序】

在编辑器中输入如下示例程序并运行。

第 1 行：创建一个变量 x，并通过一个混合了多种算术运算的表达式对其赋值。

第 2 行：输出变量 x 的值。

示例 5-8

```
1. x = 123 + 3 ** 2 * 2 - 5 % 4 // (3 - 2 / 2)
2. print(x)
```

保存并运行程序，结果如图 5-8 所示。各位读者可以尝试手算一下变量 x 的值，看看与程序的输出结果是否一致。

```
IDLE Shell 3.11.2
Python 3.11.2 (main, Mar 27 2023, 18:39:42) [Clang 14.0.6 ] on darwin
Type "help", "copyright", "credits" or "license()" for more information.
>>>
=========== RESTART: /Users/crossin/码上行动：用ChatGPT学会Python编程
/05/5-8.py ==========
141.0
>>>
Ln: 6  Col: 0
```

图 5-8　示例 5-8 运行结果

5.3 赋值运算符

赋值运算符是指将一个值赋给变量的运算符，Python 中的赋值运算符是“=”。赋值运算符用于创建一个新的变量或修改一个已有变量的值。在前面的章节中，我们已多次使用赋值运算，此处不再单独演示。

赋值运算符可以多个连接使用，运算顺序是从右往左。

【示例 5-9 程序】

在编辑器中输入如下示例程序并运行。

第 1 行：通过 3 个连续的赋值运算符，创建变量 x、y、z。

第 2 行：输出变量 x、y、z 的值。

示例 5-9

```
1. x = y = z = 123
2. print(x, y, z)
```

保存并运行程序，结果如图 5-9 所示。这段代码的效果相当于 3 个赋值语句，实际执行顺序是先将 123 赋值给变量 z，再将变量 z 的值赋值给变量 y，最后将变量 y 的值赋值给变量 x。

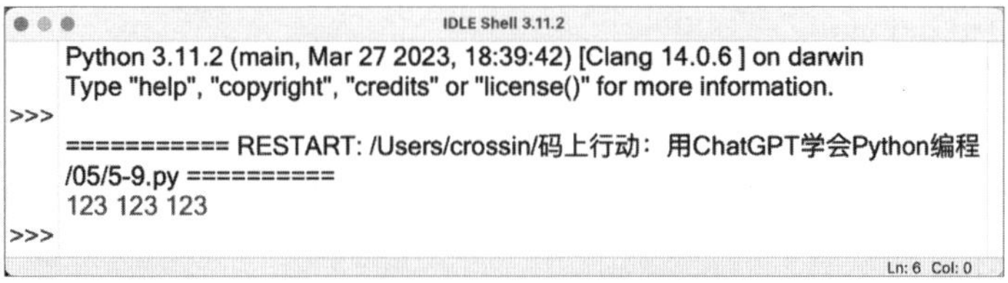

```
IDLE Shell 3.11.2
    Python 3.11.2 (main, Mar 27 2023, 18:39:42) [Clang 14.0.6 ] on darwin
    Type "help", "copyright", "credits" or "license()" for more information.
>>>
    =========== RESTART: /Users/crossin/码上行动：用ChatGPT学会Python编程
    /05/5-9.py ==========
    123 123 123
>>>
                                                        Ln: 6  Col: 0
```

图 5-9　示例 5-9 运行结果

除了基本的赋值运算，Python 中还有一些扩展的赋值运算符，如“+=”“-=”“*=”“/=”“//=”“%=”“**=”，这些赋值运算符分别与上面讲过的算术运算符相对应。

以加法赋值 += 为例，a += 1，等价于 a = a + 1，即先用变量原有的值进行计算，再将结果赋值给变量，是一种简洁的写法。其规则与对应的算术运算一致。

【示例 5-10 程序】

在编辑器中输入如下示例程序并运行。

第 1 行：创建一个变量 x，并赋值为 123

第 2 行：通过加法赋值运算符，将变量 x 的值加上 456

第 3 行：输出变量 x 的值

第 4 行：通过乘法赋值运算符，将变量 x 的值乘以 3 减 1 的结果，也就是乘以 2

第 5 行：输出变量 x 的值

示例 5-10

```
1. x = 123
2. x += 456
3. print(x)
4. x *= 3 - 1
5. print(x)
```

保存并运行程序，结果如图 5-10 所示。从结果中可以看出，赋值运算符的优先级是低于算术运算符的，会先计算出右边计算式的结果，再进行赋值运算。

```
IDLE Shell 3.11.2
    Python 3.11.2 (main, Mar 27 2023, 18:39:42) [Clang 14.0.6 ] on darwin
    Type "help", "copyright", "credits" or "license()" for more information.
>>>
    ========== RESTART: /Users/crossin/码上行动：用ChatGPT学会Python编程
    /05/5-10.py ==========
    579
    1158
>>>
                                                              Ln: 7 Col: 0
```

图 5-10　示例 5-10 运行结果

其他的赋值运算符均与此类似，这里就不再逐一演示了。

 5.4 比较运算符

比较运算符，又称为关系运算符，是一类用于比较两个值的运算符，返回布尔值（True 或 False），表示比较的结果。

Python 中常见的比较运算符有以下几个。

- 等于（==）：检查两个值是否相等。
- 不等于（!=）：检查两个值是否不相等。
- 小于（<）：检查左侧的值是否小于右侧的值。
- 大于（>）：检查左侧的值是否大于右侧的值。
- 小于等于（<=）：检查左侧的值是否小于或等于右侧的值。
- 大于等于（>=）：检查左侧的值是否大于或等于右侧的值。

可以看到，比较运算符和数学中的不等式符号相似，但写法略有不同。尤其要注意“等于”符号，是两个等号（==）。如果写成一个等号（=），就成了 5.3 节所说的赋值运算符了。

表示数字的类型都可以通过比较运算符进行比较运算，包括布尔值。

【示例 5-11 程序】

在编辑器中输入如下示例程序并运行。

第 1 行：创建一个变量 x，并赋值为 123。

第 2 行：输出变量 x 小于 456 的比较结果。

第 3 行：输出变量 x 小于等于 123 的比较结果。

第 4 行：输出变量 x 小于 7.89 的比较结果。

第 5 行：输出布尔值 False 等于 0 的比较结果。

第 6 行：输出布尔值 True 不等于 1 的比较结果。

示例 5-11

```
x = 123
print(x < 456)
print(x <= 123)
print(x < 7.89)
print(False == 0)
print(True != 1)
```

保存并运行程序，结果如图 5-11 所示。从结果中可以看出，布尔值 False 与 0 是相等的，而 True 与 1 也是相等的。

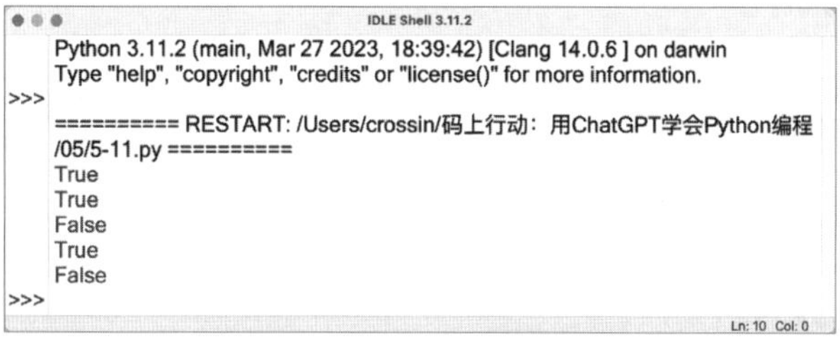

```
IDLE Shell 3.11.2
Python 3.11.2 (main, Mar 27 2023, 18:39:42) [Clang 14.0.6 ] on darwin
Type "help", "copyright", "credits" or "license()" for more information.
>>>
========== RESTART: /Users/crossin/码上行动：用ChatGPT学会Python编程
/05/5-11.py ==========
True
True
False
True
False
>>>
Ln: 10 Col: 0
```

图 5-11　示例 5-11 运行结果

Python 中的比较运算并不限于在数字数据类型之间进行，任何数据类型都可以进行等于和不等于的比较运算。但对于大于、小于、大于等于、小于等于这几种比较运算，则必须在可比较的数据类型之间进行，如字符串与字符串，以及后面章节会讲到的列表与列表。如果比较运算符两边是不可比较的数据类型，则会触发 TypeError 类型错误。

【示例 5-12 程序】

在编辑器中输入如下示例程序并运行。

第 1 行：输出字符串 'Hello' 等于 456 的比较结果

第 2 行：输出布尔值 False 不等于字符串 '0' 的比较结果

第 3 行：输出字符串 'Python' 大于字符串 'Java' 的比较结果

第 4 行：输出列表 [1, 2, 3] 小于等于列表 [4, 5] 的比较结果

示例 5-12

```
1. print('Hello' == 456)
2. print(False != '0')
3. print('Python' > 'Java')
4. print([1, 2, 3] <= [4, 5])
```

保存并运行程序，结果如图 5-12 所示。从结果中可以看出，字符串和数字或布尔值都可进行等于 / 不等于的比较，字符串根据字典序比较，列表则根据其中的元素依次进行比较。关于列表，我们将在第 8 章中详细讲解。

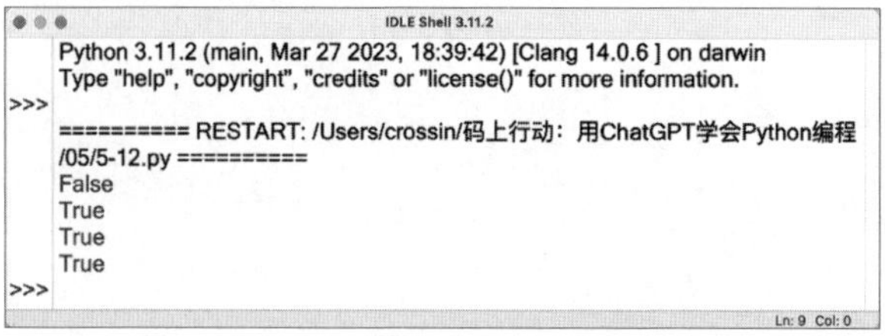

```
IDLE Shell 3.11.2
Python 3.11.2 (main, Mar 27 2023, 18:39:42) [Clang 14.0.6 ] on darwin
Type "help", "copyright", "credits" or "license()" for more information.
>>>
========== RESTART: /Users/crossin/码上行动：用ChatGPT学会Python编程
/05/5-12.py ==========
False
True
True
True
>>>
Ln: 9 Col: 0
```

图 5-12　示例 5-12 运行结果

5.5 逻辑运算符

逻辑运算符是一类用于组合和修改布尔值的运算符。在计算机编程中，逻辑运算符经常用于条件语句的判断，从而实现程序的控制流程。

在 Python 中，逻辑运算符包括与（and）、或（or）、非（not）三种，运算符关键字与参与运算的条件之间需要有空格隔开。

5.5.1 与

逻辑与的关键字是 and，运算规则是当且仅当两个条件都为 True 时，结果才为 True，否则结果为 False。相当于日常语义中的“并且”。

and 连接的两个条件可以是布尔值或布尔型变量，也可以是比较运算的结果。

【示例 5-13 程序】

在编辑器中输入如下示例程序并运行。

第 1 行：创建一个变量 x，并赋值为 True。

第 2 行：输出 x and True 的结果。

第 3 行：输出 True and False 的结果。

第 4 行：创建一个变量 a，并赋值为 3。

第 5 行：输出 x 和 a 都小于 1 的结果。

第 6 行：输出 a 大于等于 3 并且 a 小于 5 的结果。

示例 5-13

```
1. x = True
2. print(x and True)
3. print(True and False)
4. a = 3
5. print(x and a < 1)
```

```
print(a >= 3 and a < 5)
```

保存并运行程序，结果如图 5-13 所示。从结果中可以看出，and 的运算优先级是低于比较运算符的，所以会先计算出比较运算的结果，再进行逻辑与运算。

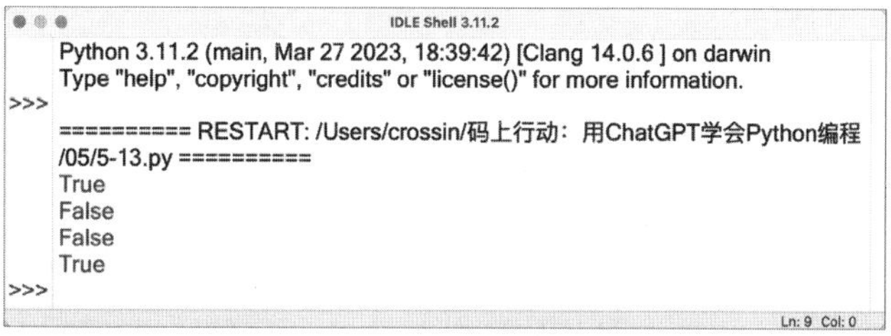

```
IDLE Shell 3.11.2
Python 3.11.2 (main, Mar 27 2023, 18:39:42) [Clang 14.0.6 ] on darwin
Type "help", "copyright", "credits" or "license()" for more information.
>>>
========== RESTART: /Users/crossin/码上行动：用ChatGPT学会Python编程
/05/5-13.py ==========
True
False
False
True
>>>
Ln: 9 Col: 0
```

图 5-13　示例 5-13 运行结果

5.5.2 或

逻辑或的关键字是 or，运算规则是当至少有一个条件为 True 时，结果为 True，否则结果为 False。相当于日常语义中的“或”。

同 and 一样，or 连接的两个条件可以是布尔值或布尔型变量，也可以是比较运算的结果。

【示例 5-14 程序】

在编辑器中输入如下示例程序并运行。

第 1 行：创建一个变量 x，并赋值为 False。

第 2 行：输出 x or False 的结果。

第 3 行：输出 True or False 的结果。

第 4 行：创建一个变量 a，并赋值为 3。

第 5 行：输出 x 或 a 小于 1 的结果。

第 6 行：输出 a 小于 1 或 a 大于等于 3 的结果。

示例 5-14

```
1. x = False
2. print(x or False)
3. print(True or False)
4. a = 3
5. print(x or a < 1)
6. print(a < 1 or a >= 3)
```

保存并运行程序，结果如图 5-14 所示。从结果中可以看出，or 两边的条件中只要有一个成立，结果就是 True。

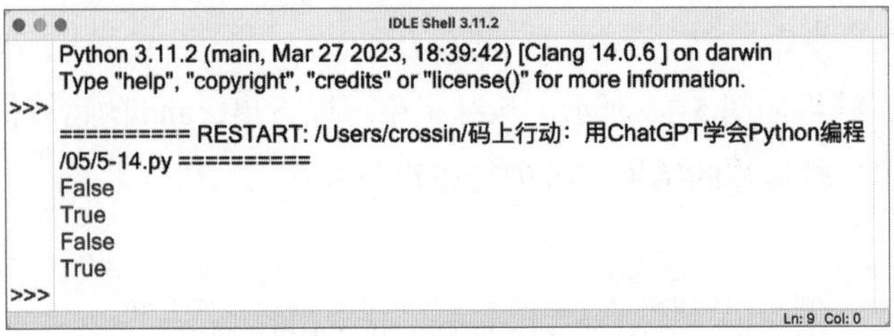
IDLE Shell 3.11.2
Python 3.11.2 (main, Mar 27 2023, 18:39:42) [Clang 14.0.6] on darwin
Type "help", "copyright", "credits" or "license()" for more information.
>>>
========== RESTART: /Users/crossin/码上行动：用ChatGPT学会Python编程/05/5-14.py ==========
False
True
False
True
>>>
Ln: 9 Col: 0

图 5-14　示例 5-14 运行结果

5.5.3 非

逻辑非的关键字是 not，运算规则是如果条件为 True，则 not 运算返回 False；如果条件为 False，则 not 运算返回 True。not 用于反转一个布尔值的逻辑状态，相当于日常语义中的“不”“非”。

与 and 和 or 不同，not 只在后面跟一个条件，可以是布尔值或布尔型变量，也可以是比较运算的结果。

【示例 5-15 程序】

在编辑器中输入如下示例程序并运行。

第 1 行：创建一个变量 x，并赋值为 True。

第 2 行：输出 not x 的结果。

第 3 行：输出 not False 的结果。

第 4 行：创建一个变量 a，并赋值为 3。

第 5 行：输出 a 不大于 3 的结果。

示例 5-15

```
1. x = True
2. print(not x)
3. print(not False)
4. a = 3
5. print(not a > 3)
```

保存并运行程序，结果如图 5-15 所示。从结果中可以看出，not 反转了后面的布尔值或比较运算结果。

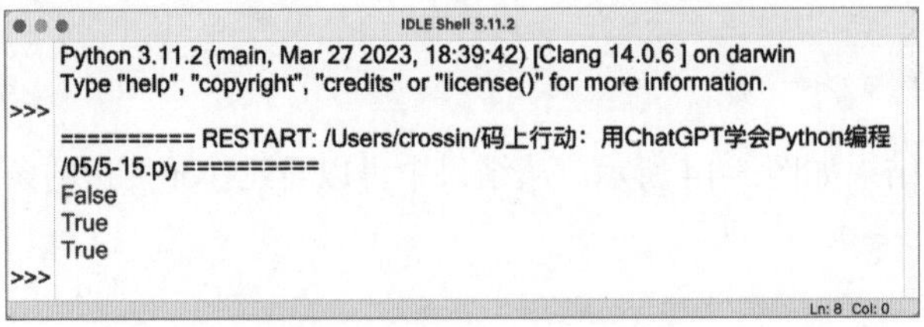
IDLE Shell 3.11.2
Python 3.11.2 (main, Mar 27 2023, 18:39:42) [Clang 14.0.6] on darwin
Type "help", "copyright", "credits" or "license()" for more information.
>>>
========== RESTART: /Users/crossin/码上行动：用ChatGPT学会Python编程/05/5-15.py ==========
False
True
True
>>>
Ln: 8 Col: 0

图 5-15　示例 5-15 运行结果

5.5.4 逻辑运算优先级

前面我们已经了解到，逻辑运算符的优先级是低于比较运算符的。在逻辑运算符内部，也有着不同的优先级。当多个逻辑运算放在一个表达式中时，会按照如下优先级进行计算：

1. not
2. and
3. or

【示例 5-16 程序】

在编辑器中输入如下示例程序并运行。

第 1 行：创建一个变量 a，并赋值为 True。

第 2 行：创建一个变量 b，并赋值为 True。

第 3 行：创建一个变量 c，并赋值为 False。

第 4、5 行：计算 a or not b and c 的结果，并输出。

示例 5-16

```
1. a = True
2. b = True
3. c = False
4. result = a or not b and c
5. print(result)
```

保存并运行程序，结果如图 5-16 所示。代码中第 4 行逻辑表达式的计算顺序为先计算 not，not b 的结果为 False；再计算 and，False and c 的结果为 False；最后计算 or，a or False 的结果为 True。因此最终结果为 True。

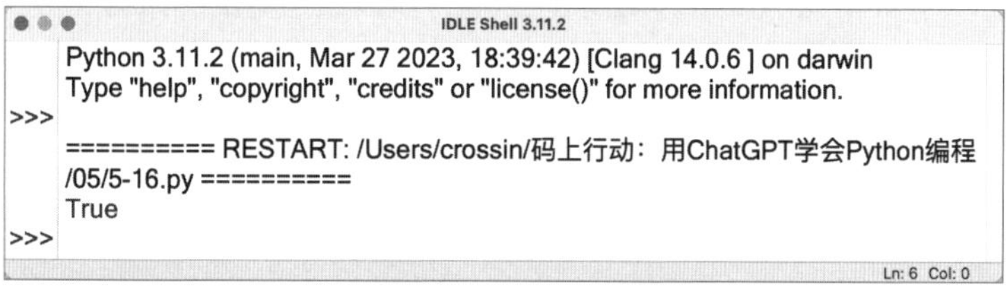

```
IDLE Shell 3.11.2
    Python 3.11.2 (main, Mar 27 2023, 18:39:42) [Clang 14.0.6 ] on darwin
    Type "help", "copyright", "credits" or "license()" for more information.
>>>
    ========== RESTART: /Users/crossin/码上行动：用ChatGPT学会Python编程
    /05/5-16.py ==========
    True
>>>
                                                                Ln: 6  Col: 0
```

图 5-16 示例 5-16 运行结果

5.5.5 非布尔值的逻辑运算

在 Python 中，非布尔型的数据也是可以进行逻辑运算的，运算规则参考转换为布尔型后的计算，即数字 0 和空字符相当于 False，非零数字和非空字符串相当于 True。但是计算的结果会保留原值，而不是转换后的布尔值。

举例来说，当两个非布尔值进行与运算时，如“0 and x”，x 的值对结果没有影响，所以与运算的结果就是 0；“1 and x”，x 的值对结果有影响，所以与运算的结果就是 x。

【示例 5-17 程序】

在编辑器中输入如下示例程序并运行。

第 1 行：输出整数 6 和浮点数 3.14 进行与运算的结果。

第 2 行：输出整数 0 和浮点数 3.14 进行与运算的结果。

第 3 行：输出字符串 "111" 和整数 0 进行与运算的结果。

第 4 行：输出空字符串 " " 和整数 6 进行与运算的结果。

示例 5-17

```
1. print(6 and 3.14)
2. print(0 and 3.14)
3. print("111" and 0)
4. print("" and 6)
```

保存并运行程序，结果如图 5-17 所示。其中第 4 行输出的是一个空字符串。

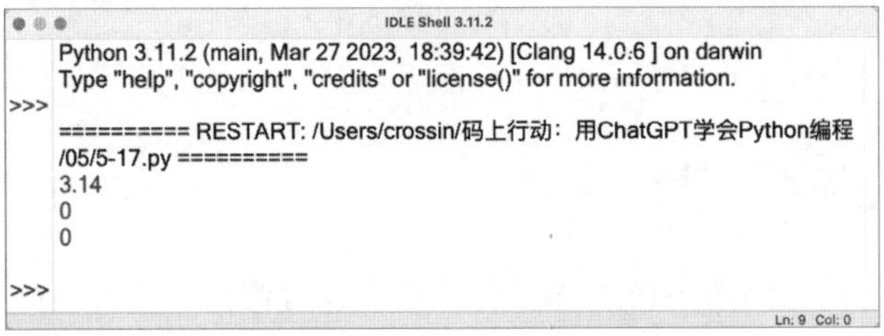

```
IDLE Shell 3.11.2
Python 3.11.2 (main, Mar 27 2023, 18:39:42) [Clang 14.0.6 ] on darwin
Type "help", "copyright", "credits" or "license()" for more information.
>>>
========== RESTART: /Users/crossin/码上行动：用ChatGPT学会Python编程
/05/5-17.py ==========
3.14
0
0

>>>
Ln: 9  Col: 0
```

图 5-17　示例 5-17 运行结果

同样，或运算的结果也是如此。如“1 or x”，不管 x 的值如何，对结果都没有影响，所以或运算的结果都为 1；“0 or x”，x 的值对结果有影响，所以或运算的结果为 x。

【示例 5-18 程序】

在编辑器中输入如下示例程序并运行。

第 1 行：输出整数 6 和浮点数 3.14 进行或运算的结果。

第 2 行：输出整数 0 和浮点数 3.14 进行或运算的结果。

第 3 行：输出字符串 "111" 和整数 0 进行或运算的结果。

第 4 行：输出空字符串 " " 和整数 6 进行或运算的结果。

示例 5-18

```
1. print(6 or 3.14)
2. print(0 or 3.14)
3. print("111" or 0)
```

```
4. print("" or 6)
```

保存并运行程序，结果如图 5-18 所示。可对比示例 5-17 的结果理解非布尔值进行逻辑运算的规律。

```
IDLE Shell 3.11.2
Python 3.11.2 (main, Mar 27 2023, 18:39:42) [Clang 14.0.6 ] on darwin
Type "help", "copyright", "credits" or "license()" for more information.
>>>
========== RESTART: /Users/crossin/码上行动：用ChatGPT学会Python编程
/05/5-18.py ==========
6
3.14
111
6
>>>
Ln: 9  Col: 0
```

图 5-18　示例 5-18 运行结果

5.6 位运算符

Python 中的位运算符用于对整数的二进制位进行操作，其结果相当于将整数转为二进制后，按照对应每一位上的值进行运算，再把运算结果转回整数。位运算符及运算规则如下。

- 按位与（&）：二进制位上两个操作数都为 1，结果才为 1，否则为 0。
- 按位或（|）：二进制位上两个操作数都为 0，结果才为 0，否则为 1。
- 按位异或（^）：二进制位上两个操作数相同，结果才为 0，否则为 1。
- 按位取反（~）：对操作数的每个二进制位进行取反操作，即 0 变成 1，1 变成 0。
- 左移（<<）：将一个数的二进制位向左移动指定的位数，左移 *n* 位相当于乘以 2 的 *n* 次方。
- 右移（>>）：将一个数的二进制位向右移动指定的位数，右移 *n* 位相当于除以 2 的 *n* 次方取整。

【示例 5-19 程序】

在编辑器中输入如下示例程序并运行。

第 1 行：创建一个变量 a，并赋值为 60。

第 2 行：创建一个变量 b，并赋值为 13。

第 3 行：输出 a 和 b 进行按位与操作的结果。

第 4 行：输出 a 和 b 进行按位或操作的结果。

第 5 行：输出 a 和 b 进行按位异或操作的结果。

第 6 行：输出 a 进行按位取反操作的结果。

第 7 行：输出 a 左移 2 位的结果。

第 8 行：输出 a 右移 2 位的结果。

示例 5-19

```
a = 60  # 二进制为 0011 1100
b = 13  # 二进制为 0000 1101
print(a & b)  # 返回 12，即二进制的 0000 1100
print(a | b)  # 返回 61，即二进制的 0011 1101
print(a ^ b)  # 返回 49，即二进制的 0011 0001
print( ~ a)     # 返回 -61，即二进制的 1100 0011
print(a << 2)  # 返回 240，即二进制的 1111 0000
print(a >> 2)  # 返回 15，即二进制的 0000 1111
```

保存并运行程序，结果如图 5-19 所示。为便于读者理解，已在示例代码中通过注释的方式列出每个数值对应的二进制结果。

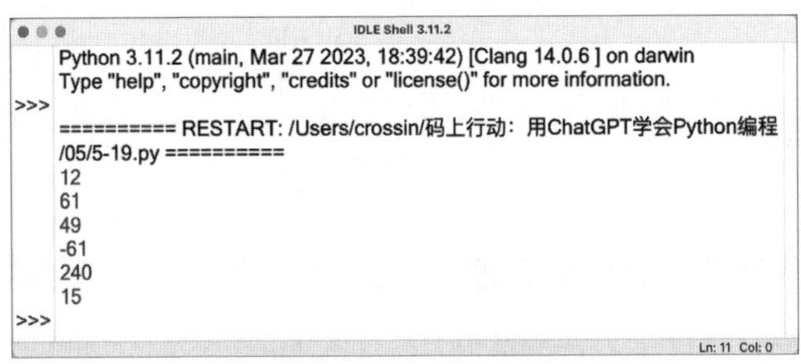

图 5-19　示例 5-19 运行结果

5.7 成员运算符

Python 的成员运算符用于测试一个序列（如字符串、列表、元组等）中是否包含一个指定的值。成员运算符及运算规则如下。

- in：如果指定的值在序列中存在，返回 True，否则返回 False。
- not in：如果指定的值在序列中不存在，返回 True，否则返回 False。

【示例 5-20 程序】

在编辑器中输入如下示例程序并运行。

第 1 行：创建一个变量 s，并赋值为 "Hello World"。

第 2 行：输出变量 s 包含字符 "o" 的结果。

第 3 行：输出变量 s 不包含字符 "H" 的结果。

第 4 行：输出变量 s 包含字符串 "World" 的结果。

示例 5-20

```
s = "Hello World"
print("o" in s)
print("H" not in s)
print("World" in s)
```

保存并运行程序，结果如图 5-20 所示。从结果中可以看出，in 可以判断字符串是否包含一个字符或一个子串。在 Python 中，相同字母的大小写是不同的两个字符。

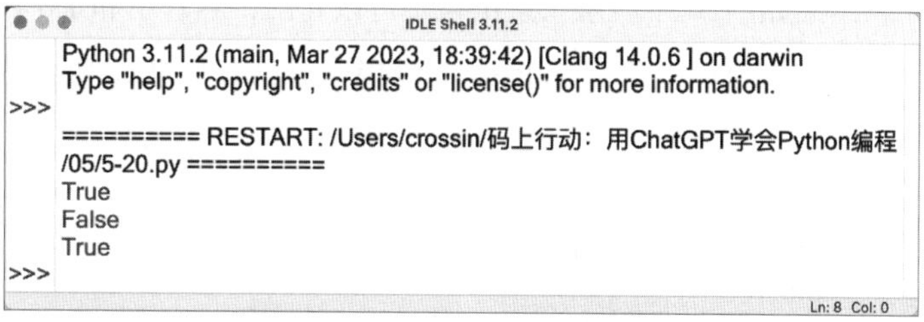

```
IDLE Shell 3.11.2
Python 3.11.2 (main, Mar 27 2023, 18:39:42) [Clang 14.0.6 ] on darwin
Type "help", "copyright", "credits" or "license()" for more information.
>>>
========== RESTART: /Users/crossin/码上行动：用ChatGPT学会Python编程
/05/5-20.py ==========
True
False
True
>>>
Ln: 8 Col: 0
```

图 5-20　示例 5-20 运行结果

这里仅演示了成员运算符应用在字符串中的效果。对于列表和元组的运算，将在第 8 章中介绍。

5.8 身份运算符

Python 的身份运算符用于比较两个对象的内存地址是否相同，即它们是否指向同一个对象。身份运算符及运算规则如下。

- is：如果两个变量引用同一个对象，则返回 True，否则返回 False。
- is not：如果两个变量引用不同的对象，则返回 True，否则返回 False。

【示例 5-21 程序】

在编辑器中输入如下示例程序并运行。

第 1 行：创建一个变量 x，并赋值为 1。

第 2 行：创建一个变量 y，并赋值为 1.0。

第 3 行：创建一个变量 z，并赋值为 x。

第 4 行：输出 x 等于 y 的比较结果。

第 5 行：输出 x is y 的结果。

第 6 行：输出 x is not y 的结果。

第 7 行：输出 x is z 的结果。

示例 5-21

```
x = 1
y = 1.0
z = x
print(x == y)
print(x is y)
print(x is not y)
print(x is z)
```

保存并运行程序，结果如图 5-21 所示。从结果中可以看出，尽管 1 和 1.0 在数值上是相等的，但它们不是同一个对象，is 运算的结果为 False。而直接通过已有变量赋值创建的新变量与已有变量指向同一个对象。

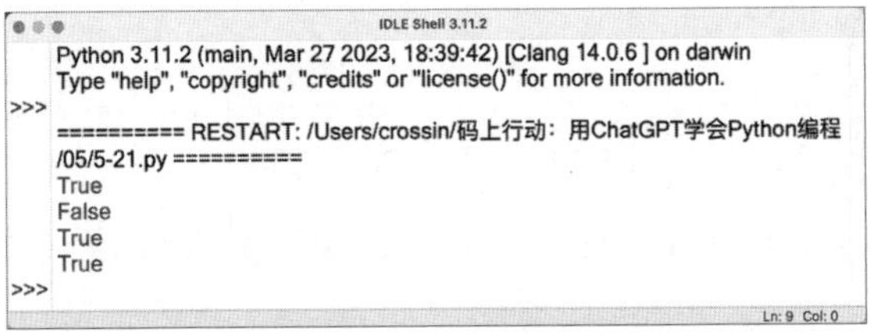

```
IDLE Shell 3.11.2
Python 3.11.2 (main, Mar 27 2023, 18:39:42) [Clang 14.0.6 ] on darwin
Type "help", "copyright", "credits" or "license()" for more information.
>>>
========== RESTART: /Users/crossin/码上行动：用ChatGPT学会Python编程
/05/5-21.py ==========
True
False
True
True
>>>
Ln: 9 Col: 0
```

图 5-21　示例 5-21 运行结果

5.9 ChatGPT 演示代码——计算 BMI

BMI（Body Mass Index，身体质量指数）是一种常用的评估人体体重是否合理和肥胖程度的指标，可以用来评估一个人的体重是否过轻、正常、过重或肥胖。

BMI 的计算公式如下：

$$\text{BMI} = 体重 \div 身高^2$$

其中，体重以千克为单位，身高以米为单位。

下面我们通过 ChatGPT 来写一段计算 BMI 的代码，熟悉一下 Python 的运算。

提问：用 Python 写一个根据用户输入身高和体重计算 BMI 的程序。

ChatGPT:

下面是一个根据用户输入身高和体重计算 BMI 的 Python 程序。

```
height = float(input("请输入身高（米）："))
weight = float(input("请输入体重（千克）："))
bmi = weight / height ** 2
print(f"你的BMI指数为：{bmi:.2f}")
```

在这个程序中，首先，我们使用 input() 函数提示用户输入身高和体重，输入的值以字符串形式保存在变量 height 和 weight 中。然后，我们使用 float() 函数将这些字符串转换为浮点数。接下来，我们计算 BMI 的值，存储在变量 bmi 中。最后，我们使用 print() 函数输出计算得到的 BMI 值。

这个程序使用了简单的数学公式计算 BMI，即体重除以身高的平方。需要注意的是，身高应该以米为单位，体重应该以千克为单位。输出的结果保留两位小数，使用了 Python 中的 f-string 方法进行字符串格式化。

ChatGPT 给出的代码对用户输入的身高和体重进行计算，得到 BMI 并输出。在这段代码中，除了用到了除法和幂运算，还用到了第 4 章中讲到的数据类型转换和字符串格式化。f-string 括号中的“:.2f”表示保留小数点后 2 位小数。

将代码复制到编辑器中，保存并运行，结果如图 5-22 所示。

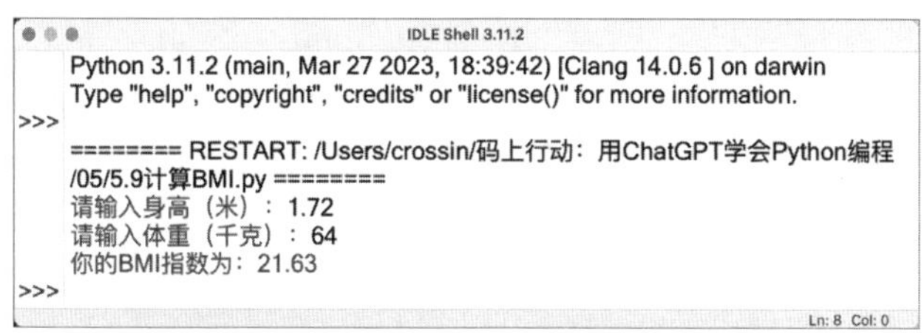

图 5-22　ChatGPT 演示代码运行结果

5.10 ChatGPT 答疑解惑

关于运算方面的更多问题，我们来看一看 ChatGPT 的解答。

5.10.1 比较字符串

前面我们提到，字符串类型在进行比较运算时是按照字典序进行比较。关于这点，让 ChatGPT 再详细讲讲。

提问：Python 中字符串比较大小的规则是怎样的?

ChatGPT:

在 Python 中，字符串的比较大小规则基于字典序，也就是按照字符的 ASCII 码值逐个进行比较。

具体来说，比较两个字符串大小的过程是从两个字符串的第一个字符开始逐个比较。如果这两个字符相同，则比较下一个字符，直到两个字符串中的某个字符不同为止。如果不同的字符在第一个字符串中的 ASCII 码值小于第二个字符串中对应字符的 ASCII 码值，则第一个字符串比第二个字符串小；反之，则第一个字符串比第二个字符串大。

下面是一个简单的 Python 代码示例，用于演示字符串比较大小规则。

```
s1 = "abcd"
s2 = "abd"
print(s1 < s2)
```

在这个程序中，我们定义了两个字符串 s1 和 s2，分别为 "abcd" 和 "abd"。根据字符串比较大小规则，两个字符串前两个字符相同，第三个字符，s1 中的 "c" 的 ASCII 码值（99）小于 s2 中的 "d" 的 ASCII 码值（100），所以 s1 < s2 结果为 True。

从 ChatGPT 的描述中可以了解到，字符串比较大小是按照字符逐一比较 ASCII 值的大小，与字符串的长度无关。另外要注意的是，空字符小于任何字符。

5.10.2 浮点数的误差

如果在 Python 代码中输出 0.1 + 0.2 == 0.3 的结果，会发现是 False。这是一个让很多新手感到困惑的问题。让我们来看看 ChatGPT 是如何解释的。

提问：为什么 Python 中 0.1+0.2==0.3 的结果是 False？

ChatGPT:

Python 中 0.1 和 0.2 都是浮点数，它们的实际值无限接近于它们的十进制表示，而不是精确等于它们的十进制表示。由于浮点数是二进制浮点数的近似表示，在进行浮点数运算时，可能会出现舍入误差。

当我们执行 0.1 + 0.2 时，实际上得到的结果是一个无限接近于 0.3 的浮点数，而不是精确等于 0.3 的浮点数。因此，当我们尝试将这个结果与 0.3 进行比较时，可能会得到 False 的结果，因为它们并不完全相等。

例如，当我们在 Python 中执行以下代码时：

```
>>> 0.1 + 0.2 == 0.3
False
```

结果为 False，这是因为 0.1 和 0.2 在 Python 中的实际值前 50 位小数分别为：

```
>>> f'{0.1:.50f}'
'0.10000000000000000555111512312578270211815834045410'
>>> f'{0.2:.50f}'
'0.20000000000000001110223024625156540423631668090820'
```

它们的和实际值前 50 位小数为：

```
>>> f'{0.1+0.2:.50f}'
'0.30000000000000004440892098500626161694526672363281'
```

而 0.3 的实际值前 50 位小数为：

```
>>> f'{0.3:.50f}'
'0.29999999999999998889776975374843459576368331909180'
```

因此，当我们将 0.1+0.2 与 0.3 进行比较时，得到的结果是 False。如果我们想要比较两个浮点数是否非常接近，应该使用一个阈值（如 1e-9）来检查它们的差值是否小于该阈值，而不是直接使用相等运算符。例如：

```
>>> abs(0.1 + 0.2 - 0.3) < 1e-9
True
```

这个表达式的值是 True，因为 0.1 + 0.2 和 0.3 的差值非常接近于 0，小于 1e-9 的阈值。

如 ChatGPT 所述，Python 中的浮点数是以二进制进行近似表示的，所以存在一定的误差，导致运算结果并不是精确值。如果我们在程序中需要比较浮点数的大小，应当使用阈值来进行判断。这里代码中的 abs 函数是 Python 内置的计算绝对值的函数。1e-9 是科学记数法，表示 1×10^{-9}，即 0.000000001。

5.10.3 编程对于数学能力的要求

本章讲了很多运算，包括数学运算和逻辑运算，很多初学者都会有一个疑问：学习编程对数学能力的要求高吗？关于这个疑问，我们来看看 ChatGPT 是怎么说的。

提问：学习编程对数学能力的要求高吗?

ChatGPT:

学习编程并不要求高深的数学能力，但是基本的数学知识是必须的。在编程中，我们经常需要进行基本的算术运算、比较、判断和逻辑运算等，因此，需要掌握一些基本的数学概念和技能。

在编写程序时，需要处理的数据通常是数字、字符串、布尔值等，因此需要掌握一些基本的数学操作和运算符。例如，算术运算符（加、减、乘、除、取余等）和比较运算符（等于、大于、小于等）是非常常见的。

另外，在某些领域的编程中，如数据科学、机器学习等，数学知识可能更为重要。例如，在数据科学中，需要掌握统计学、线性代数、微积分等数学知识，才能进行数据分析和建模等工作。

因此，学习编程需要一定的数学基础，但并不需要高深的数学能力。只要掌握一些基本的数学概念和技能，就可以开始学习编程并编写简单的程序。同时，在需要更深入的数学知识时，可以根据具体情况选择相应的学习路径和方法。

编程需要用到数学，但对于大部分开发工作来说，并不需要特别高深的数学能力。只有部分领域本身的研究内容需要用到高深的数学能力，如数据分析、计算机视觉、人工智能等方向。日常开发中遇到的数学问题，大部分就是本章中涉及的内容。对于编程学习者来说，建议多做一些逻辑运算相关的练习，这在编程中是很常用且很重要的技能。

本章小结

本章主要介绍了 Python 中的各种运算符，包括算术运算符、赋值运算符、比较运算符、逻辑运算符、位运算符、成员运算符和身份运算符。其中，算术运算符、比较运算符和逻辑运算符最常用到。运算符的运算规则和参与运算的数据类型有关，比如同样是比较大小，数字和字符串的运算就是不一样的规则。另外在进行浮点数运算时，还应该注意精度问题。在学习完本章内容后，相信读者能够熟练使用 Python 中的各种运算符，编写简单的程序。

第 6 章

控制流

★本章导读★

到目前为止，我们写的程序都是从上到下逐行运行。但在实际需求中，程序常常要根据特定条件或事件采取不同的行动，如根据条件选择执行不同的代码，或者重复执行一段代码，直到满足某个条件为止。本章讲解的控制流就可以帮我们达到这个目的，实现复杂的逻辑和功能。

★知识要点★

通过本章内容的学习，读者能掌握以下知识：

- ◆ 掌握 if 条件判断
- ◆ 掌握 for 循环和 while 循环
- ◆ 了解 break 和 continue 在循环中的作用
- ◆ 掌握控制流的嵌套使用

6.1 ChatGPT 讲解知识点——控制流

一个复杂的程序离不开控制流，掌握控制流的编写是学习编程的重要步骤。

6.1.1 什么是控制流

先让 ChatGPT 介绍一下程序的控制流的概念。

提问：什么是程序的控制流?

ChatGPT:

程序的控制流是指程序在运行时根据不同条件或事件采取不同的执行路径的过程。控制流可以看作程序执行的路线图，通过它程序可以按照特定的顺序执行代码块，或根据条件跳转到不同的代码块执行。

常见的控制流结构包括条件语句、循环语句和函数调用。

1. 条件语句

条件语句根据一个布尔表达式的值来选择执行不同的代码块。最常见的条件语句是 if-else，它可以根据布尔表达式的值选择执行 if 或 else 代码块中的一个。还有其他类型的条件语句，如 switch 语句和三目运算符，它们也可以根据条件来选择执行不同的代码块。

2. 循环语句

循环语句可以重复执行一段代码块，直到满足某个条件为止。最常见的循环语句是 for 和 while 循环，它们可以根据条件重复执行代码块，直到循环条件不再成立。还有其他类型的循环语句，如 do-while 循环和 foreach 循环，它们也可以重复执行代码块。

3. 函数调用

函数调用可以将程序分解成多个模块，以便更好地组织和重用代码。在函数调用中，程序跳转到函数的代码块执行，然后返回到调用函数的位置继续执行。函数调用可以带有参数和返回值，这使得程序可以在不同的代码块之间传递数据和结果。

除了以上三种常见的控制流结构，还有其他类型的控制流结构，如跳转语句和异常处理语句，它们可以帮助程序在特殊情况下跳过或中断代码的执行。控制流的使用可以使程序的执行更加灵活和高效，但也需要谨慎使用，以避免代码的混乱和错误。

ChatGPT 介绍了三种最常见的程序控制流结构。在本章中，我们将讲解其中的条件语句和循环语句。因为函数调用更加复杂，我们将在第 7 章中单独介绍。

6.1.2 Python 的控制流

不同编程语言会有各自的控制流及对应语法。例如，上面 ChatGPT 提到的 switch、do-while、foreach，都不是 Python 语言中的命令。那么 Python 的控制流语句具体有哪些呢?

提问：Python 中有哪些控制流语句?

ChatGPT:

Python 中的控制流语句可以用于控制程序的执行流程，使程序能够根据不同的条件执行特定的代码块、重复执行代码块、跳出循环等。以下是 Python 中常见的控制流语句。

1. if...elif...else

if...elif...else 语句用于根据不同的条件执行不同的代码块。可以使用单个 if 语句，也可以使用多个 elif 语句和一个 else 语句。当条件为真时，Python 会执行与该条件相关联的代码块。当条件为假时，Python 会跳过该代码块并继续执行下一个代码块。

2. for...in

for...in 循环语句用于遍历序列中的每个元素，并执行相应的代码块。可以使用 range() 函数创建一个数字序列，也可以遍历列表、元组、字符串等其他序列类型。

3. while

while 循环语句重复执行代码块，直到条件为假。在每次循环开始，Python 会评估条件表达式的值，如果条件为真，则执行循环代码块，如果条件为假，Python 会跳出循环并继续执行循环后的代码。

4. break

break 语句用于在循环中跳出当前循环，继续执行循环后面的代码。当 break 语句执行时，Python 会跳出当前循环并继续执行下一个代码块。

5. continue

continue 语句用于在循环中跳过当前循环中的剩余语句，并继续下一个循环迭代。当 continue 语句执行时，Python 会跳过当前迭代并继续执行下一个迭代。

6. try...except...else...finally

try...except...else...finally 语句用于处理异常。当尝试执行可能会引发异常的代码块时，使用 try 语句。如果出现异常，使用 except 语句捕获异常并执行相应的代码块；如果没有异常，则执行 else 语句块中的代码。最后，无论是否有异常，都会执行 finally 语句块中的代码。

7. match...case

match...case 是 Python 3.10 中新增的一种控制流语句，它可以用于对多个值进行模式匹配，类似于其他编程语言中的 switch-case 结构。match-case 语句由 match 关键字开始，后面跟一个表达式和一系列的 case 分支，每个 case 分支包含一个模式和一个可选的代码块。

此外，Python 中的控制流还包括函数、lambda、with、yield 等。

ChatGPT 列举了 Python 中常用的控制流语句。其中 if...elif...else、match...case 属于条件判断语句，for...in、while 属于循环语句，break 和 continue 也应用在循环控制流中。另外提到的 try...except...else...finally 是异常处理语句，我们将在第 10 章中介绍。

6.2 条件判断

下面我们就来详细讲讲 Python 中一个常用的控制流——条件判断。

6.2.1 if 语句

在 Python 中，if 语句用于选择执行特定的代码块，仅在给定条件为 True 时才执行该代码块。if 语句的基本语法如下。

```
if 判断条件：
    条件成立时执行代码块
```

如果 if 后面的判断条件为 True，就会执行下面缩进的代码块。

之前在第 3 章中讲过，Python 中的代码块使用缩进来表示，同一级的代码块使用同样的缩进。

注意，if 的条件后面要有英文冒号。

【示例 6-1 程序】

在编辑器中输入如下示例程序并运行。

第 1 行：通过 input 输入一个数，转换为浮点型并赋值给变量 num。

第 2、3 行：如果 num 的值大于 0，就输出“这是一个正数”。

示例 6-1

```
1. num = float(input("请输入一个数："))
2. if num > 0:
3.     print("这是一个正数")
```

保存并运行程序，结果如图 6-1 所示。从结果中可以看到，如果输入的是正数，就会有输出，如果不是，就没有输出。

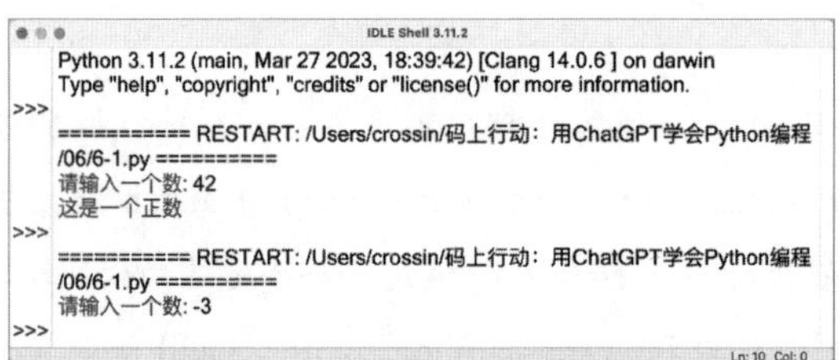

图 6-1　示例 6-1 运行结果

if 后面的判断条件可以是任何类型的值、变量或表达式。对于非布尔型的值，会转换为布尔型进行判断。如果是表达式，会先计算出表达式的结果，再进行判断。

【示例 6-2 程序】

在编辑器中输入如下示例程序并运行。

第 1 行：创建变量 a 并赋值为 'Crossin'。

第 2、3 行：如果 a 成立，就输出包含 a 的一行文字。

第 4 行：创建变量 b 并赋值为 3。

第 5、6 行：如果 b 小于 1 并且 b 大于 2，就输出一行文字。

示例 6-2

```
1. a = 'Crossin'
```

```
if a:
    print("Hello", a)
b = 3
if b < 1 and b > 2:
    print(" 这是一行不会被执行的代码 ")
```

保存并运行程序，结果如图 6-2 所示。从结果中可以看到，字符串直接作为 if 的条件也是可以的，只要是非空字符就会执行，所以这种写法也常被用来判断字符串是否为空。条件为非零值、非空集合也是类似的效果。

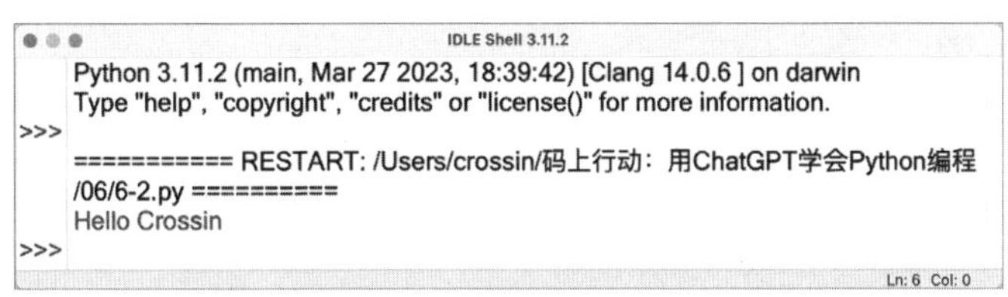

图 6-2 示例 6-2 运行结果

6.2.2 else 语句

单独一个 if 语句只能根据条件选择执行或不执行代码，而如果想要实现根据条件成立与否执行不同的代码，则可以加上 else 语句。if...else 语法如下。

```
if 判断条件 :
    条件成立时执行代码块
else:
    条件不成立时执行代码块
```

如果 if 后面的判断条件为 True，就会执行 if 下面缩进的代码块；否则，执行 else 下面缩进的代码块。

注意 else 后面没有条件，但也别忘了加冒号。else 必须紧接着 if 的代码块，且缩进要与 if 一致。

【示例 6-3 程序】

在编辑器中输入如下示例程序并运行。

第 1 行：通过 input 输入一个数，转换为浮点型并赋值给变量 num。

第 2、3 行：如果 num 的值大于 0，就输出“这是一个正数”。

第 4、5 行：如果上述条件不成立，就输出“这不是一个正数”。

示例 6-3

```
1. num = float(input(" 请输入一个数 : "))
2. if num > 0:
3.     print(" 这是一个正数 ")
```

```
else:
    print(" 这不是一个正数 ")
```

保存并运行程序，结果如图 6-3 所示。从结果中可以看到，如果输入的不是正数，也会有对应输出。

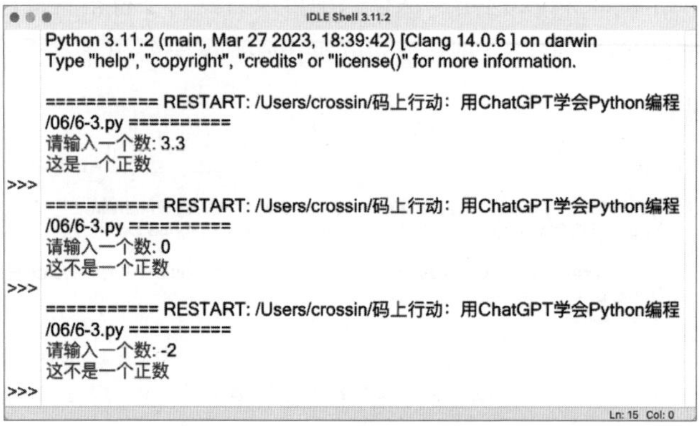

```
IDLE Shell 3.11.2
Python 3.11.2 (main, Mar 27 2023, 18:39:42) [Clang 14.0.6 ] on darwin
Type "help", "copyright", "credits" or "license()" for more information.

=========== RESTART: /Users/crossin/码上行动：用ChatGPT学会Python编程/06/6-3.py ==========
请输入一个数: 3.3
这是一个正数
>>>
=========== RESTART: /Users/crossin/码上行动：用ChatGPT学会Python编程/06/6-3.py ==========
请输入一个数: 0
这不是一个正数
>>>
=========== RESTART: /Users/crossin/码上行动：用ChatGPT学会Python编程/06/6-3.py ==========
请输入一个数: -2
这不是一个正数
>>>
Ln: 15 Col: 0
```

图 6-3　示例 6-3 运行结果

• 6.2.3 elif 语句

虽然我们现在已经能通过条件成立与否选择执行不同的代码，但如果要区分更多的情况，还需要用到 elif 语句。if...elif...else 语法如下。

```
if 判断条件 1:
    条件 1 成立时执行代码块
elif 判断条件 2:
    条件 2 成立时执行代码块
else:
    条件都不成立时执行代码块
```

如果 if 后面的判断条件 1 为 True，就会执行 if 下面缩进的代码块；如果判断条件 1 为 False，则再判断条件 2，如果判断条件 2 为 True，就会执行 elif 下面缩进的代码块；如果上述条件都不成立，则执行 else 下面缩进的代码块。

【示例 6-4 程序】

在编辑器中输入如下示例程序并运行。

第 1 行：通过 input 输入一个数，转换为浮点型并赋值给变量 num。

第 2、3 行：如果 num 的值大于 0，就输出“这是一个正数”。

第 4、5 行：如果上述条件不成立，则如果 num 的值等于 0，就输出“这是 0”。

第 6、7 行：如果上述条件都不成立，就输出“这是一个负数”。

示例 6-4

```
num = float(input(" 请输入一个数： "))
if num > 0:
    print(" 这是一个正数 ")
elif num == 0:
    print(" 这是 0")
else:
    print(" 这是一个负数 ")
```

保存并运行程序，结果如图 6-4 所示。从结果中可以看到，通过 if...elif...else 语句，可以区分出正数、零、负数三种情况。

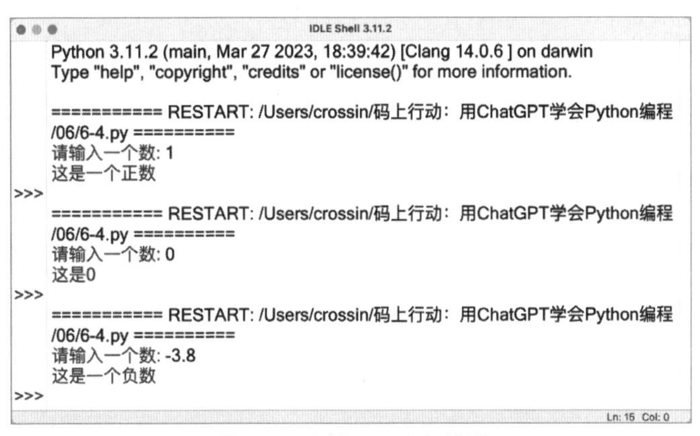

图 6-4　示例 6-4 运行结果

要注意，if...elif...else 是一个完整的控制流结构，需要连在一起使用。其中 elif 可以有多个分支。if 或 elif 的任一分支满足条件，执行其对应的代码块后，程序就会跳出整个 if...elif...else 结构，而不会再判断后面剩余的条件。

【示例 6-5 程序】

在编辑器中输入如下示例程序并运行。

第 1 行：创建变量 score 并赋值为 70。

第 2、3 行：如果 score 的值大于等于 90，就输出“优秀”。

第 4、5 行：如果上述条件不成立，则如果 score 的值大于等于 75，就输出“良好”。

第 6、7 行：如果上述条件不成立，则如果 score 的值大于等于 60，就输出“及格”。

第 8、9 行：如果上述条件都不成立，就输出“不及格”。

示例 6-5

```
1. score = 70
2. if score >= 90:
3.     print(" 优秀 ")
```

```
elif score >= 75:
    print(" 良好 ")
elif score >= 60:
    print(" 及格 ")
else:
    print(" 不及格 ")
```

保存并运行程序，结果如图 6-5 所示。

```
IDLE Shell 3.11.2
Python 3.11.2 (main, Mar 27 2023, 18:39:42) [Clang 14.0.6 ] on darwin
Type "help", "copyright", "credits" or "license()" for more information.
>>>
=========== RESTART: /Users/crossin/码上行动：用ChatGPT学会Python编程
/06/6-5.py ==========
及格
>>>
Ln: 6  Col: 0
```

图 6-5　示例 6-5 运行结果

6.2.4 match...case 语句

Python 3.10 中引入了 match...case 语句，它是一种新的控制流语句，用于模式匹配。match...case 语句提供了一种更简洁、更易于阅读和维护的方式来处理多个条件的情况。

【示例 6-6 程序】

在编辑器中输入如下示例程序并运行。

第 1 行：通过 input 输入一个数字，转换成整数型并赋值给变量 num。

第 2 行：对变量 num 的值进行匹配。

第 3、4 行：如果 num 的值为 1，就输出“执行操作 1”。

第 5、6 行：如果 num 的值为 2，就输出“执行操作 2”。

第 7、8 行：如果 num 的值为 3 或 4，就输出“执行操作 3”。

第 9、10 行：如果 num 的值不属于上述范围，就输出“输入有误”。

示例 6-6

```
1. num = int(input(" 请输入一个数字："))
2. match num:
3.     case 1:
4.         print(" 执行操作 1")
5.     case 2:
6.         print(" 执行操作 2")
7.     case 3 | 4:
8.         print(" 执行操作 3")
9.     case _:
10.        print(" 输入有误 ")
```

代码中，第 7 行中的竖线（|）表示可匹配多个条件，第 9 行中的下划线（_）表示匹配任意条件。程序依次匹配各条件，当满足一个条件时，则不再匹配后续条件。

保存并运行程序，结果如图 6-6 所示。

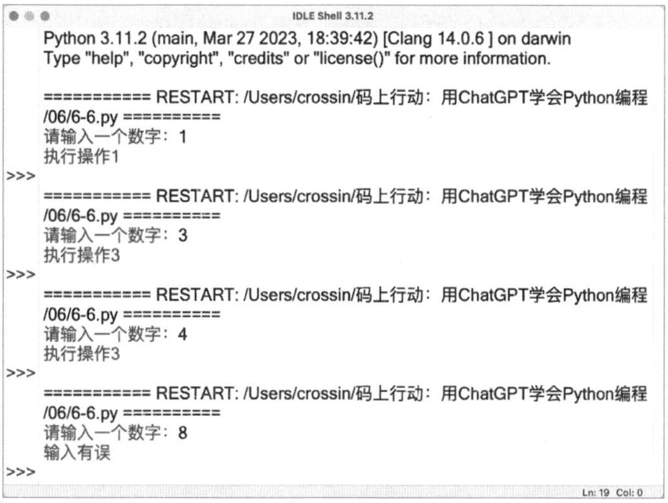

```
IDLE Shell 3.11.2
Python 3.11.2 (main, Mar 27 2023, 18:39:42) [Clang 14.0.6 ] on darwin
Type "help", "copyright", "credits" or "license()" for more information.

=========== RESTART: /Users/crossin/码上行动：用ChatGPT学会Python编程
/06/6-6.py ==========
请输入一个数字：1
执行操作1
>>>
=========== RESTART: /Users/crossin/码上行动：用ChatGPT学会Python编程
/06/6-6.py ==========
请输入一个数字：3
执行操作3
>>>
=========== RESTART: /Users/crossin/码上行动：用ChatGPT学会Python编程
/06/6-6.py ==========
请输入一个数字：4
执行操作3
>>>
=========== RESTART: /Users/crossin/码上行动：用ChatGPT学会Python编程
/06/6-6.py ==========
请输入一个数字：8
输入有误
>>>
Ln: 19 Col: 0
```

图 6-6　示例 6-6 运行结果

6.3 ChatGPT 演示代码——计算 BMI 升级版

第 5 章中的演示案例“计算 BMI”，程序根据用户输入的身高、体重，计算出 BMI 值。现在我们让 ChatGPT 在此基础上升级一下，让程序根据 BMI 的值告知用户体重处于什么范围。

提问：用 Python 写一个根据用户输入身高和体重计算 BMI 的程序，告知用户体重处于什么范围。

ChatGPT:

以下是一个简单的 Python 程序，用于计算 BMI 并告知用户体重处于什么范围。

```
height = float(input("请输入您的身高（米）："))
weight = float(input("请输入您的体重（千克）："))
# 计算 BMI 值
bmi = weight / height ** 2
# 根据 BMI 值判断体重范围
if bmi < 18.5:
    print("您的 BMI 值为：{:.2f}，体重过轻".format(bmi))
elif bmi < 24:
    print("您的 BMI 值为：{:.2f}，体重正常".format(bmi))
elif bmi < 28:
    print("您的 BMI 值为：{:.2f}，体重过重".format(bmi))
```

```
elif bmi < 30:
    print(" 您的 BMI 值为：{:.2f}，轻度肥胖 ".format(bmi))
elif bmi < 35:
    print(" 您的 BMI 值为：{:.2f}，中度肥胖 ".format(bmi))
else:
    print(" 您的 BMI 值为：{:.2f}，重度肥胖 ".format(bmi))
```

在这个程序中，我们先通过 input() 函数获取用户输入的身高和体重，然后计算 BMI 值，并根据 BMI 值判断体重处于什么范围。根据世界卫生组织（WHO）的标准，BMI 值在 18.5 以下被认为是体重过轻，18.5～24 被认为是体重正常，24～28 被认为是体重过重，28～30 被认为是轻度肥胖，30～35 被认为是中度肥胖，35 及以上被认为是重度肥胖。

这次 ChatGPT 给出的代码比之前多出了对 BMI 进行的条件判断，使用了 if...elif...else 的控制流，其中包含多个 elif 分支。

将代码复制到编辑器中，保存并运行，结果如图 6-7 所示。

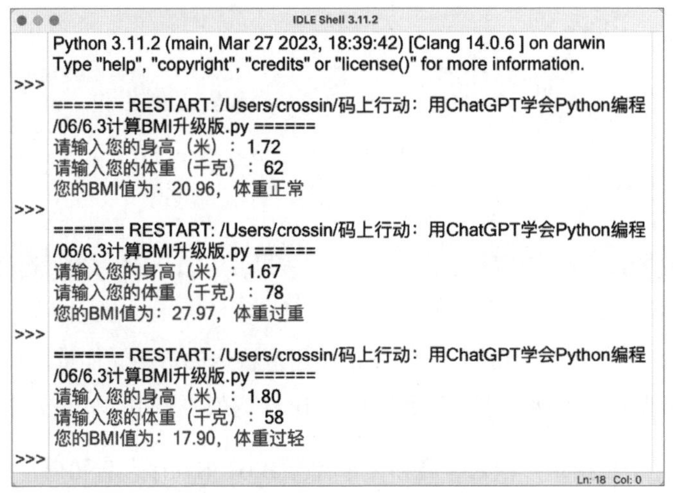

图 6-7　ChatGPT 演示代码运行结果

6.4 循环

接下来，我们再来讲讲 Python 中另一个常用的控制流——循环。

6.4.1 for 循环

在 Python 中，for 循环可以用来遍历序列（如字符串、列表、元组等）或其他可迭代对象（如字典、集合等）。for 循环的语法如下。

```
for 变量名 in 可迭代对象：
    循环执行的代码块
```

其中，变量名是每次循环中用来存储当前元素的变量名，可迭代对象是需要遍历的对象。

【示例 6-7 程序】

在编辑器中输入如下示例程序并运行。

第 1 行：通过 for 循环遍历字符串 'Crossin'，每次遍历的元素存入变量 s。

第 2 行：输出包含 s 的一段文字。

示例 6-7

```
1. for s in 'Crossin':
2.     print('当前循环中 s 的值是', s)
```

保存并运行程序，结果如图 6-8 所示。从结果中可以看到，'Crossin' 中的每个字母被依次获取并输出。

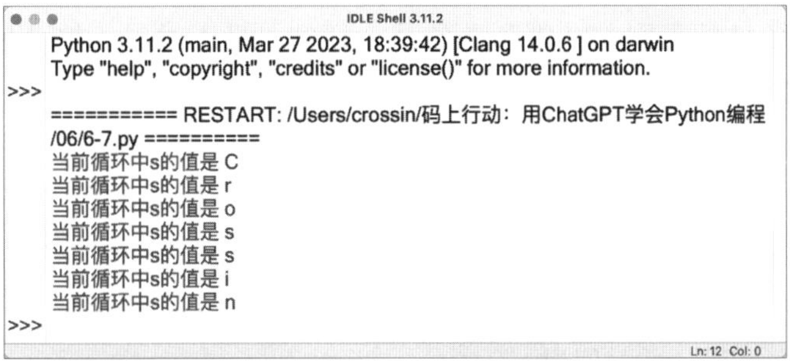

```
IDLE Shell 3.11.2
Python 3.11.2 (main, Mar 27 2023, 18:39:42) [Clang 14.0.6 ] on darwin
Type "help", "copyright", "credits" or "license()" for more information.
>>>
=========== RESTART: /Users/crossin/码上行动：用ChatGPT学会Python编程
/06/6-7.py ==========
当前循环中s的值是 C
当前循环中s的值是 r
当前循环中s的值是 o
当前循环中s的值是 s
当前循环中s的值是 s
当前循环中s的值是 i
当前循环中s的值是 n
>>>
Ln: 12 Col: 0
```

图 6-8　示例 6-7 运行结果

如果需要指定循环的次数，可以通过 range 函数来实现。range() 是 Python 的一个内置函数，用于创建一个整数序列。

【示例 6-8 程序】

在编辑器中输入如下示例程序并运行。

第 1 行：通过 for 循环遍历 range(5) 生成的序列。

第 2 行：输出包含 i 的一段文字。

示例 6-8

```
1. for i in range(5):
2.     print(f'当前是第{i}次循环')
```

保存并运行程序，结果如图 6-9 所示。从结果中可以看到，range(5) 生成的序列值依次是 0、1、2、3、4。

```
IDLE Shell 3.11.2
Python 3.11.2 (main, Mar 27 2023, 18:39:42) [Clang 14.0.6 ] on darwin
Type "help", "copyright", "credits" or "license()" for more information.
>>>
=========== RESTART: /Users/crossin/码上行动：用ChatGPT学会Python编程
/06/6-8.py ==========
当前是第0次循环
当前是第1次循环
当前是第2次循环
当前是第3次循环
当前是第4次循环
>>>
Ln: 10 Col: 0
```

图 6-9　示例 6-8 运行结果

关于 for 对列表、元组、字典等类型的遍历，我们将在第 8 章中进一步讲解。

6.4.2 while 循环

Python 中还有一种常见的循环语句是 while，它会在满足一定条件的情况下，重复执行某个代码块。其基本语法如下。

```
while 循环执行条件：
    循环执行的代码块
```

while 循环执行条件的规则与 if 判断条件是一样的，只不过 if 条件满足时只执行一次，而 while 会重复执行，直到条件不满足的时候为止。

【示例 6-9 程序】

在编辑器中输入如下示例程序并运行。

第 1 行：创建一个变量 total 并赋值为 0，用来记录总和。

第 2 行：创建一个变量 i 并赋值为 1。

第 3 行：当满足 i 小于等于 10 时进行循环，执行第 4、5 行代码块。

第 4 行：将变量 total 的值加 i。

第 5 行：将变量 i 的值加 1。

第 6 行：输出变量 total 的值。

示例 6-9

```
1. total = 0
2. i = 1
3. while i <= 10:
4.     total += i
5.     i += 1
6. print("1 到 10 之间所有整数的和为：", total)
```

这段代码的作用是输出 1 到 10 之间的整数之和。代码中，while 循环条件是 i 小于等于 10，而 i 本身的值在循环中会每次加 1，当加到 11 时，不满足循环条件而跳出循环。所以循环 i 的值依次为 1 到 10，每次会被累加到 total 中。最终 total 的值就是从 1 加到 10 的结果。

保存并运行程序，结果如图 6-10 所示。读者可以思考一下以上这个示例如果用 for 循环来实现可以怎么写。

```
IDLE Shell 3.11.2
    Python 3.11.2 (main, Mar 27 2023, 18:39:42) [Clang 14.0.6 ] on darwin
    Type "help", "copyright", "credits" or "license()" for more information.
>>>
    =========== RESTART: /Users/crossin/码上行动：用ChatGPT学会Python编程
    /06/6-9.py ==========
    1到10之间所有整数的和为： 55
>>>
                                                        Ln: 6  Col: 0
```

图 6-10　示例 6-9 运行结果

如果 while 后面的循环条件始终成立，那么就会成为一个无限循环。

【示例 6-10 程序】

在编辑器中输入如下示例程序并运行。

第 1 行：创建一个变量 i 并赋值为 1。

第 2 行：当满足 True 时进行循环，执行第 3、4 行代码块。

第 3 行：输出变量 i 的值。

第 4 行：将变量 i 的值加 1。

第 5 行：输出“循环结束”。

示例 6-10

```
1. i = 1
2. while True:
3.     print(i)
4.     i += 1
5. print(" 循环结束 ")
```

保存并运行程序，结果如图 6-11 所示。程序会一直运行下去，因为 while 的条件 True 是必然成立的，所以循环不会结束，第 5 行代码不会被执行。

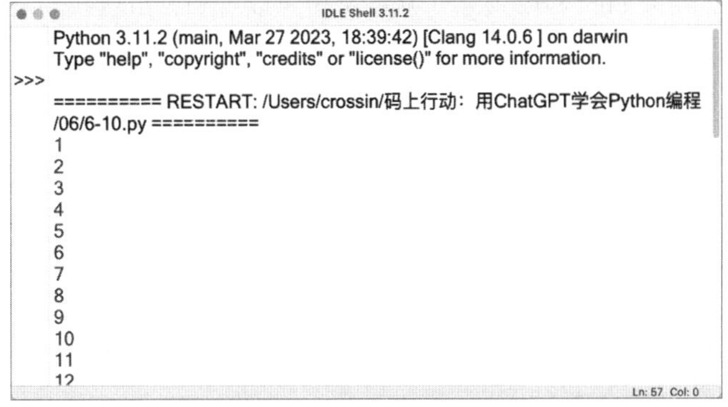

图 6-11　示例 6-10 运行结果

6.4.3 break 语句

在 Python 中，break 语句用于在循环中提前结束循环。当程序执行到 break 语句时，会立即跳出循环，不再执行循环中剩余的代码块。break 语句通常与 if 语句结合使用，根据条件判断是否需要提前结束循环。

要注意，break 语句必须用在循环体内，否则将触发 SyntaxError 语法错误。

break 语句使得开发者对于循环的控制更加灵活。

【示例 6-11 程序】

在编辑器中输入如下示例程序并运行。

第 1 行：创建一个变量 i 并赋值为 1。

第 2 行：当满足 True 时进行循环，执行第 3、4 行代码块。

第 3 行：输出变量 i 的值。

第 4 行：将变量 i 的值加 1。

第 5、6 行：如果 i 的值大于 10，则跳出循环。

第 7 行：输出“循环结束”。

示例 6-11

```
1. i = 1
2. while True:
3.     print(i)
4.     i += 1
5.     if i > 10:
6.         break
7. print(" 循环结束 ")
```

这段代码在示例 6-10 代码的循环代码块中，增加了一个条件判断，当满足条件时执行 break 语句，跳出循环。

保存并运行程序，结果如图 6-12 所示。从结果中可以看到，虽然我们没有改变循环条件，但程序却在输出 10 之后就结束了循环。

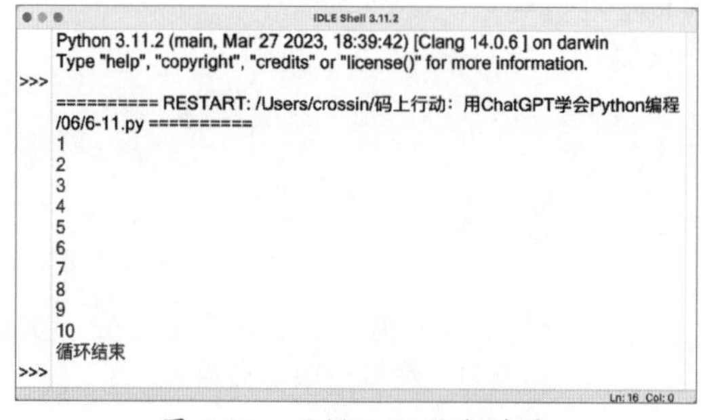

图 6-12　示例 6-11 运行结果

break 语句也可以使用在 for 循环中。

【示例 6-12 程序】

在编辑器中输入如下示例程序并运行。

第 1 行：通过 for 循环 range(5) 生成的序列。

第 2、3 行：如果 i 的值等于 2，则跳出循环。

第 4 行：输出包含 i 的一段文字。

示例 6-12

```
1. for i in range(5):
2.     if i == 2:
3.         break
4.     print(f' 当前是第 {i} 次循环 ')
```

这段代码在示例 6-8 代码的循环代码块中，增加了一个条件判断，当满足条件时执行 break 语句，跳出循环。

保存并运行程序，结果如图 6-13 所示。从结果中可以看到，循环没有执行完 5 次就提前结束了。

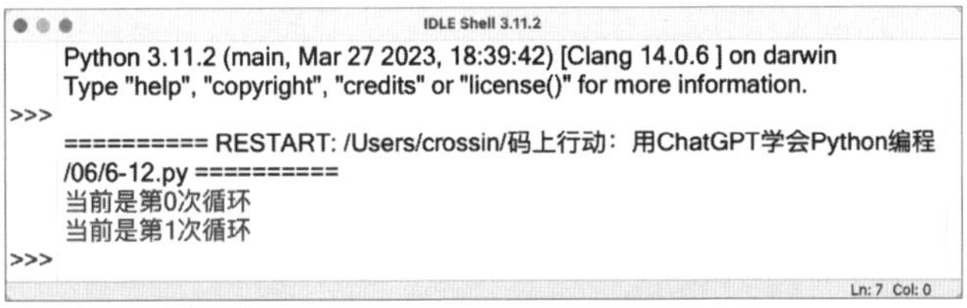

```
IDLE Shell 3.11.2
Python 3.11.2 (main, Mar 27 2023, 18:39:42) [Clang 14.0.6 ] on darwin
Type "help", "copyright", "credits" or "license()" for more information.
>>>
========== RESTART: /Users/crossin/码上行动：用ChatGPT学会Python编程
/06/6-12.py ==========
当前是第0次循环
当前是第1次循环
>>>
Ln: 7  Col: 0
```

图 6-13　示例 6-12 运行结果

6.4.4 continue 语句

continue 语句与 break 语句的使用场景相似，用于在循环中提前结束当前一次循环，但并不会结束整个循环体。当程序执行到 continue 语句时，会跳过当前这一次循环的剩余部分代码，直接进入下一次循环的条件判断。

同 break 语句一样，continue 语句对于 for 循环和 while 循环均适用，但必须用在循环体内。

【示例 6-13 程序】

在编辑器中输入如下示例程序并运行。

第 1 行：通过 for 循环 range(5) 生成的序列。

第 2、3 行：如果 i 的值等于 2，则跳过当前一次循环。

第 4 行：输出包含 i 的一段文字。

示例 6-13

```
1. for i in range(5):
2.     if i == 2:
3.         continue
4.     print(f' 当前是第 {i} 次循环 ')
```

这段代码与示例 6-12 代码的区别在于用 continue 替换了 break。

保存并运行程序，结果如图 6-14 所示。从结果中可以看到，输出的结果少了一次，i 等于 2 时被跳过了。注意，continue 只能跳过循环体中后续的代码，这里如果把第 4 行代码放在 if 判断之前，则无法起到跳过的作用，读者可以尝试修改运行，对比输出。

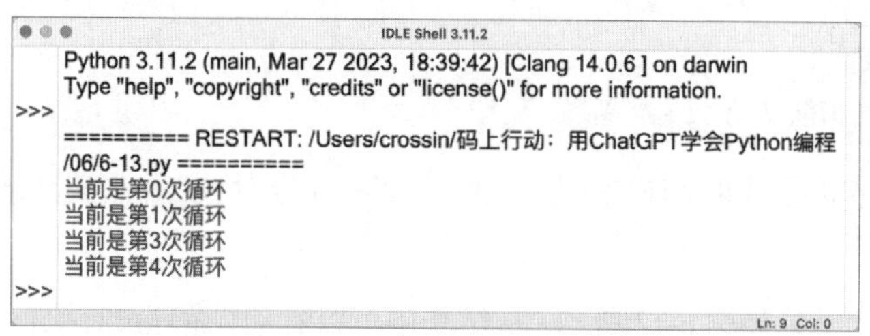

图 6-14　示例 6-13 运行结果

6.5 控制流的嵌套

前面我们演示的条件判断和循环都是单层的控制流结构。在实际应用中，很多时候需要将控制流进行嵌套使用，以实现更复杂的代码逻辑。控制流语句的嵌套是常见的编程技巧， if 语句、for 循环和 while 循环均可以多层嵌套，也可以相互嵌套。

6.5.1 判断语句嵌套

在 Python 中，判断语句可以嵌套使用，即在 if 判断语句中还可以继续添加判断语句，且层数没有限制。

【示例 6-14 程序】

在编辑器中输入如下示例程序并运行。

第 1 行：通过 input 输入一个数，转换成浮点型并赋值给变量 x。

第 2 行：通过 input 输入一个数，转换成浮点型并赋值给变量 y。

第 3 行：判断 x 的值是否为 0，是则执行第 4～7 行代码。

第 4～7 行：判断 y 的值是否为 0，是则输出“该点位于原点”，否则输出“该点位于 y 轴上”。

第 8 行：如果 x 的值不为 0，执行第 9～21 行代码。

第 9、10 行：判断 y 的值是否为 0，是则输出“该点位于 x 轴上”。

第 11 行：如果 y 的值不为 0，执行第 12～21 行代码。

第 12 行：判断 x 的值是否大于 0，是则执行第 13～16 行代码。

第 13～16 行：判断 y 的值是否大于 0，是则输出“该点位于第一象限”，否则输出“该点位于第四象限”。

第 17 行：如果 x 的值不大于 0，执行第 18～21 行代码。

第 18～21 行：判断 y 的值是否大于 0，是则输出“该点位于第二象限”，否则输出“该点位于第三象限”。

示例 6-14

```
1. x = float(input("请输入 x 值："))
2. y = float(input("请输入 y 值："))
3. if x == 0:
4.     if y == 0:
5.         print("该点位于原点")
6.     else:
7.         print("该点位于 y 轴上")
8. else:
9.     if y == 0:
10.        print("该点位于 x 轴上")
11.    else:
12.        if x > 0:
13.            if y > 0:
14.                print("该点位于第一象限")
15.            else:
16.                print("该点位于第四象限")
17.        else:
18.            if y > 0:
19.                print("该点位于第二象限")
20.            else:
21.                print("该点位于第三象限")
```

这段代码的效果是根据输入点的 x、y 坐标值，判断该点坐标属于直角坐标系中的第几象限。程序使用了四层条件判断：第一层判断 x 是否为 0，第二层判断 y 是否为 0，第三层判断 x 是否大于 0，第四层判断 y 是否大于 0。

保存并运行程序，结果如图 6-15 所示。

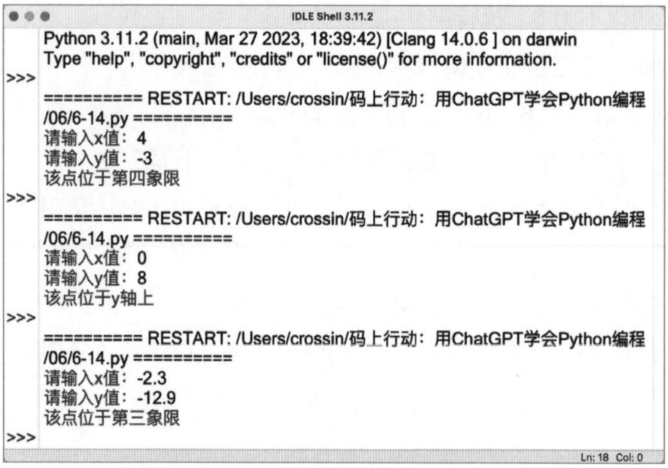

```
IDLE Shell 3.11.2
Python 3.11.2 (main, Mar 27 2023, 18:39:42) [Clang 14.0.6 ] on darwin
Type "help", "copyright", "credits" or "license()" for more information.
>>>
========== RESTART: /Users/crossin/码上行动：用ChatGPT学会Python编程
/06/6-14.py ==========
请输入x值：4
请输入y值：-3
该点位于第四象限
>>>
========== RESTART: /Users/crossin/码上行动：用ChatGPT学会Python编程
/06/6-14.py ==========
请输入x值：0
请输入y值：8
该点位于y轴上
>>>
========== RESTART: /Users/crossin/码上行动：用ChatGPT学会Python编程
/06/6-14.py ==========
请输入x值：-2.3
请输入y值：-12.9
该点位于第三象限
>>>
Ln: 18 Col: 0
```

图 6-15　示例 6-14 运行结果

• 6.5.2 循环语句嵌套

Python 中的循环语句也可以嵌套使用，即在循环体内部还可以继续添加循环，while 语句和 for 语句都可以嵌套，且层数不限。

【示例 6-15 程序】

在编辑器中输入如下示例程序并运行。

第 1 行：通过 for 循环遍历 range(1, 10) 生成的序列，循环执行第 2 ~ 5 行代码。

第 2 行：每次循环中，再通过 for 循环遍历 range(1, i+1) 生成的序列，循环执行第 3、4 行代码。

第 3 行：计算 i*j 的结果，赋值给变量 product。

第 4 行：按照 j x i = product 的格式输出字符串，输出以制表符（\t）为结束符。

第 5 行：输出一个空行。

示例 6-15

```
1. for i in range(1, 10):
2.     for j in range(1, i+1):
3.         product = i * j
4.         print(f"{j} x {i} = {product}", end="\t")
5.     print()
```

代码中有几点需要说明的地方。

（1）当 range 函数给了 2 个参数时，表示生成的序列从第 1 个参数开始，到第 2 个参数为止，不包括第 2 个参数。

（2）第 2 行 range 的第 2 个参数是 i+1，所以每次内层循环的次数不是固定的，而是由当前 i 的值所决定，依次为循环 1 次、2 次……直到 9 次。

（3）print 的参数 end 表示输出后以什么字符作为结尾，不设置这个参数时，默认以换行符（\n）结尾，所以我们会看到每次 print 之后会默认换一行。这里设置为制表符（\t），则在输出后不会换行，而是相当于按下一次“Tab”键。读者也可以尝试设置为其他字符对比输出效果。

（4）print 的括号里没有任何参数，则表示直接输出一个结尾字符，即输出换行。

保存并运行程序，结果如图 6-16 所示。

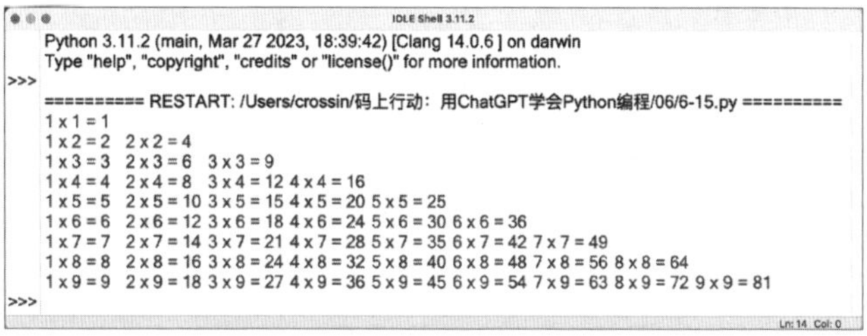

```
IDLE Shell 3.11.2
Python 3.11.2 (main, Mar 27 2023, 18:39:42) [Clang 14.0.6 ] on darwin
Type "help", "copyright", "credits" or "license()" for more information.
>>>
========== RESTART: /Users/crossin/码上行动：用ChatGPT学会Python编程/06/6-15.py ==========
1 x 1 = 1
1 x 2 = 2   2 x 2 = 4
1 x 3 = 3   2 x 3 = 6   3 x 3 = 9
1 x 4 = 4   2 x 4 = 8   3 x 4 = 12  4 x 4 = 16
1 x 5 = 5   2 x 5 = 10  3 x 5 = 15  4 x 5 = 20  5 x 5 = 25
1 x 6 = 6   2 x 6 = 12  3 x 6 = 18  4 x 6 = 24  5 x 6 = 30  6 x 6 = 36
1 x 7 = 7   2 x 7 = 14  3 x 7 = 21  4 x 7 = 28  5 x 7 = 35  6 x 7 = 42  7 x 7 = 49
1 x 8 = 8   2 x 8 = 16  3 x 8 = 24  4 x 8 = 32  5 x 8 = 40  6 x 8 = 48  7 x 8 = 56  8 x 8 = 64
1 x 9 = 9   2 x 9 = 18  3 x 9 = 27  4 x 9 = 36  5 x 9 = 45  6 x 9 = 54  7 x 9 = 63  8 x 9 = 72  9 x 9 = 81
>>>
Ln: 14  Col: 0
```

图 6-16　示例 6-15 运行结果

6.5.3 判断与循环嵌套

条件判断语句和循环语句也可以互相嵌套，不限层数，只要保证代码的缩进是符合规范的就可以。

在示例 6-11 和示例 6-12 中，我们已经用到了在循环中添加 if 语句的写法。这里要特别说明的是 break 和 continue 语句，只会对当前一层循环起作用，不影响外部的循环流程。

【示例 6-16 程序】

在编辑器中输入如下示例程序并运行。

第 1 行：通过 for 循环遍历 range(5) 生成的序列，循环执行第 2 ~ 12 行代码。

第 2 行：输出包含 i 的一行文字。

第 3 行：判断 i 是否大于 1，是则执行第 4 ~ 12 行代码。

第 4 行：将变量 j 赋值为 0。

第 5 行：无条件循环执行第 6 ~ 12 行代码。

第 6 行：在每次循环中，将变量 j 的值加 1。

第 7 ~ 9 行：判断 j 是否大于 i，是则输出“跳出”并跳出循环。

第 10、11 行：如果 j 不大于 i，就输出 j 的值，输出以空格作为结束符。

示例 6-16

```
1. for i in range(5):
2.     print(f' 第 {i} 次外层循环 ')
3.     if i > 1:
4.         j = 0
```

```
    while True:
        j += 1
        if j > i:
            print('跳出')
            break
        else:
            print(j, end=' ')
    print('内层循环结束')
```

保存并运行程序，结果如图 6-17 所示。从运行结果中可以看到，因为不满足 i>1，前 2 次外层循环并没有输出更多信息。之后的循环中，内层循环会在符合 j>i 时跳出，但外层循环仍然继续，直到 5 次结束。

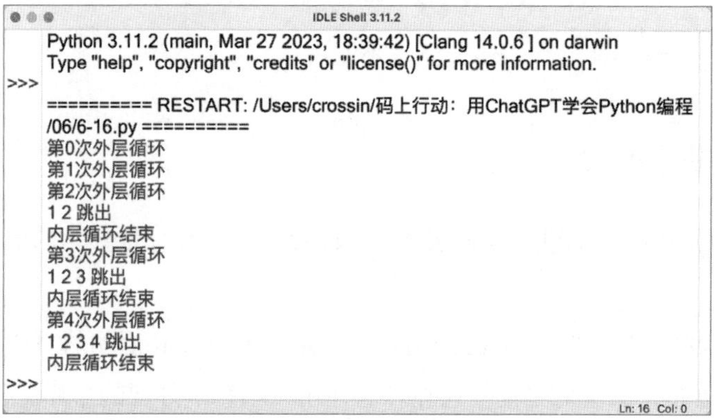

```
IDLE Shell 3.11.2
Python 3.11.2 (main, Mar 27 2023, 18:39:42) [Clang 14.0.6 ] on darwin
Type "help", "copyright", "credits" or "license()" for more information.
>>>
========== RESTART: /Users/crossin/码上行动：用ChatGPT学会Python编程
/06/6-16.py ==========
第0次外层循环
第1次外层循环
第2次外层循环
1 2 跳出
内层循环结束
第3次外层循环
1 2 3 跳出
内层循环结束
第4次外层循环
1 2 3 4 跳出
内层循环结束
>>>
Ln: 16  Col: 0
```

图 6-17　示例 6-16 运行结果

6.6 ChatGPT 演示代码——猜数字游戏

猜数字游戏是一种简单的人机互动游戏。由程序随机产生一个秘密数字，然后玩家猜测这个数字是什么。程序会根据玩家猜测的数字与秘密数字相比较的结果给出提示，如“太大了”“太小了”“正确”等。如果没猜中秘密数字，玩家将继续猜测，直到猜中或达到猜测次数上限为止。

实现这个游戏需要用到条件判断和循环。我们看看 ChatGPT 会怎样解决这个问题。

提问：用 Python 实现一个猜数字游戏。

ChatGPT:

好的，下面是一个使用 Python 实现的猜数字游戏示例代码。

```
import random
# 生成随机数字
secret_number = random.randint(1, 100)
```

```
4. # 游戏的最大猜测次数
5. max_guesses = 10
6. # 提示玩家开始游戏
7. print(" 猜数字游戏开始！我想了一个 1~100 的数字，你有 10 次机会来猜它。")
8. # 记录玩家已经猜的次数
9. num_guesses = 0
10.# 游戏循环
11.while True:
12.    # 判断玩家是否用完了所有的猜测机会
13.    if num_guesses == max_guesses:
14.        print(" 很遗憾，你用完了所有的猜测机会。正确的数字是：", secret_number)
15.        break
16.    # 让玩家猜一个数字
17.    guess = int(input(" 请输入你猜的数字："))
18.    # 判断猜测是否正确
19.    if guess == secret_number:
20.        print(" 恭喜你，猜对了！ ")
21.        break
22.    elif guess < secret_number:
23.        print(" 猜的数字太小了，再试试。")
24.    else:
25.        print(" 猜的数字太大了，再试试。")
26.    # 猜的次数加一
27.    num_guesses += 1
```

这个程序先使用 random 模块生成一个 1 到 100 之间的随机整数作为秘密数字，然后提示玩家开始游戏并记录已经猜测的次数。在游戏循环中，程序会判断玩家是否已用完了所有的猜测机会，是的话程序会输出正确答案并跳出循环。

如果还有机会，程序会让玩家输入一个数字，然后根据这个数字和秘密数字的大小关系给出相应的提示。如果玩家猜对了，程序会输出恭喜信息并跳出游戏循环。在每次循环的最后，程序会将猜测的次数加 1。

因为“猜数字游戏”是一个非常经典的编程练习，所以我们没有对 ChatGPT 做游戏规则的解释，它也明白我们要的是什么功能，并给出了正确的代码。同时，ChatGPT 还给代码配上了详细的注释，让读者更容易理解每一行代码的含义。

其中第 1、3 行代码用了 Python 内置模块 random 中的 randint 函数，生成了一个随机数。关于模块的使用，我们将在第 9 章详细讲解。

游戏的主体部分是一个 while True 无限循环，在循环体内部有两个条件判断语句都会执行 break 语句跳出循环：一个是猜测的次数 num_guesses 等于设定的最大次数 max_guesses，即达到了最大次数也没猜中；另一个是玩家猜的数字 guess 等于秘密数字 secret_number，也就是猜中了。

另外要注意，每次循环结尾要把猜测次数 num_guesses 加 1。但如果把该代码放在循环体最前面，则会导致玩家的猜测机会少一次，请读者想一想这是为什么？

将代码复制到编辑器中，保存并运行，结果如图 6-18 所示。

```
IDLE Shell 3.11.2
Python 3.11.2 (main, Mar 27 2023, 18:39:42) [Clang 14.0.6 ] on darwin
Type "help", "copyright", "credits" or "license()" for more information.
>>>
======== RESTART: /Users/crossin/码上行动：用ChatGPT学会Python编程
/06/6.6猜数字游戏.py ========
猜数字游戏开始！我想了一个1~100的数字，你有10次机会来猜它。
请输入你猜的数字：50
猜的数字太小了，再试试。
请输入你猜的数字：75
猜的数字太大了，再试试。
请输入你猜的数字：63
猜的数字太大了，再试试。
请输入你猜的数字：57
猜的数字太小了，再试试。
请输入你猜的数字：60
猜的数字太大了，再试试。
请输入你猜的数字：58
恭喜你，猜对了！
>>>
Ln: 18 Col: 0
```

图 6-18　ChatGPT 演示代码运行结果

6.7 ChatGPT 答疑解惑

关于条件判断和循环方面的更多问题，我们来看一看 ChatGPT 的解答。

6.7.1 跳出嵌套循环

前面我们提到，break 只能跳出当前一层循环，那如果嵌套在多层循环之中，想要直接跳出所有嵌套的循环，要怎么做呢？来看看 ChatGPT 的解答。

提问：Python 中如何跳出多层嵌套循环？

ChatGPT:

在 Python 中，可以使用 break 语句跳出当前的循环，但是如果在嵌套的多层循环中，使用 break 只能跳出当前层的循环，而无法跳出外层循环。为了跳出多层循环，可以使用一个 flag 变量来实现。flag 变量可以是任何数据类型，如布尔型、整数型等。

下面是一个使用 flag 变量来跳出多层循环的示例代码。

```
flag = False  # 初始化 flag 变量
for i in range(1, 10):
    for j in range(1, 10):
        if i * j == 30:
            flag = True
            break  # 跳出内层循环
    if flag:
```

```
        break  # 跳出外层循环
print("i=", i, ", j=", j)
```

在这个示例代码中，我们使用两个 for 循环遍历九九乘法表中的所有数字，并检查每个数字是否等于30。如果找到了等于30的数字，我们将 flag 变量设置为 True，并使用 break 语句跳出内层循环。在外层循环中，我们检查 flag 变量的值是否为 True，如果是，则使用 break 语句跳出外层循环。

需要注意的是，在使用 flag 变量跳出多层循环时，应该将 flag 变量初始化为 False，以确保在未找到目标值时程序可以正常运行。

Python 虽然没有直接跳出嵌套循环的语法，但是有一些间接的实现方案，ChatGPT 所说的利用 flag 变量就是比较常用且容易理解的一种。简单来说，就是在跳出内层循环的 break 之前，通过一个变量记录下跳出这一动作。然后在内层循环代码之后，对这个变量做一个判断，如果被记录了，那就继续再做一次跳出。以此类推，直到跳出所有循环。

6.7.2 for 和 while 的选择

既然在 Python 中，for 语句和 while 语句都可以实现循环，那么在实际应用中应该如何选择呢？让我们来问问 ChatGPT。

提问：for 循环和 while 循环应该如何选择？

ChatGPT:

在 Python 中，for 循环和 while 循环都可以用来执行重复的操作。然而，它们在实际使用中有不同的应用场景和特点，因此在选择使用哪种循环时需要根据具体情况做出判断。

一般来说，for 循环适合用于遍历一个已知长度的序列或集合，如列表、元组、字典等，或者在已知循环次数的情况下执行重复操作。例如：

```
# 遍历列表
fruits = ["apple", "banana", "cherry"]
for fruit in fruits:
    print(fruit)
# 计算 1~10 的整数和
total = 0
for i in range(1, 11):
    total += i
print("1~10 的整数和为：", total)
```

而 while 循环则更适合在未知循环次数的情况下执行重复操作，如根据用户输入来执行某个操作，或者在满足某个条件时继续执行循环。例如：

```
# 根据用户输入重复执行操作
while True:
    user_input = input("请输入一个数字（输入 q 退出）：")
```

```
    if user_input == "q":
        break
    num = int(user_input)
    print("输入的数字是：", num)
# 使用while循环实现计数器
count = 0
while count < 10:
    print("当前计数器值为：", count)
    count += 1
```

需要注意的是，在使用 while 循环时需要小心，避免陷入死循环或循环条件永远不满足的情况。因此，在使用 while 循环时，应该确保循环条件能够最终得到满足，或者使用 break 语句来强制跳出循环。

从 ChatGPT 的回答中可以看出，for 循环更适合用在序列的遍历或明确次数的循环，而 while 循环更适合用在未知次数或根据条件进行的循环。

6.7.3 定位程序错误

在学习了控制流之后，我们的程序逐渐变得复杂，执行路径不再是单一的从上到下。这时候如果程序出现了错误，就更加难以找到问题所在。对于这个问题，ChatGPT 有什么好的建议吗？

提问：程序出错之后怎样快速定位问题所在？

ChatGPT:

在程序开发过程中，出现错误是很常见的情况。为了快速定位问题所在，我们可以按照以下步骤进行。

1. 查看错误提示信息：当程序出现错误时，Python 会给出相应的错误提示信息，包括错误类型、错误位置等。根据错误提示信息，可以初步判断错误类型和大致位置。

2. 检查代码：根据错误提示信息所提示的位置，检查代码是否存在语法错误、逻辑错误或其他问题。例如，拼写错误、语法错误、变量未定义等问题都可能导致程序出错。

3. 使用 print 语句：在代码中添加 print 语句，输出中间结果或变量的值，以便在程序运行时观察变量的值或程序的执行情况，从而确定错误出现的位置。

4. 使用调试工具：使用 Python 的调试工具，如 pdb 或 PyCharm 等 IDE 中的调试器，可以在程序运行过程中逐行执行代码、观察变量值，快速定位问题所在。

5. 查找文档或网络资源：当出现问题时，可以查找 Python 官方文档或相关的网络资源，如 Stack Overflow 等，以寻找可能的解决方案或借鉴他人的经验。

需要注意的是，程序出错是很常见的情况，不必过于紧张或沮丧。正确的态度是耐心查找问题所在，寻找解决方案，并在实践中积累经验。

ChatGPT 给出的几点建议都是非常中肯的，结合笔者个人的经验，再特别强调两点。

（1）一定要仔细看错误提示。大部分的问题都在错误提示里写出来了，但很多初学者面对大段的代码和英文难免会畏惧，不愿去细读错误提示。建议从简单的报错开始尝试理解，也可以把错误提示输入搜索引擎或 ChatGPT 获取更多信息。

（2）控制台输出是最简单且最有效的调试方式。在代码的各步骤中输出必要的提示及相关变量的值和类型，这样可以很明确地知晓程序在不同代码位置的运行状态，进而发现与自己预期不一致的地方，找到问题所在。

另外，当你自己无法找出问题，在网上寻求别人的帮助时，请务必提供完整的代码和报错提示，因为这是调试代码必不可少的信息。

本章小结

本章主要介绍了 Python 中的控制流，并详细讲解了两个常用控制流结构：条件判断和循环。通过本章的学习，读者可以掌握条件判断语句和循环语句的语法，以及在程序中如何利用它们实现更复杂的功能。另外，本章还讲解了控制流的嵌套结构，以及如何使用 break 和 continue 语句来控制循环的执行。通过本章的学习，相信读者可以更好地掌握 Python 编程的基本控制流知识，为以后编写更加复杂的程序打下基础。

第 7 章

函　数

★本章导读★

在编程中，有些功能需要被多次调用。为了方便，我们可以将这些功能打包成一个代码块，并为其取一个名称。当需要使用某功能时，只需要通过对应名称调用，避免了重复编写相同代码的麻烦，这就是函数。本章将为大家详细讲解函数的相关知识。

★知识要点★

通过本章内容的学习，读者能掌握以下知识：

- ◆ 掌握如何调用函数
- ◆ 掌握如何定义函数
- ◆ 了解函数参数的使用方法
- ◆ 了解不同的变量作用域

7.1 ChatGPT 讲解知识点——函数

第 6 章中提到，函数也是程序中重要的控制流。下面就来了解一下函数的基本概念。

7.1.1 什么是函数

先来让 ChatGPT 介绍一下什么是函数。

提问：什么是函数?

ChatGPT:

函数是计算机程序中的一个重要概念，它能够接受输入参数并执行特定任务，最后返回一个结果。函数通常被设计为可重用的代码块，它可以在程序中被多次调用，以达到代码可复用、简洁和可维护的目的。

一个函数通常由函数头和函数体两部分组成。函数头指定函数的名称、输入参数和返回值类型等信息，而函数体则包含实际的代码逻辑。在程序执行过程中，当函数被调用时，输入参数会被传递给函数，然后函数执行相应的任务并返回一个结果，最终将控制权返回给调用方。

函数可以接受不同类型和数量的输入参数，也可以返回不同类型的结果，如整数、浮点数、字符串、列表、字典等。在函数中，我们可以使用条件语句、循环语句、变量、常量等各种编程概念，以实现各种不同的功能。

函数在编程中具有广泛的应用，它可以帮助我们将程序分解为可重用的模块，提高代码的可读性和可维护性，同时也能使程序更加高效、简洁和易于理解。函数还可以让我们轻松地进行测试和调试，因为只需要对函数进行单独的测试，而不必测试整个程序。

几乎所有的编程语言都支持函数，如 Python、Java、C++、JavaScript 等。不同的编程语言可能有不同的函数语法和约定，但函数的基本概念和作用是相同的。掌握函数是编程学习的重要一步，它将帮助我们更加高效地编写程序，提高编程技能和开发效率。

从 ChatGPT 的介绍中可以看出，函数主要的作用是重用代码，从而提升代码的可读性，便于维护。参数和返回值是函数的两个重要概念。

7.1.2 函数的参数

下面让 ChatGPT 详细讲讲什么是函数的参数。

提问：什么是函数的参数？

ChatGPT:

在编程中，函数参数是传递给函数的值或对象，它们用于控制和调整函数的行为。通常，我们会将数据传递给函数，让函数对这些数据执行某些操作，或者使用这些数据进行计算，最后返回结果。

函数参数分为两类：形式参数和实际参数。形式参数也称为形参或参数，是函数定义时用来接收外部数据的占位符。实际参数也称为实参或参数值，是函数调用时传递给函数的具体数据。

函数参数有不同的类型，包括以下几种。

1. 位置参数：位置参数是按照定义顺序依次传递给函数的参数，也称为必须参数。调用函数时必须提供位置参数，并且参数的数量必须与函数定义中的数量相同。

2. 关键字参数：关键字参数是通过参数名来指定输入的值，这样可以避免位置参数的混淆和错误。在函数调用时，使用“参数名 = 参数值”的形式来传递关键字参数。

3. 默认参数：默认参数是在函数定义时提供的参数值，如果在函数调用时没有提供该参数，则使用默认值。默认参数通常放在参数列表的最后面。

4. 可变参数：可变参数是指可以接受任意数量的位置参数和关键字参数的函数参数。在函数定义中，可变参数以星号（*）表示。

5. 关键字可变参数：关键字可变参数是指可以接受任意数量的关键字参数的函数参数。在函数定义中，关键字可变参数以两个星号（**）表示。

函数参数的设计和使用可以使函数更加灵活和通用，从而让函数在不同的输入情况下执行不同的操作，并且可以减少代码的重复和冗余。在编写函数时，我们需要根据函数的具体需求和输入数据的类型来选择与使用合适的参数类型。

参数可以看作函数的输入，是调用者提供给函数体的数据。ChatGPT 列举了函数参数的主要类型。后面我们还会结合代码示例具体演示函数参数的用法。

7.1.3 函数的返回值

下面再让 ChatGPT 详细讲讲什么是函数的返回值。

提问：什么是函数的返回值?

ChatGPT:

函数的返回值是指函数执行完毕后返回给调用者的值或对象。在程序中，函数通常用来完成一定的任务或操作，并返回结果给调用者，以供其进一步处理数据或控制程序的流程。

函数的返回值可以是任何数据类型，如数字、字符串、列表、元组、字典、布尔值等。函数可以返回单个值，也可以返回多个值（使用元组、列表等方式实现）。

函数的返回值通常是通过 return 语句来实现的。在函数执行过程中，当遇到 return 语句时，函数会立即停止执行，并将返回值返回给函数调用者。在 Python 中，如果函数没有 return 语句，则在函数体执行完毕后默认返回 None 对象。

在调用函数时，可以将函数的返回值存储在变量中，以便后续使用。函数的返回值可以用于判断函数的执行结果是否成功，也可以用于进一步计算或操作数据。

例如，以下是一个简单的函数示例，用于计算两个数字的和，并将结果作为返回值。

```
def add_numbers(a, b):
    c = a + b
    return c
```

在上面的例子中，add_numbers 函数接受两个参数 a 和 b，并计算它们的和。通过 return 语句将结果 c 返回给函数的调用者。函数的返回值可以通过以下方式来使用。

```
result = add_numbers(2, 3) # 调用函数并存储结果
print(result) # 输出 5
```

在这个例子中，add_numbers(2, 3) 使用参数 2 和 3 调用函数并返回结果 5，将其存储在变量 result 中，最后输出变量的值 5。

总之，函数的返回值是函数执行完毕后返回给调用者的值或对象，可以用于判断函数的执行结果是否成功，并进一步计算或操作数据。

如 ChatGPT 所述，函数的返回值是函数返回给调用者的值，可以理解为函数的输出结果。但这个“输出”与 print 输出不同，不是直接显示在控制台，而是需要赋值给变量才能继续使用。

7.2 函数的使用

在代码中使用函数，主要是两个操作：调用函数和定义函数。

7.2.1 调用函数

调用函数指的是在程序中使用已经定义好的函数的过程，即通过函数名称和参数列表来执行该函数并获得返回值。

在 Python 中调用函数很简单，只需要使用函数名并传入相应的参数即可。以下是调用函数的基本语法。

```
函数名(参数1, 参数2, ...)
```

函数名后面跟英文括号，括号里是传递给函数的参数。如果函数不需要参数，则省略括号中的内容。

Python 内置了一些实用函数可以直接被开发者调用，在我们最开始接触 Python 代码的时候就已经使用过。

```
print("Hello World!")
```

print 是函数名，括号里的字符串是传递给函数的参数。

在前面的章节中，我们已经多次调用过函数。

【示例 7-1 程序】

在编辑器中输入如下示例程序并运行。

第 1 行：通过 input 函数从控制台获取用户输入，参数是一句提示字符串，返回值是用户的输入内容。将返回值赋值给变量 a。

第 2 行：通过 int 函数将 a 的值转换成整数型，参数是字符串 a，返回值是转换成的对应整数。将返回值再次赋值给 a。

第 3 行：通过 range 函数生成一个整数序列，参数是序列的结束值，返回值是从 0 到 a（不包括 a）的整数序列。用 for 循环遍历这个序列。

第 4 行：每次循环中，通过 print 函数向控制台输出当前循环变量的值，参数是要输出的变量 i，另一个参数 end 是结束字符，此处设置为空格。print 没有返回值，也就不需要再进行赋值。

示例 7-1

```
a = input('请输入一个整数：')
a = int(a)
for i in range(a):
    print(i, end=' ')
```

这段代码中用到了 4 个我们之前已经使用过的 Python 内置函数：input、int、range、print。保存并运行程序，结果如图 7-1 所示。

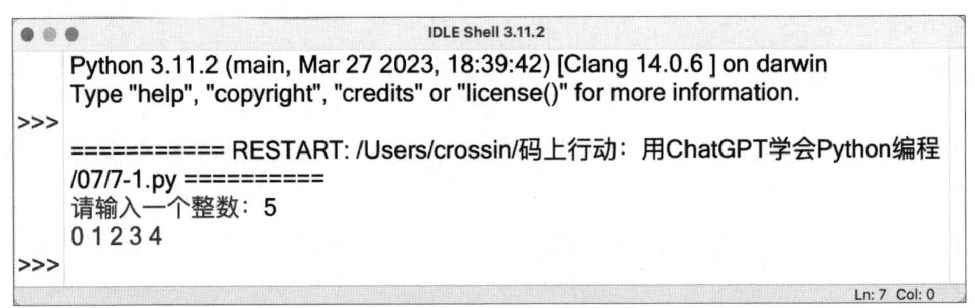

图 7-1　示例 7-1 运行结果

函数的调用并不复杂，但函数参数的传递却有多种不同的方式。我们将在 7.3 节中详细讲解。

7.2.2 定义函数

除了使用 Python 内置函数或其他模块中别人定义好的函数，我们在程序中也可以定义自己的函数。定义函数就是创建一个函数并给它一个名称。函数的定义一般包括函数名、参数列表和函数体。

在 Python 中，可以使用 def 关键字来定义函数，其基本语法如下。

```
def 函数名(参数列表):
    """ 文档字符串 """
    函数功能代码块
    return 返回值
```

- def 关键字表示定义一个函数，第一行是函数头，末尾需要有一个英文冒号。以下部分是函数体，代码需要缩进。
- 函数的命名规则与变量命名规则相同，即由字母、数字、下划线组成，数字不能开头，区分大小写。函数名可以使用中文，但一般不建议这么做。
- 函数名后的英文括号内为参数列表，多个参数用逗号隔开，没有参数则留空，但括号不能省略。
- 文档字符串用三引号字符串表示，用于描述函数的功能和使用方法，这个不是必须的。
- return 为函数的返回语句，后面跟函数返回值。如果 return 后没有返回值，则返回空值 None。如果函数内没有 return，则在函数体代码块运行完毕后自动返回空值 None 并结束。return 语句不一定要在函数体的末尾，一个函数体内也可以有多个 return 语句，一旦程序执行到 return 语句，就会结束函数并返回。

了解了定义函数语法规则，我们来自己定义一个函数。

【示例 7-2 程序】

在编辑器中输入如下示例程序并运行。

第 1 行：通过 def 关键字定义函数 join_int，函数有两个参数 x 和 y。

第 2 行：通过三引号定义函数的文档字符串。

第 3 行：将 x 和 y 转换成字符串型之后相加，再将相加后的结果转换成整数型，赋值给变量 result。

第 4 行：返回 result 的值。

第 5 行：调用函数 join_int，传递参数为 20 和 23，返回值赋值给变量 z。

第 6 行：输出变量 z。

第 7 行：通过 help 函数查看函数的说明文档。

示例 7-2

```
1. def join_int(x, y):
2.     """ 将两个整数拼接为新的整数 """
3.     result = int(str(x) + str(y))
4.     return result
5. z = join_int(20, 23)
6. print(z)
7. help(join_int)
```

help 函数也是 Python 的内置函数，用来查看函数或类型的说明文档。由于我们设置了函数的文档字符串，会在调用 help 时被输出。

保存并运行程序，结果如图 7-2 所示。

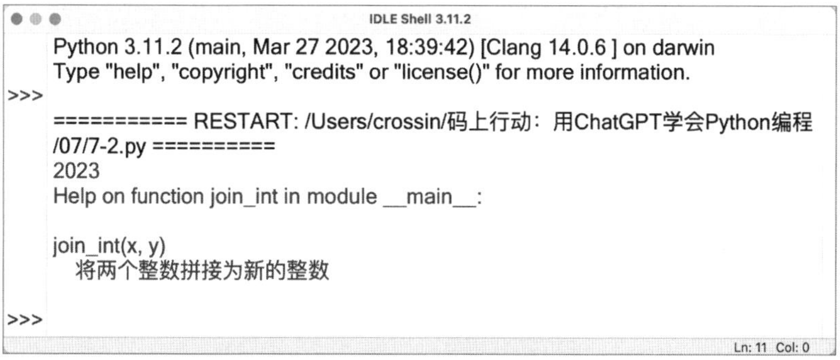

```
IDLE Shell 3.11.2
Python 3.11.2 (main, Mar 27 2023, 18:39:42) [Clang 14.0.6 ] on darwin
Type "help", "copyright", "credits" or "license()" for more information.
>>>
=========== RESTART: /Users/crossin/码上行动：用ChatGPT学会Python编程
/07/7-2.py ==========
2023
Help on function join_int in module __main__:

join_int(x, y)
    将两个整数拼接为新的整数

>>>
Ln: 11  Col: 0
```

图 7-2　示例 7-2 运行结果

Python 支持嵌套函数，即在一个函数体中再定义一个函数。外层函数体内可以直接调用内层函数，但在外层函数的外部无法直接调用内层函数。

【示例 7-3 程序】

在编辑器中输入如下示例程序并运行。

第 1 行：通过 def 关键字定义函数 outer，函数无参数。

第 2 行：在 outer 函数内部再通过 def 关键字定义函数 inner，函数无参数。

第 3 行：在 inner 函数内部输出一行文字。

第 4 行：outer 函数返回 inner 函数。

第 5 行：调用函数 outer，返回值赋值给变量 f。

第 6 行：调用函数 f。

示例 7-3

```
1. def outer():
2.     def inner():
3.         print("这是一个嵌套函数")
4.     return inner
5. f = outer()
6. f()
```

代码中的 inner 函数是定义在 outer 函数内部的，所以在 outer 函数外部无法直接被调用。如果要在 outer 函数外部调用 inner 函数，需要通过返回一个函数对象的方式来实现。在代码中，inner 函数被作为返回值，赋值给了变量 f，进而被调用。

保存并运行程序，结果如图 7-3 所示。

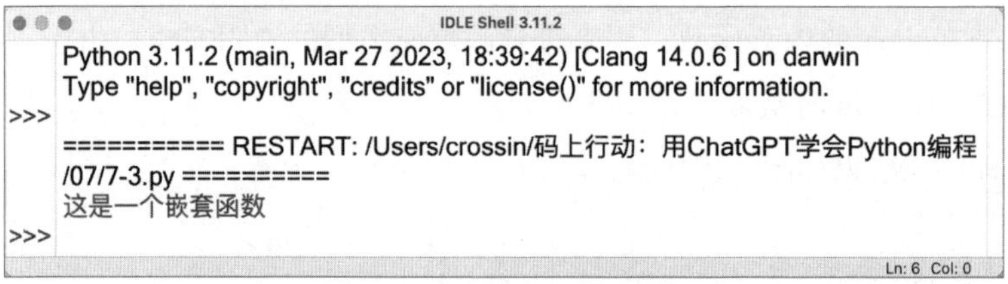

```
IDLE Shell 3.11.2
Python 3.11.2 (main, Mar 27 2023, 18:39:42) [Clang 14.0.6 ] on darwin
Type "help", "copyright", "credits" or "license()" for more information.
>>>
=========== RESTART: /Users/crossin/码上行动：用ChatGPT学会Python编程
/07/7-3.py ==========
这是一个嵌套函数
>>>
Ln: 6  Col: 0
```

图 7-3　示例 7-3 运行结果

7.3 函数的参数

在函数的调用和定义中，都涉及了参数的设置。那么函数定义时设定的参数和函数调用时传递的参数有什么异同，为什么有时候参数前面要加上一个赋值语句，下面将详细讲解。

7.3.1 ChatGPT 讲解知识点——形参和实参

我们先借助 ChatGPT 来了解一下形参和实参的概念。

提问：什么是函数的形参和实参？

ChatGPT:

在 Python 中，函数定义时的参数列表中包含的参数称为形式参数（形参），它们是函数的参数声明。函数被调用时，传递给函数的值称为实际参数（实参），它们是函数的参数实际值。

换句话说，函数定义时的参数列表中的参数是形式参数，函数被调用时传递给函数的值是实际参数。

举个例子，下面是一个简单的函数定义，其中 x 和 y 是形式参数。

```
def add(x, y):
    result = x + y
    return result
```

当我们调用该函数时，需要传递实际参数，如下所示。

```
a = 1
b = 2
c = add(a, b)  # a 和 b 是实际参数
```

在上面的代码中，变量 a 和 b 是函数 add() 的实参，它们被传递给函数 add()，并将它们的值分别赋给 x 和 y 形参。函数 add() 执行 x + y 的操作，并返回结果 3，这个结果被赋值给变量 c。

在 Python 中，函数的形参和实参都可以是任何类型的对象，包括基本类型、容器类型和自定义类型等。函数调用时，实参的值会被传递给形参，函数体中使用的变量实际上是形参的别名。

通过 ChatGPT 的解释可以知道，函数定义里的参数叫作形参，函数调用时的参数叫作实参。这里可以理解为，在执行函数体之前，做了一次赋值操作，把实参的值赋值给形参，然后在函数体内部对形参进行操作。

在调用函数时，实参默认会按照顺序赋值给形参，这种参数传递方式叫作位置参数。

7.3.2 函数的默认参数

在 Python 中，函数的形参可以设置默认值，这样在函数被调用时，如果没有为该参数传递实际参数，就会使用默认值。

设置默认参数的语法是在函数定义时使用赋值运算符（=）将默认值分配给形参。

【示例 7-4 程序】

在编辑器中输入如下示例程序并运行。

第 1 行：通过 def 关键字定义函数 join_int，函数有两个参数 x 和 y，其中参数 y 的默认值为 0。

第 2 行：将 x 和 y 转换成字符串型之后相加，再将相加后的结果转换成整数型，赋值给变量 result。

第 3 行：返回 result 的值。

第 4 行：调用函数 join_int，传递参数为 20，返回值赋值给变量 z。

第 5 行：输出变量 z。

示例 7-4

```
1. def join_int(x, y=0):
2.     result = int(str(x) + str(y))
3.     return result
4. z = join_int(20)
5. print(z)
```

这段代码是在示例 7-2 的基础之上，给参数 y 设置了一个默认值。函数体中的功能代码没有改动。在调用函数时，只传递了一个参数，于是形参 y 就会被赋值为默认参数 0。

保存并运行程序，结果如图 7-4 所示。

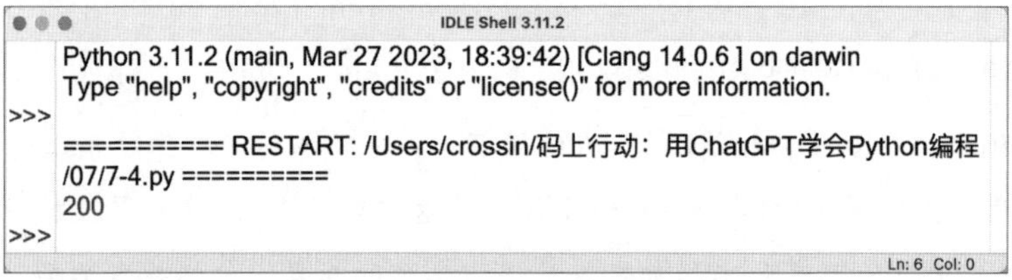

```
IDLE Shell 3.11.2
Python 3.11.2 (main, Mar 27 2023, 18:39:42) [Clang 14.0.6 ] on darwin
Type "help", "copyright", "credits" or "license()" for more information.
>>>
=========== RESTART: /Users/crossin/码上行动：用ChatGPT学会Python编程
/07/7-4.py ==========
200
>>>
Ln: 6  Col: 0
```

图 7-4　示例 7-4 运行结果

如果函数中有多个参数设置了默认值，那么在调用时，可以只传递部分参数。按照位置参数的传递规则，参数会根据函数定义的顺序赋值给形参。或者也可以使用赋值运算符（=）来指定需要赋值的形参，这种参数传递方式叫作关键字参数。

【示例 7-5 程序】

在编辑器中输入如下示例程序并运行。

第 1 行：通过 def 关键字定义函数 join_int，函数有两个参数 x 和 y，其中参数 x 的默认值为 1，参数 y 的默认值为 0。

第 2 行：将 x 和 y 转换成字符串型之后相加，再将相加后的结果转换成整数型，赋值给变量 result。

第 3 行：返回 result 的值。

第 4 行：调用函数 join_int，传递参数为 30，输出返回值。

第 5 行：调用函数 join_int，指定参数 y 为 88，输出返回值。

第 6 行：调用函数 join_int，不提供参数，输出返回值。

示例 7-5

```
1. def join_int(x=1, y=0):
2.     result = int(str(x) + str(y))
3.     return result
4. print(join_int(30))
5. print(join_int(y=88))
6. print(join_int())
```

保存并运行程序，结果如图 7-5 所示。从结果中可以看出，如果只给一个参数，就会赋值给 x；而如果只指定了形参 y，则 x 会使用默认值；如果什么参数都不给，两个形参都会使用默认值。

```
IDLE Shell 3.11.2
    Python 3.11.2 (main, Mar 27 2023, 18:39:42) [Clang 14.0.6 ] on darwin
    Type "help", "copyright", "credits" or "license()" for more information.
>>>
    =========== RESTART: /Users/crossin/码上行动：用ChatGPT学会Python编程
    /07/7-5.py ==========
    300
    188
    10
>>>
                                                        Ln: 8  Col: 0
```

图 7-5　示例 7-5 运行结果

需要注意的是，定义函数时，有默认值的参数必须在没有默认值的参数之后。比如下面这样的写法是错误的：

```
def join_int(x=0, y):
```

有默认值的形参 x 出现在了无默认值的形参 y 前面，这是无效的函数定义，会触发 SyntaxError 语法错误。

调用函数时也一样，关键字参数必须放在位置参数后面。比如：

```
join_int(y=30, 88)
```

位置参数 88 放在了关键字参数 y=30 之后，会触发 SyntaxError 语法错误。

另外，关键字参数和位置参数不能重复。比如：

```
join_int(30, x=88)
```

位置参数和关键字参数都会向 x 传递参数，会触发 TypeError 类型错误。

7.4 ChatGPT 讲解知识点——匿名函数

下面我们让 ChatGPT 来介绍一种特殊的函数，它可以没有函数名，所以叫作匿名函数。

提问：什么是 Python 的匿名函数?

ChatGPT:

在 Python 中，匿名函数也称为 lambda 函数，是一种可以定义简单函数的方式，它不需要使用 def 语句来定义函数，而是使用关键字 lambda 来创建一个函数对象。匿名函数通常用于函数体非常简单的情况，用一行代码就可以定义函数。

lambda 函数的语法如下。

```
lambda arguments: expression
```

其中 arguments 是参数列表，expression 是函数体表达式。当你调用 lambda 函数时，它将执行表达式并返回结果。

下面是一个简单的例子，展示了如何使用 lambda 函数来计算两个数的和。

```
add = lambda a, b: a + b
print(add(3, 4))  # 7
```

在上面的代码中，我们定义了一个 lambda 函数，并赋值给变量 add，于是 add 就成了一个函数，它接收两个参数 a 和 b，并返回它们的和。我们调用 add 函数，并传递 3 和 4 作为参数，结果得到 7。

除了定义简单函数，lambda 函数还可以与其他 Python 函数一起使用。一个常见的用途是使用 lambda 函数作为列表的排序函数。例如，可以使用 lambda 函数按字符串长度对列表中的元素进行排序。

```
words = ['banana', 'apple', 'pear', 'watermelon']
words_sorted = sorted(words, key=lambda x: len(x))
print(words_sorted)  # ['pear', 'apple', 'banana', 'watermelon']
```

在上面的代码中，我们使用 sorted() 函数将列表 words 中的单词按长度排序，使用 lambda 函数将单词的长度作为排序键。

需要注意的是，lambda 函数通常只用于编写简短、不复杂的代码。如果函数体比较复杂，那么建议使用 def 语句来定义函数，这样代码更易于阅读和理解。

通过 ChatGPT 的介绍我们可以了解到，匿名函数，也就是 lambda 函数是 Python 中一种定义简单函数的快捷方式。上面 ChatGPT 给出的匿名函数的语法，如果用 def 来定义的话，就等价于：

```
def 函数名 (arguments):
    return expression
```

可以看出，匿名函数虽然简洁，但不方便增加复杂的函数体。另外由于没有函数名，无法直接被重复使用，必须先赋值给一个变量再进行调用。

所以匿名函数通常是和其他函数或类型结合使用，比如 ChatGPT 举例的列表排序。这一操作我们将在第 8 章中的列表部分详细讲解。

7.5 变量的作用域

前面我们已经了解到，函数的参数分为形参和实参，形参是函数定义里的参数，在函数内部；实参是函数调用时的参数，在函数外部。

那么，能不能在函数内部使用外部的变量，或者在函数外部使用函数的形参呢？这里涉及变量作用域的概念。

变量的作用域指的是在程序中变量可以被访问的范围。Python 中有四种作用域。

1. 局部作用域（Local scope）：定义在函数内部的变量是局部变量，它们的作用域仅限于函数内部。

2. 嵌套作用域（Enclosing scope）：当函数嵌套时，内部函数可以访问外部函数的变量，这些变量属于嵌套作用域。

3. 全局作用域（Global scope）：定义在函数外部的变量是全局变量，它们的作用域是整个程序。

4. 内置作用域（Built-in scope）：Python 解释器中已经定义好的函数和变量的作用域属于内置作用域，这些函数和变量可以直接在程序中使用。

下面我们将针对最常见的两种作用域——局部作用域和全局作用域——进行详细讲解。

7.5.1 局部作用域

在 Python 中，局部变量是在函数内部定义的变量，它们的作用域仅限于函数内部，称为局部作用域。当函数被调用时，会为每个局部变量分配内存空间，当函数执行完毕后，这些变量的内存空间会被释放。

局部变量的作用是在函数内部临时存储数据，这些变量只能在函数内部被使用，如果在函数外部使用局部变量，将会触发 NameError 错误。

函数的形参也是局部作用域，无法在函数外部被访问。

【示例 7-6 程序】

在编辑器中输入如下示例程序并运行。

第 1 行：定义函数 foo。

第 2、3 行：函数内将变量 x 赋值为 10，并输出 x 的值。

第 4 行：调用函数 foo。

第 5 行：输出 x 的值。

示例 7-6

```
1. def foo():
2.     x = 10
```

```
3.     print(" 函数内的 x =", x)
4. foo()
5. print(" 函数外的 x =", x)
```

保存并运行程序，结果如图 7-6 所示。这段程序是无法正常运行的。从运行结果中可以看到，函数内的 x 值被输出了，但在函数外输出时，报 NameError 错误，提示 x 没有被定义。

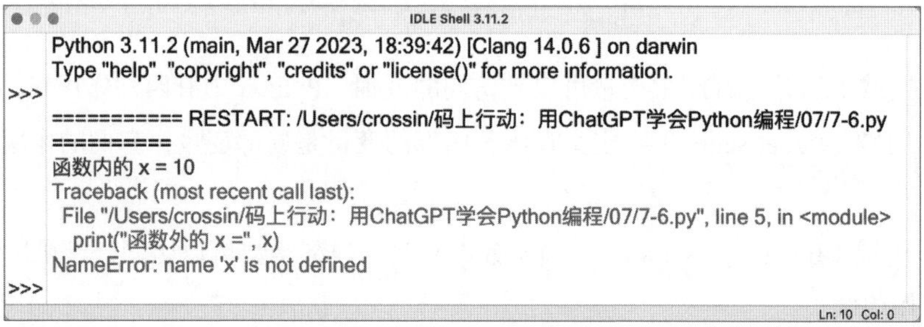

```
IDLE Shell 3.11.2
Python 3.11.2 (main, Mar 27 2023, 18:39:42) [Clang 14.0.6 ] on darwin
Type "help", "copyright", "credits" or "license()" for more information.
>>>
=========== RESTART: /Users/crossin/码上行动：用ChatGPT学会Python编程/07/7-6.py
==========
函数内的 x = 10
Traceback (most recent call last):
  File "/Users/crossin/码上行动：用ChatGPT学会Python编程/07/7-6.py", line 5, in <module>
    print("函数外的 x =", x)
NameError: name 'x' is not defined
>>>
                                                            Ln: 10  Col: 0
```

图 7-6　示例 7-6 运行结果

7.5.2 全局作用域

在 Python 中，全局变量是在函数外部定义的变量，它们的作用域是整个程序，称为全局作用域。全局变量不受函数的限制，可以在程序的任何地方被访问。

【示例 7-7 程序】

在编辑器中输入如下示例程序并运行。

第 1 行：创建变量 x 并赋值为 10。

第 2 行：定义函数 foo。

第 3 行：函数内输出 x 的值。

第 4 行：调用函数 foo。

第 5 行：输出 x 的值。

示例 7-7

```
1. x = 10
2. def foo():
3.     print(" 函数内的 x =", x)
4. foo()
5. print(" 函数外的 x =", x)
```

保存并运行程序，结果如图 7-7 所示。从运行结果中可以看到，函数中没有创建局部变量 x，也没有通过参数传递，但同样可以输出 x 的值。函数内的 x 和函数外的 x 是同一个变量，是全局作用域。

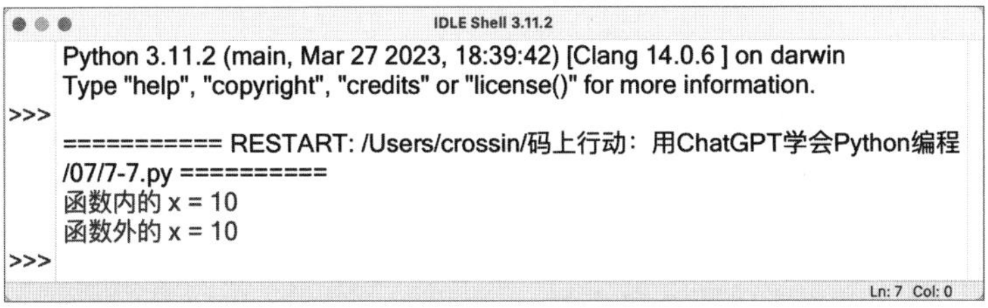

```
IDLE Shell 3.11.2
Python 3.11.2 (main, Mar 27 2023, 18:39:42) [Clang 14.0.6 ] on darwin
Type "help", "copyright", "credits" or "license()" for more information.
>>>
=========== RESTART: /Users/crossin/码上行动：用ChatGPT学会Python编程
/07/7-7.py ==========
函数内的 x = 10
函数外的 x = 10
>>>
Ln: 7 Col: 0
```

图 7-7　示例 7-7 运行结果

但要注意，如果函数内也赋值了一个同名变量，则该变量会成为局部变量，与外部的全局变量不再相同。

【示例 7-8 程序】

在编辑器中输入如下示例程序并运行。

第 1 行：创建变量 x 并赋值为 10。

第 2 行：定义函数 foo。

第 3、4 行：函数内将变量 x 赋值为 20，并输出 x 的值。

第 5 行：调用函数 foo。

第 6 行：输出 x 的值。

示例 7-8

```
1. x = 10
2. def foo():
3.     x = 20
4.     print(" 函数内的 x =", x)
5. foo()
6. print(" 函数外的 x =", x)
```

保存并运行程序，结果如图 7-8 所示。从运行结果中可以看到，函数中变量 x 的值是 20，但调用函数之后，函数外变量 x 的值仍然是 10，说明函数内外是不同的变量，函数内的 x 是局部作用域。

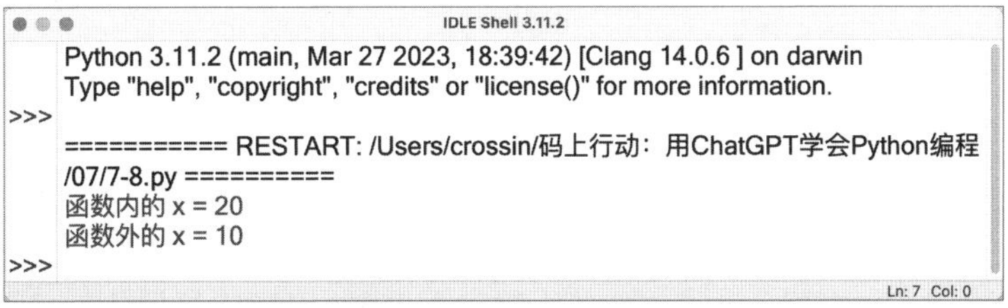

```
IDLE Shell 3.11.2
Python 3.11.2 (main, Mar 27 2023, 18:39:42) [Clang 14.0.6 ] on darwin
Type "help", "copyright", "credits" or "license()" for more information.
>>>
=========== RESTART: /Users/crossin/码上行动：用ChatGPT学会Python编程
/07/7-8.py ==========
函数内的 x = 20
函数外的 x = 10
>>>
Ln: 7 Col: 0
```

图 7-8　示例 7-8 运行结果

如果希望在函数内部可以对全局变量 x 的值进行修改，可以使用关键字 global 来声明全局变量。

【示例 7-9 程序】

在编辑器中输入如下示例程序并运行。

第 1 行：创建变量 x 并赋值为 10。

第 2 行：定义函数 foo。

第 3 行：通过 global 关键字声明全局变量 x。

第 4、5 行：函数内将变量 x 赋值为 20，并输出 x 的值。

第 6 行：调用函数 foo。

第 7 行：输出 x 的值。

示例 7-9

```
1. x = 10
2. def foo():
3.     global x
4.     x = 20
5.     print(" 函数内的 x =", x)
6. foo()
7. print(" 函数外的 x =", x)
```

保存并运行程序，结果如图 7-9 所示。从运行结果中可以看到，增加了 global 声明之后，函数外变量 x 的值在函数调用后变成了 20，说明函数内外是同一个变量，是全局作用域。

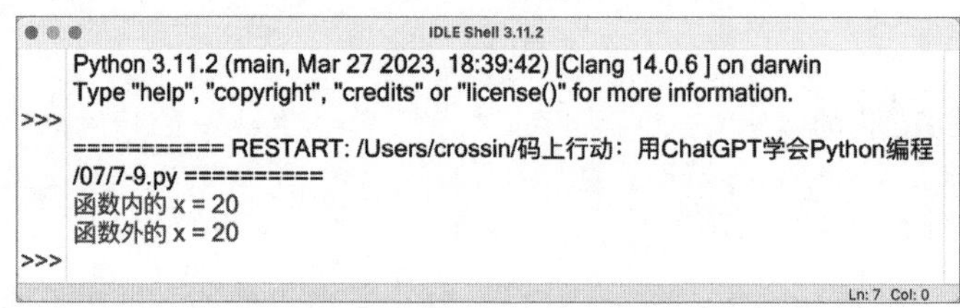

图 7-9　示例 7-9 运行结果

虽然通过 global 关键字可以直接修改全局变量的值，但在实际开发中应避免滥用全局变量，否则会降低程序的可读性，且容易导致命名冲突。

7.6 ChatGPT 演示代码——绘制字符方阵

接下来，我们将用函数实现一个绘制字符方阵的小程序。函数需根据传入的宽度、高度和字符，在控制台输出一个字符方阵，默认使用星号（*）绘制。

一起来看看 ChatGPT 如何实现这个函数。

提问：用 Python 实现一个函数，根据指定宽度、高度和字符，绘制出一个方阵，默认使用 * 字符。

ChatGPT:

可以使用 Python 的嵌套循环来实现这个功能。具体来说，内部循环用于在每一行中输出字符，而外部循环用于输出所有行。下面是一个实现示例。

```
def draw_matrix(width, height, char='*'):
    for row in range(height):
        for col in range(width):
            print(char, end='')
        print()
```

该函数接受三个参数：width 表示方阵的宽度，height 表示方阵的高度，char 表示要绘制的字符，默认为 *。函数通过嵌套循环在控制台输出指定大小的方阵。

以下是该函数的使用示例。

```
draw_matrix(5, 3)  # 绘制一个 5×3 的方阵，使用默认字符 *
```

运行结果如下。

```
*****
*****
*****
```

如果希望使用其他字符，可以传入一个字符参数，如下所示。

```
draw_matrix(4, 4, '#')  # 绘制一个 4×4 的方阵，使用 # 字符
```

运行结果如下。

```
####
####
####
####
```

ChatGPT 给出的函数有三个参数，分别是宽度 width、高度 height 和绘制字符 char，其中 char 有默认值“*”。函数体中通过两层嵌套循环输出了字符方阵。在调用函数时，可以省略第三个参数 char，也可以指定为其他字符替换默认值。

从示例中可以看到，由于定义了函数，每次只要用不同的参数调用函数，就可以绘制出不同的字符方阵，而不需要重复写绘制的代码。如果需要将代码修改成由用户在控制台输入方阵参数，也只需要加上几行 input 语句，然后用输入的值调用函数即可，非常方便。可见，函数明显提高了程序的可读性和可维护性。

将代码合并复制到编辑器中，保存并运行，结果如图 7-10 所示。

```
IDLE Shell 3.11.2
Python 3.11.2 (main, Mar 27 2023, 18:39:42) [Clang 14.0.6 ] on darwin
Type "help", "copyright", "credits" or "license()" for more information.
>>>
======== RESTART: /Users/crossin/码上行动：用ChatGPT学会Python编程
/07/7.6绘制字符方阵.py =======
*****
*****
*****
####
####
####
####
>>>
Ln: 12 Col: 0
```

图 7-10　ChatGPT 演示代码运行结果

 7.7 ChatGPT 答疑解惑

关于函数方面的更多问题，我们来看看 ChatGPT 的解答。

7.7.1 Python 内置函数

前面我们已经用到了一些 Python 的内置函数，那么 Python 中还为开发者提供了哪些内置函数呢？让 ChatGPT 给我们列举一下。

提问：Python 中有哪些常用内置函数？

ChatGPT:

以下是 Python 3.10 版本中的所有内置函数列表（按字母顺序排列）。

```
A
abs()    aiter()    all()    any()    anext()    ascii()
B
bin()    bool()    breakpoint()    bytearray()    bytes()
C
callable()    chr()    classmethod()    compile()    complex()
D
delattr()    dict()    dir()    divmod()
E
enumerate()    eval()    exec()
F
filter()    float()    format()    frozenset()
G
getattr()    globals()
H
hasattr()    hash()    help()    hex()
I
```

```
id()    input()    int()    isinstance()    issubclass()    iter()
L
len()    list()    locals()
M
map()    max()    memoryview()    min()
N
next()
O
object()    oct()    open()    ord()
P
pow()    print()    property()
R
range()    repr()    reversed()    round()
S
set()    setattr()    slice()    sorted()    staticmethod()    str()    sum()
super()
T
tuple()    type()
V
vars()
Z
zip()
_
__import__()
```

其中比较常用的一些函数作用如下。

- print()：输出指定的内容到控制台。
- input()：从用户获取输入，并返回一个字符串。
- len()：返回指定对象的长度或元素个数。
- range()：生成一个指定范围内的整数序列。
- type()：返回指定对象的数据类型。
- str()：将指定的对象转换为字符串。
- int()：将指定的对象转换为整数。
- float()：将指定的对象转换为浮点数。
- bool()：将指定的对象转换为布尔值。
- list()：将指定的对象转换为列表。
- tuple()：将指定的对象转换为元组。
- set()：将指定的对象转换为集合。
- dict()：将指定的对象转换为字典。
- sorted()：对指定的可迭代对象进行排序，并返回排序后的结果。

- max()：返回指定对象中的最大值。
- min()：返回指定对象中的最小值。
- sum()：返回指定对象中所有元素的和。
- abs()：返回指定数字的绝对值。
- pow()：返回指定数字的幂次方值。
- round()：返回指定数字的四舍五入值。

需要注意的是，Python 版本不同，内置函数数量也会有所不同。此外，Python 还支持扩展模块和第三方库，通过导入这些模块和库，可以使用更多的函数和工具来完成各种任务。

7.7.2 递归函数

在函数体内可以调用其他的函数，比如我们前面的示例中调用了 print、input、range 等函数。那么如果一个函数在函数体里调用自身会发生什么情况呢？让 ChatGPT 为我们讲解一下这种特殊的函数调用。

提问：一个函数调用自己会发生什么情况？

ChatGPT:

当一个函数在执行过程中调用自己，这个过程称为递归（Recursion）。

递归是一种非常有用的编程技巧，通常用于处理具有递归结构的问题，比如树形结构、分形图形等。递归的基本思想是将一个大问题拆分成多个小问题，并逐步解决每个小问题，直到最终解决大问题。

当一个函数调用自己时，会创建一个新的函数调用栈，用于保存函数调用时的参数、局部变量等信息。每次调用自己都会创建一个新的函数调用栈，直到达到递归的终止条件。在终止条件满足时，递归开始返回，每个函数调用栈都会依次被弹出，直到返回到最初的函数调用处。

需要注意的是，递归调用会消耗系统的堆栈空间，如果递归深度过大，可能会导致堆栈溢出等问题。因此，在使用递归时，需要注意设置递归的终止条件，并控制递归深度。

以下是一个简单的递归例子，用于计算一个整数的阶乘。

```
def factorial(n):
    if n == 0:
        return 1
    else:
        return n * factorial(n-1)
```

在这个例子中，factorial() 函数用于计算一个整数 n 的阶乘。当 n 为 0 时，递归终止，返回 1；否则，递归调用 factorial() 函数计算 n 减 1 的阶乘，然后将结果乘以 n，最终返回结果。

例如，计算 5 的阶乘，调用 factorial(5)，将依次执行以下步骤。

1. factorial(5) 调用 factorial(4)

2. factorial(4) 调用 factorial(3)

3. factorial(3) 调用 factorial(2)

4. factorial(2) 调用 factorial(1)

5. factorial(1) 调用 factorial(0)

6. factorial(0) 返回 1

7. factorial(1) 返回 1

8. factorial(2) 返回 2

9. factorial(3) 返回 6

10. factorial(4) 返回 24

11. factorial(5) 返回 120

因此，factorial(5) 的结果为 120。

通过 ChatGPT 的回答我们可以了解到，在函数内调用自身是可以正常运行的，并且这是一种有用的编程技巧，适用于处理具有递归结构的问题。使用递归实现的函数往往都很简洁，但对于新手来说会有些难度，需要在对函数调用的过程充分理解的基础上才能灵活运用。另外，在编写递归函数时一定要注意终止条件和递归深度。

7.7.3 快速了解函数用法

新手常会有这样一个疑问：Python 中有那么多函数，我怎么知道每个函数的用法是什么？这个问题我们来问一下 ChatGPT。

提问：如何快速了解一个函数的用法？

ChatGPT:

快速了解一个函数的用法，可以通过以下几种途径。

1. 使用内置函数 help()：在交互式环境下，输入 help (函数名)，可以查看函数的文档字符串，其中包含了函数的用法说明和参数列表等信息。

2. 使用 Python 标准库中的文档：Python 标准库中包含了众多常用的模块和函数，官方提供了详细的文档，可以在 Python 官网上查看和下载。可以在文档中找到所需函数的用法说明和示例代码等信息。

3. 使用第三方文档和工具：除了官方文档，还有很多第三方文档和工具可以帮助快速了解函数的用法。例如，可以使用 Pydoc 工具生成函数的文档，或者在网上搜索相关的教程和示例代码等。

4. 查看函数源代码：在编辑器或 IDE 中，可以直接查看函数的源代码，了解函数实现的细节和具体实现方法。这种方式需要对 Python 语言有一定的了解和掌握，适合对函数有深入了解的开发者。

在查阅函数说明时，可以注意以下几点。

1. 函数的用法和参数含义：在查看函数的文档时，需要了解函数的用法和参数含义，这有助于正确地使用函数。

2. 参数的默认值：许多函数都有默认值，这些默认值可以简化函数的使用。查看函数文档时，需要注意参数的默认值，以确保使用正确的参数。

3. 返回值的类型和意义：函数的返回值类型和意义对于调用者来说非常重要。在查看函数文档时，需要注意返回值的类型和意义。

4. 参数的顺序和类型：在使用函数时，需要注意参数的顺序和类型。查看函数文档时，需要了解参数的顺序和类型，以确保使用正确的参数。

5. 示例代码和说明：函数文档中通常会包含一些示例代码和说明，这些示例代码和说明有助于理解函数的使用方法和参数含义。在查看函数文档时，需要注意这些示例代码和说明。

6. 注意文档版本和更新时间：Python 的函数库不断更新和演进，不同版本的 Python 可能存在函数库的差异。在查看函数文档时，需要注意文档版本和更新时间，以确保使用的是最新版本的文档。

ChatGPT 给出的几个途径都是了解函数用法的常用方式。另外，如果使用的是第三方代码，通常也会有官方文档供开发者学习和查阅。读者可以按照 ChatGPT 说的几个注意点，尝试阅读常用的 Python 内置函数，以熟悉这一过程，逐渐培养查询文档的能力。

本章小结

本章主要讲解了 Python 中的函数及其使用方法。首先介绍了函数的概念，包括参数和返回值，以及函数的调用和定义。然后详细讨论了函数参数的各种用法。最后结合代码实例演示了不同作用域对于变量使用的影响。通过学习本章内容，读者可以更深入地了解 Python 中函数的使用，以及如何更好地使用函数来提高代码的可重用性和可读性。

第 8 章

列　表

★本章导读★

在前面的章节中我们讲到，除了基本数据类型，还有复合数据类型，用来存储一组数据，包括列表、字典等。有了复合数据类型，对于复杂数据的操作就更方便了。本章我们来了解 Python 中最常用的复合数据类型之一——列表。

★知识要点★

通过本章内容的学习，读者能掌握以下知识：

◆ 掌握列表的创建及常用操作

◆ 了解字符串与列表之间的异同

8.1 ChatGPT 讲解知识点——列表

列表是在编程语言中被普遍使用的一种数据结构，用来存储一组数据。我们通过 ChatGPT 来了解一下列表相关的概念。

8.1.1 什么是列表

先让 ChatGPT 介绍一下什么是列表。

提问：什么是列表？

ChatGPT:

列表（list）是计算机编程中一种常用的数据结构，它是由一系列有序的元素组成的集合。在大多数编程语言中，列表可以包含任意类型的元素，通常用于存储一组相似的数据，如数字、字符串或对象等。列表中的每个元素都可以通过一个索引（index）来访问，索引从 0 开始计数。列表通常用方括号 [] 来表示，其中的元素之间用逗号分隔。在许多编程语言中，列表被用作数组或向量的基础。

列表通常是可变的，这意味着可以在运行时添加、删除和修改元素，这使得列表成为非常强大和灵活的数据结构。列表的长度是动态的，可以根据需要增加或减少。

在 Python 中，可以使用方括号操作符来访问列表中的元素，例如：

```
my_list = [1, 2, 3, 4, 5]
print(my_list[0]) # 输出：1
print(my_list[2]) # 输出：3
```

除了访问元素，列表还可以执行各种常见的操作，如添加元素、删除元素、排序、反转等。Python 中可以使用以下方法对列表进行修改和操作。

```
my_list.append(6)        # 添加一个新元素
my_list.remove(3)        # 删除一个元素
my_list.sort()           # 对列表进行排序
my_list.reverse()        # 反转列表
```

总的来说，列表是一种非常常用的数据结构，能够在许多编程任务中提供灵活和方便的解决方案。

从 ChatGPT 的回答中可以了解到，列表用来存储一组有序的、可变的数据，可以通过索引访问其中的元素，并且还提供了各种常见的操作。

8.1.2 列表有哪些方法

那么 Python 中的列表具体提供了哪些方法？让 ChatGPT 来给我们列举一下。

提问：Python 的列表提供了哪些方法？

ChatGPT:

Python 的列表是一种非常常用的数据结构，它提供了许多内置方法来方便地操作和修改列表。下面是 Python 中一些常用的列表方法。

1. append(x)：在列表末尾添加一个新元素 x。

2. extend(iterable)：在列表末尾添加可迭代对象 iterable 中的所有元素。

3. insert(i, x)：在列表的第 i 个位置插入元素 x。

4. remove(x)：删除列表中第一个出现的值为 x 的元素。

5. pop([i])：删除并返回列表中第 i 个元素（默认为最后一个元素）。

6. index(x[, start[, end]])：返回列表中第一个值为 x 的元素的索引。可选参数 start 和 end 指定搜索的起始和终止位置。

7. count(x)：返回列表中值为 x 的元素的个数。

8. sort(key=None, reverse=False)：对列表进行排序。可选参数 key 指定排序的关键字函数，

reverse=True 表示降序排序。

9. reverse()：反转列表中的元素顺序。

10. clear()：清空列表中的所有元素。

这些方法可以帮助我们更加方便地操作字典，并且提高了代码的可读性和可维护性。除此之外，Python 的列表还支持切片（slicing）操作，可以通过切片来获取子列表或修改指定范围内的元素。例如：

```
my_list = [1, 2, 3, 4, 5]
my_list[1:3] = [7, 8]
print(my_list) # 输出: [1, 7, 8, 4, 5]
```

这里，切片 my_list[1:3] 代表获取列表 my_list 中从索引 1 到索引 3（不包括索引 3）的子列表，然后将其替换为 [7, 8]。最终输出结果为 [1, 7, 8, 4, 5]。

ChatGPT 列举出了 Python 列表的常用方法，可以看出，这几乎涵盖了开发中可能用到的各种基本操作。有了这些方法，对于列表数据的处理就非常轻松了。

8.2 列表的常用操作

接下来我们将结合代码示例，给大家演示 Python 中列表的各种常用操作。

8.2.1 创建列表

在 Python 中，可以使用一对方括号 [] 来创建一个列表。列表中的元素可以是任何类型的数据，如数字、字符串、布尔值、对象等。多个元素用逗号（,）隔开，放在方括号内。如果方括号内不提供任何元素，则创建一个空列表。

【示例 8-1 程序】

在编辑器中输入如下示例程序并运行。

第 1 行：创建一个变量 a，并赋值为一对方括号。

第 2 行：输出 a 的值。

第 3 行：创建一个变量 b，并赋值为一组由方括号包括的数据。

第 4 行：输出 b 的值。

示例 8-1

```
1. a = []
2. print(a)
```

```
b = [1, 2, 3, 'a', True]
print(b)
```

保存并运行程序，结果如图 8-1 所示。从运行结果中可以看到，Python 的列表中可以同时包含不同类型的数据元素。

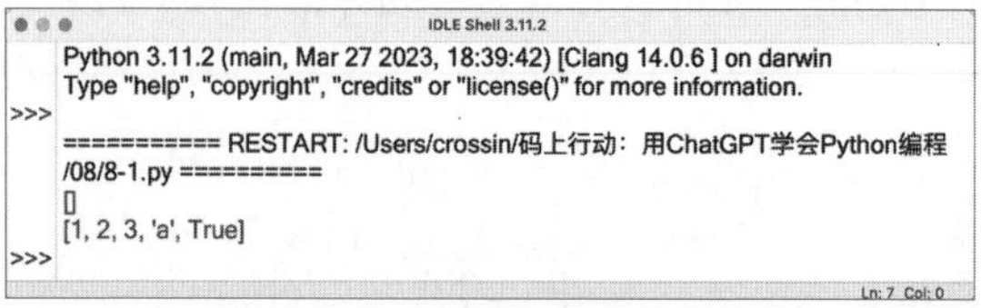

```
IDLE Shell 3.11.2
Python 3.11.2 (main, Mar 27 2023, 18:39:42) [Clang 14.0.6 ] on darwin
Type "help", "copyright", "credits" or "license()" for more information.
>>>
=========== RESTART: /Users/crossin/码上行动：用ChatGPT学会Python编程
/08/8-1.py ==========
[]
[1, 2, 3, 'a', True]
>>>
Ln: 7 Col: 0
```

图 8-1　示例 8-1 运行结果

既然列表中的元素可以是任何类型，那自然也可以是列表。

【示例 8-2 程序】

在编辑器中输入如下示例程序并运行。

第 1 行：创建一个变量 a，通过方括号赋值为一个列表。

第 2 行：输出 a 的值。

第 3 行：创建一个变量 b，通过方括号赋值为一个列表，元素中包含变量 a。

第 4 行：输出 b 的值。

示例 8-2

```
1. a = [1, 2, 3]
2. print(a)
3. b = [4, 5, 6, a]
4. print(b)
```

保存并运行程序，结果如图 8-2 所示。从运行结果中可以看到，创建 Python 列表时，可以通过变量设置列表元素，并且元素也可以是列表。

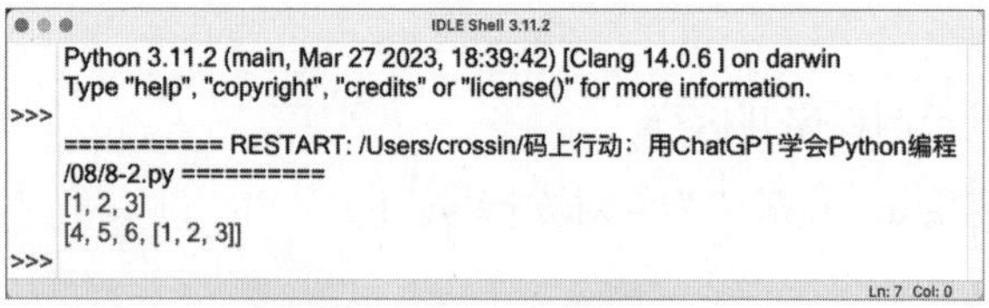

```
IDLE Shell 3.11.2
Python 3.11.2 (main, Mar 27 2023, 18:39:42) [Clang 14.0.6 ] on darwin
Type "help", "copyright", "credits" or "license()" for more information.
>>>
=========== RESTART: /Users/crossin/码上行动：用ChatGPT学会Python编程
/08/8-2.py ==========
[1, 2, 3]
[4, 5, 6, [1, 2, 3]]
>>>
Ln: 7 Col: 0
```

图 8-2　示例 8-2 运行结果

除了通过方括号，Python 中也可以通过 list 函数创建一个列表。list 函数可以传递可迭代对象作为参数，不添加参数将创建一个空列表。

【示例 8-3 程序】

在编辑器中输入如下示例程序并运行。

第 1 行：创建一个变量 a，并赋值为 list 函数的返回值。

第 2 行：输出 a 的值。

第 3 行：通过 list 函数将 range 函数的返回值转换成列表，赋值给变量 b。

第 4 行：输出 b 的值。

第 5 行：通过 list 函数将字符串转换成列表，赋值给变量 c。

第 6 行：输出 c 的值。

示例 8-3

```
1. a = list()
2. print(a)
3. b = list(range(5))
4. print(b)
5. c = list('Crossin')
6. print(c)
```

保存并运行程序，结果如图 8-3 所示。从运行结果中可以看到，list 函数可以创建一个空列表，也可以将可迭代类型的数据转换为列表。

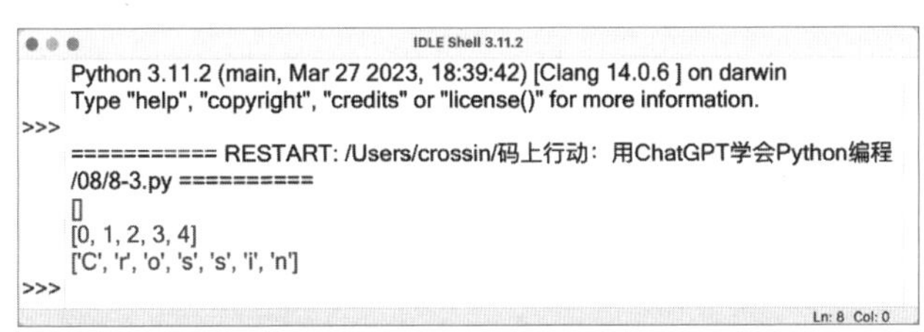

图 8-3　示例 8-3 运行结果

8.2.2 获取列表元素

在代码中使用列表，一定会涉及获取元素、修改元素、增加元素、删除元素这几种基本操作。下面逐一演示这些操作。

在介绍列表概念时已经提到，列表中的每个元素都可以通过一个索引（index）来访问。所谓索引，就是一组递增的计数序号，表示列表中元素的位置。但要注意，和日常计数不同的是，计算机中的索引从 0 开始，所以也可以理解为元素距离列表起始位置的偏移量。

Python 中通过方括号操作符来访问列表中某个索引位置的元素，语法为：

```
列表名 [ 索引 ]
```

索引必须是整数，且必须是列表中存在的位置，也就是要小于列表的长度，超出有效范围会触发 IndexError 索引错误。但索引可以是负数，表示从列表末尾倒数的位置，如索引 -1 表示最后一个元素。负数索引同样不能超出有效范围。

【示例 8-4 程序】

在编辑器中输入如下示例程序并运行。

第 1 行：创建一个变量 a，赋值为列表 [1, 2, 3]。

第 2 行：输出列表 a 中索引 0 对应的元素。

第 3 行：输出列表 a 中索引 2 对应的元素。

第 4 行：输出列表 a 中索引 -2 对应的元素。

第 5 行：输出列表 a 中索引 4 对应的元素。

示例 8-4

```
1. a = [1, 2, 3]
2. print(a[0])
3. print(a[2])
4. print(a[-2])
5. print(a[4])
```

保存并运行程序，结果如图 8-4 所示。从运行结果中可以看到，前面 3 行输出分别是列表中第 1 个、第 3 个和倒数第 2 个元素，而索引 4 超出了范围，导致代码报错。

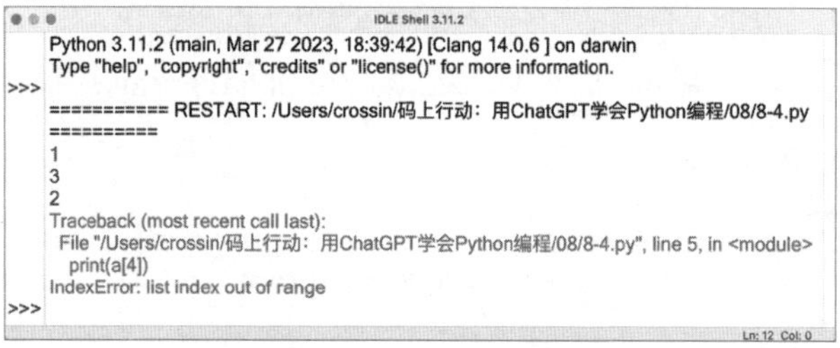

```
IDLE Shell 3.11.2
Python 3.11.2 (main, Mar 27 2023, 18:39:42) [Clang 14.0.6 ] on darwin
Type "help", "copyright", "credits" or "license()" for more information.
>>>
========== RESTART: /Users/crossin/码上行动：用ChatGPT学会Python编程/08/8-4.py
==========
1
3
2
Traceback (most recent call last):
  File "/Users/crossin/码上行动：用ChatGPT学会Python编程/08/8-4.py", line 5, in <module>
    print(a[4])
IndexError: list index out of range
>>>
Ln: 12  Col: 0
```

图 8-4　示例 8-4 运行结果

除了通过索引获取列表中的元素，还有一种常用的方法叫作遍历，用来依次获取列表中的每一个元素。之前我们在循环章节中提过，可以通过 for 循环遍历访问列表中的每个元素。

【示例 8-5 程序】

在编辑器中输入如下示例程序并运行。

第 1 行：创建一个变量 a，赋值为列表 [1, 2, 3]。

第 2 行：通过 for 循环遍历列表 a，循环变量为 i。

第 3 行：每次循环中输出 i 的值。

示例 8-5

```
1. a = [1, 2, 3]
2. for i in a:
3.     print(i)
```

保存并运行程序，结果如图 8-5 所示。从运行结果中可以看到，循环变量 i 在循环中被依次赋值为列表中的元素。

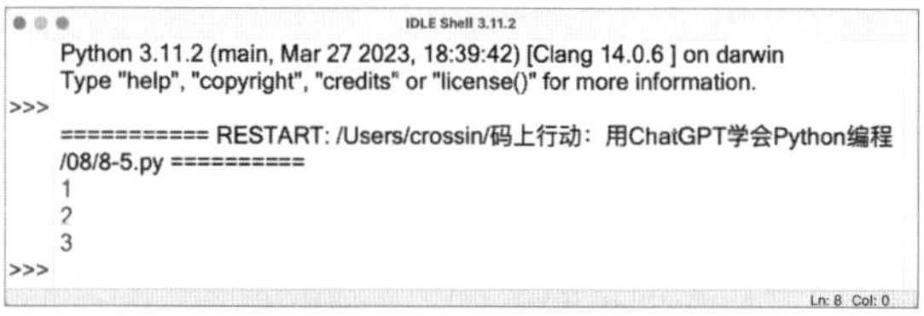

```
IDLE Shell 3.11.2
Python 3.11.2 (main, Mar 27 2023, 18:39:42) [Clang 14.0.6 ] on darwin
Type "help", "copyright", "credits" or "license()" for more information.
>>>
=========== RESTART: /Users/crossin/码上行动：用ChatGPT学会Python编程
/08/8-5.py ==========
1
2
3
>>>
Ln: 8 Col: 0
```

图 8-5　示例 8-5 运行结果

通过索引可以访问列表中的元素，那么如果已知一个元素的值，能不能查找它在列表中的位置呢？答案是肯定的。Python 中提供了一个列表方法 index，用来返回列表中与指定值相等的元素所对应的索引。注意，如果列表中有多个满足条件的相等元素，只会返回第一个索引位置；而如果列表中不存在与之相等的元素，则会触发 ValueError 值错误。

【示例 8-6 程序】

在编辑器中输入如下示例程序并运行。

第 1 行：创建一个变量 a，赋值为列表 [10, 20, 30, 30]。

第 2 行：输出 20 在列表 a 中首次出现的索引位置。

第 3 行：输出 30 在列表 a 中首次出现的索引位置。

第 4 行：输出 40 在列表 a 中首次出现的索引位置。

示例 8-6

```
1. a = [10, 20, 30, 30]
2. print(a.index(20))
3. print(a.index(30))
4. print(a.index(40))
```

保存并运行程序，结果如图 8-6 所示。从运行结果中可以看到，虽然索引位置 2 和 3 的元素都是 30，但 index 只会返回 2。而因为列表中没有 40 这个元素，所以代码报错了。

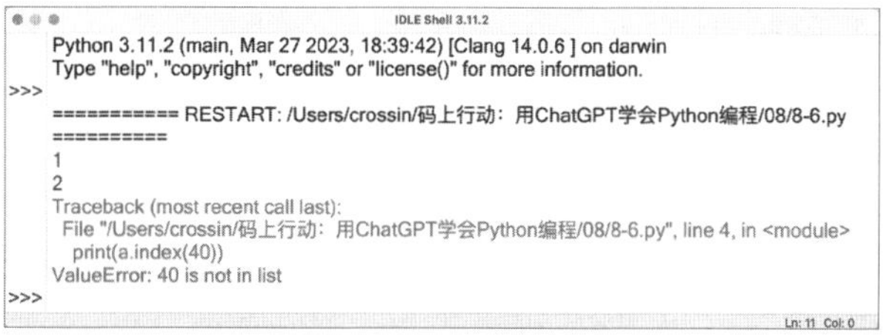

```
IDLE Shell 3.11.2
Python 3.11.2 (main, Mar 27 2023, 18:39:42) [Clang 14.0.6 ] on darwin
Type "help", "copyright", "credits" or "license()" for more information.
>>>
=========== RESTART: /Users/crossin/码上行动：用ChatGPT学会Python编程/08/8-6.py
==========
1
2
Traceback (most recent call last):
  File "/Users/crossin/码上行动：用ChatGPT学会Python编程/08/8-6.py", line 4, in <module>
    print(a.index(40))
ValueError: 40 is not in list
>>>
Ln: 11 Col: 0
```

图 8-6　示例 8-6 运行结果

如果想要避免示例 8-6 代码中的报错情况，可以在调用 index 方法之前先判断一下列表中有没有需要查找的元素。这时可以使用我们在运算符章节中提到的成员运算符 in，语法为：

```
元素值 in 列表名
```

in 运算符可以判断一个值是否属于一个序列或集合，属于则结果为 True，不属于则结果为 False。not in 与之相反。

【示例 8-7 程序】

在编辑器中输入如下示例程序并运行。

第 1 行：创建一个变量 a，赋值为列表 [10, 20, 30, 30]。

第 2 行：通过 input 输入一个指定数字，转换成整数型，赋值给变量 x。

第 3 行：判断列表 a 中是否包含元素 x。

第 4、5 行：如果 a 包含 x，获取 x 在 a 中首次出现的索引位置并输出。

第 6、7 行：如果 a 不包含 x，输出相应的提示。

示例 8-7

```
1. a = [10, 20, 30, 30]
2. x = int(input('输入要查找的元素：'))
3. if x in a:
4.     i = a.index(x)
5.     print(f'元素{x}在列表中首次出现的索引位置是{i}')
6. else:
7.     print(f'列表中没有元素{x}')
```

保存并运行程序，结果如图 8-7 所示。

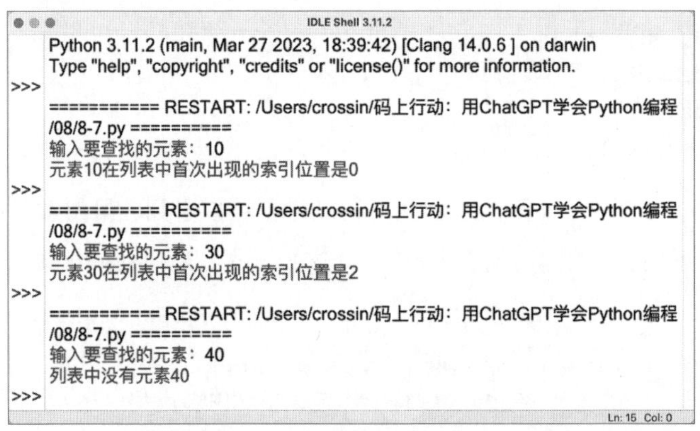

图 8-7　示例 8-7 运行结果

同样可以判断列表中是否包含某个元素的方法是 count。count 是列表类型的一个方法，效果是返回指定列表中与指定值相等的元素个数，如果不存在则返回 0。

【示例 8-8 程序】

在编辑器中输入如下示例程序并运行。

第 1 行：创建一个变量 a，赋值为列表 [10, 20, 30, 30]。

第 2 行：输出列表 a 中等于 20 的元素个数。

第 3 行：输出列表 a 中等于 30 的元素个数。

第 4 行：输出列表 a 中等于 40 的元素个数。

示例 8-8

```
1. a = [10, 20, 30, 30]
2. print(a.count(20))
3. print(a.count(30))
4. print(a.count(40))
```

保存并运行程序，结果如图 8-8 所示。

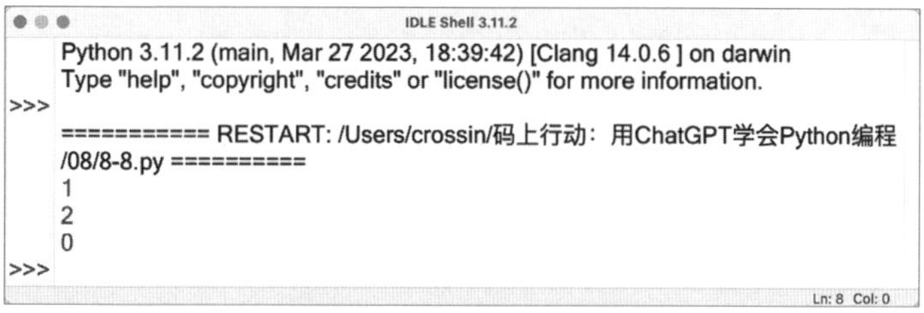

```
IDLE Shell 3.11.2
Python 3.11.2 (main, Mar 27 2023, 18:39:42) [Clang 14.0.6 ] on darwin
Type "help", "copyright", "credits" or "license()" for more information.
>>>
=========== RESTART: /Users/crossin/码上行动：用ChatGPT学会Python编程
/08/8-8.py ==========
1
2
0
>>>
Ln: 8 Col: 0
```

图 8-8 示例 8-8 运行结果

8.2.3 修改列表元素

了解获取列表元素的方法之后，要修改列表中已有元素的值就很简单了，只需要直接向对应索引进行赋值就可以。赋值时，列表索引的规则与获取列表元素一样。

【示例 8-9 程序】

在编辑器中输入如下示例程序并运行。

第 1 行：创建一个变量 a，赋值为列表 [10, 20, 30, 30]。

第 2 行：将列表 a 中索引位置 0 赋值为 100。

第 3 行：输出 a 的值。

第 4 行：将列表 a 中索引位置 2 赋值为 200。

第 5 行：输出 a 的值。

第 6 行：将列表 a 中索引位置 -2 赋值为 300。

第 7 行：输出 a 的值。

第 8 行：将列表 a 中索引位置 4 赋值为 400。

第 9 行：输出 a 的值。

示例 8-9

```
a = [10, 20, 30, 30]
a[0] = 100
print(a)
a[2] = 200
print(a)
a[-2] = 300
print(a)
a[4] = 400
print(a)
```

保存并运行程序，结果如图 8-9 所示。从运行结果中可以看到，列表中第 1 个元素被修改成了 100，第 3 个元素（即倒数第 2 个元素）被修改成 200 后又被修改成了 300。而索引 4 因为超出了范围，导致代码报错。

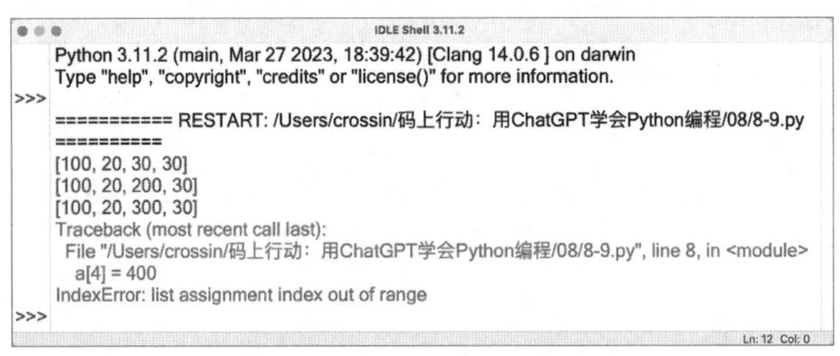

图 8-9　示例 8-9 运行结果

那么我们能不能像获取列表元素一样，通过遍历来修改列表中的元素呢？我们直接通过代码来测试一下。

【示例 8-10 程序】

在编辑器中输入如下示例程序并运行。

第 1 行：创建一个变量 a，赋值为列表 [1, 2, 3]。

第 2 行：通过 for 循环遍历列表 a，循环变量为 i。

第 3、4 行：每次循环中，将 i 的值乘以 10 再赋值给 i，并输出 i。

第 5 行：输出 a 的值。

示例 8-10

```
1. a = [1, 2, 3]
2. for i in a:
3.     i *= 10
4.     print(i, end=' ')
5. print(a)
```

保存并运行程序，结果如图 8-10 所示。从运行结果中可以看到，虽然在循环中，i 的值都被修改了，但最终列表 a 中的元素并没有发生变化。原因就是我们在变量章节中强调过的：Python 中的变量是一个标签，不是容器。在每次循环中，变量 i 被赋值为对应元素的值，就相当于对应元素上贴了一张 i 标签，而当 i 被重新赋值时，相当于这张标签又被撕下贴在了其他数据上，并不会影响原本列表中的元素。

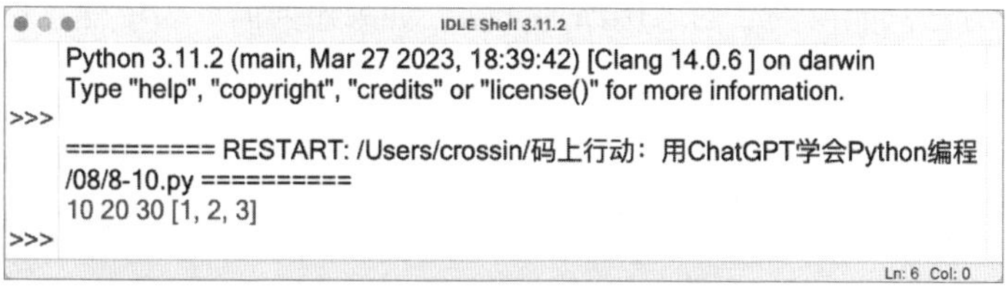

```
IDLE Shell 3.11.2
    Python 3.11.2 (main, Mar 27 2023, 18:39:42) [Clang 14.0.6 ] on darwin
    Type "help", "copyright", "credits" or "license()" for more information.
>>>
    ========== RESTART: /Users/crossin/码上行动：用ChatGPT学会Python编程
    /08/8-10.py ==========
    10 20 30 [1, 2, 3]
>>>
                                                              Ln: 6  Col: 0
```

图 8-10　示例 8-10 运行结果

8.2.4 增加列表元素

除了修改列表中的已有元素，我们还可以向列表中增加元素。Python 中向列表增加元素有不止一种途径，最常用的是列表的 append 方法，效果是向列表元素的末尾添加一个元素。

【示例 8-11 程序】

在编辑器中输入如下示例程序并运行。

第 1 行：创建一个变量 a，通过方括号赋值为空列表。

第 2 行：调用 append 方法给列表 a 增加一个元素 1。

第 3 行：输出 a 的值。

第 4 行：调用 append 方法给列表 a 增加一个元素 'x'。

第 5 行：输出 a 的值。

示例 8-11

```
1. a = []
2. a.append(1)
3. print(a)
4. a.append('x')
5. print(a)
```

保存并运行程序，结果如图 8-11 所示。从运行结果中可以看到，通过 append 方法，在列表末尾添加了新元素。

```
IDLE Shell 3.11.2
Python 3.11.2 (main, Mar 27 2023, 18:39:42) [Clang 14.0.6 ] on darwin
Type "help", "copyright", "credits" or "license()" for more information.
>>>
========== RESTART: /Users/crossin/码上行动：用ChatGPT学会Python编程
/08/8-11.py ==========
[1]
[1, 'x']
>>>
Ln: 7 Col: 0
```

图 8-11　示例 8-11 运行结果

列表的 append 方法只能向列表的末尾添加元素，如果想要向列表中任意位置添加元素，可以使用列表的 insert 方法。

insert 方法的效果是向列表中指定索引位置之前插入一个元素，第一个参数为插入的索引位置，第二个参数为插入的元素。索引的规则与访问元素相同，但如果 insert 参数里指定的索引位置超出列表范围，并不会导致报错，而是会插入在最接近的有效位置。

【示例 8-12 程序】

在编辑器中输入如下示例程序并运行。

第 1 行：创建一个变量 a，并赋值为一个列表。

第 2 行：调用 insert 方法在索引位置 0 之前插入一个元素 10。

第 3 行：输出 a 的值。

第 4 行：调用 insert 方法在索引位置 2 之前插入一个元素 20。

第 5 行：输出 a 的值。

第 6 行：调用 insert 方法在索引位置 -1 之前插入一个元素 30。

第 7 行：输出 a 的值。

第 8 行：调用 insert 方法在索引位置 8 之前插入一个元素 40。

第 9 行：输出 a 的值。

示例 8-12

```
1. a = [1, 2, 3]
2. a.insert(0, 10)
3. print(a)
4. a.insert(2, 20)
5. print(a)
6. a.insert(-1, 30)
7. print(a)
8. a.insert(8, 40)
9. print(a)
```

保存并运行程序，结果如图 8-12 所示。从运行结果中可以看到，插入位置为 0，就是在第 1 个元素之前；插入位置为 2，就是在第 3 个元素之前；插入位置为 -1，就是在倒数第 1 个元素之前。代码中索引 8 超过了列表中的元素总数，就插在了列表末尾。

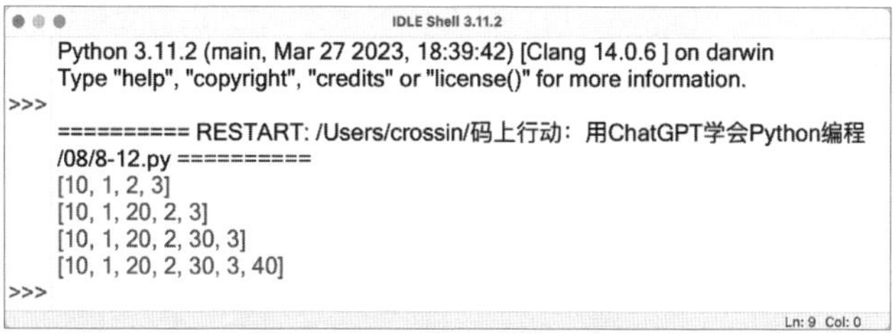

```
IDLE Shell 3.11.2
Python 3.11.2 (main, Mar 27 2023, 18:39:42) [Clang 14.0.6 ] on darwin
Type "help", "copyright", "credits" or "license()" for more information.
>>>
========== RESTART: /Users/crossin/码上行动：用ChatGPT学会Python编程
/08/8-12.py ==========
[10, 1, 2, 3]
[10, 1, 20, 2, 3]
[10, 1, 20, 2, 30, 3]
[10, 1, 20, 2, 30, 3, 40]
>>>
Ln: 9 Col: 0
```

图 8-12　示例 8-12 运行结果

append 和 insert 方法都是向列表中添加单个元素。列表还提供了一个叫作 extend 的方法，用来向列表中添加多个元素。

extend 方法的效果是将一个可迭代对象（如列表或元组）里面的所有元素都依次添加到列表的末尾。

【示例 8-13 程序】

在编辑器中输入如下示例程序并运行。

第 1 行：创建一个变量 a，并赋值为一个列表。

第 2 行：创建一个变量 b，并赋值为一个列表。

第 3 行：调用 extend 方法，将列表 b 中的元素依次添加到列表 a 的末尾。

第 4 行：输出 a 的值。

第 5 行：调用 extend 方法，将列表 [7, 8, 9] 中的元素依次添加到列表 a 的末尾。

第 6 行：输出 a 的值。

示例 8-13

```
1. a = [1, 2, 3]
2. b = [4, 5, 6]
3. a.extend(b)
4. print(a)
5. a.extend([7, 8, 9])
6. print(a)
```

保存并运行程序，结果如图 8-13 所示。

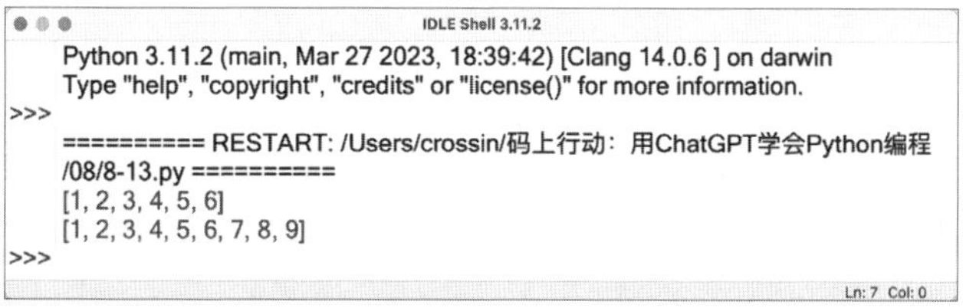

```
IDLE Shell 3.11.2
Python 3.11.2 (main, Mar 27 2023, 18:39:42) [Clang 14.0.6 ] on darwin
Type "help", "copyright", "credits" or "license()" for more information.
>>>
========== RESTART: /Users/crossin/码上行动：用ChatGPT学会Python编程
/08/8-13.py ==========
[1, 2, 3, 4, 5, 6]
[1, 2, 3, 4, 5, 6, 7, 8, 9]
>>>
Ln: 7 Col: 0
```

图 8-13　示例 8-13 运行结果

除了以上讲解的这几种“常规”方法，还有一些“特殊”方法也能添加列表元素，如通过加号

（+）和乘号（*）。

两个列表相加，结果是把两个列表中的元素按照先后顺序拼接成一个新的列表，原列表不受影响。

【示例 8-14 程序】

在编辑器中输入如下示例程序并运行。

第 1 行：创建一个变量 a，并赋值为一个列表。

第 2 行：创建一个变量 b，并赋值为一个列表。

第 3 行：创建一个变量 c，并赋值为 a + b。

第 4 行：输出 c 的值。

第 5 行：输出 a 的值。

第 6 行：通过赋值运算符 +=，将 a 的值加上 b。

第 7 行：输出 a 的值。

示例 8-14

```
1. a = [1, 2, 3]
2. b = [4, 5, 6]
3. c = a + b
4. print(c)
5. print(a)
6. a += b
7. print(a)
```

保存并运行程序，结果如图 8-14 所示。从运行结果中可以看到，相加的结果与 extend 方法类似，但并不会改变原列表。可以通过赋值操作将相加后得到的新列表重新赋值给原列表，以实现更改。

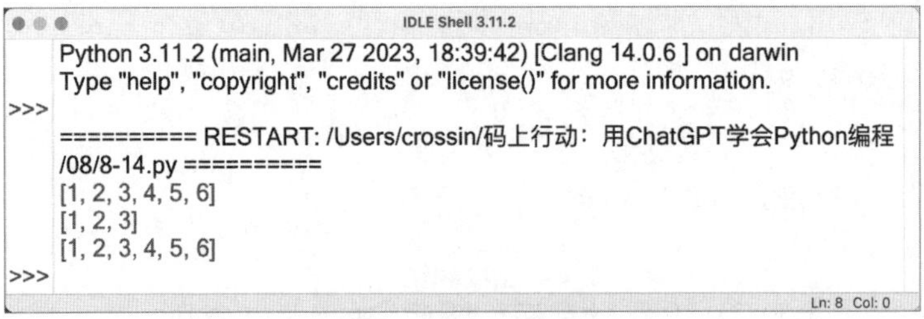

```
IDLE Shell 3.11.2
Python 3.11.2 (main, Mar 27 2023, 18:39:42) [Clang 14.0.6 ] on darwin
Type "help", "copyright", "credits" or "license()" for more information.
>>>
========== RESTART: /Users/crossin/码上行动：用ChatGPT学会Python编程
/08/8-14.py ==========
[1, 2, 3, 4, 5, 6]
[1, 2, 3]
[1, 2, 3, 4, 5, 6]
>>>
Ln: 8  Col: 0
```

图 8-14　示例 8-14 运行结果

列表之间不能相乘，但一个列表可以和一个整数相乘。列表乘以整数 N，就是将列表中的元素重复 N 遍，得到一个新列表。

【示例 8-15 程序】

在编辑器中输入如下示例程序并运行。

第1行：创建一个变量a，并赋值为一个列表。

第2行：创建一个变量b，并赋值为a * 3。

第3行：输出b的值。

第4行：输出a的值。

第5行：通过赋值运算符 *=，将a的值乘以2。

第6行：输出a的值。

第7行：输出a * 0的值。

第8行：输出a * -1的值。

示例8-15

```
1. a = [1, 2, 3]
2. b = a * 3
3. print(b)
4. print(a)
5. a *= 2
6. print(a)
7. print(a * 0)
8. print(a * -1)
```

保存并运行程序，结果如图8-15所示。从运行结果中可以看到，列表与整数相乘后，并不会改变原列表，如需修改，可以通过重新赋值实现。如果相乘的整数是0或负数，则会得到一个空列表。

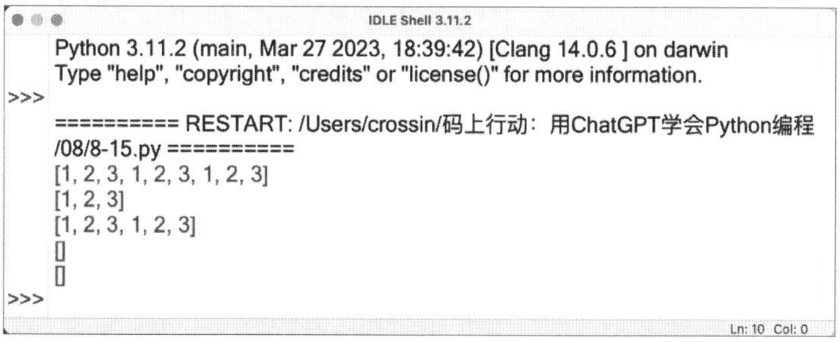

```
IDLE Shell 3.11.2
    Python 3.11.2 (main, Mar 27 2023, 18:39:42) [Clang 14.0.6 ] on darwin
    Type "help", "copyright", "credits" or "license()" for more information.
>>>
    ========== RESTART: /Users/crossin/码上行动：用ChatGPT学会Python编程
    /08/8-15.py ==========
    [1, 2, 3, 1, 2, 3, 1, 2, 3]
    [1, 2, 3]
    [1, 2, 3, 1, 2, 3]
    []
    []
>>>
                                                        Ln: 10  Col: 0
```

图8-15　示例8-15运行结果

8.2.5 删除列表元素

了解了如何添加列表元素，下面我们来看看如何从列表中删除元素。Python中删除列表元素同样有多种途径，最常用的是列表的pop方法，效果是根据索引位置删除列表中对应的元素，并返回该元素。

注意，传递给pop的索引参数规则同获取列表元素一样，支持负数，但不能超过列表的索引范围，否则会触发IndexError索引错误。不提供参数，则默认删除列表最后一个元素。

【示例 8-16 程序】

在编辑器中输入如下示例程序并运行。

第 1 行：创建一个变量 a，并赋值为一个列表。

第 2 行：调用 pop 方法删除列表 a 中索引为 3 的元素，并将此元素赋值给变量 x。

第 3 行：输出 x 的值。

第 4 行：输出 a 的值。

第 5 行：调用 pop 方法删除列表 a 中索引为 -2 的元素，并将其输出。

第 6 行：输出 a 的值。

第 7 行：调用 pop 方法删除列表 a 中的最后一个元素，并将其输出。

第 8 行：输出 a 的值。

示例 8-16

```
1. a = [10, 20, 30, 40, 50]
2. x = a.pop(3)
3. print(x)
4. print(a)
5. print(a.pop(-2))
6. print(a)
7. print(a.pop())
8. print(a)
```

保存并运行程序，结果如图 8-16 所示。从运行结果中可以看到，pop 方法删除了原列表中的元素，并且将这个元素作为返回值。

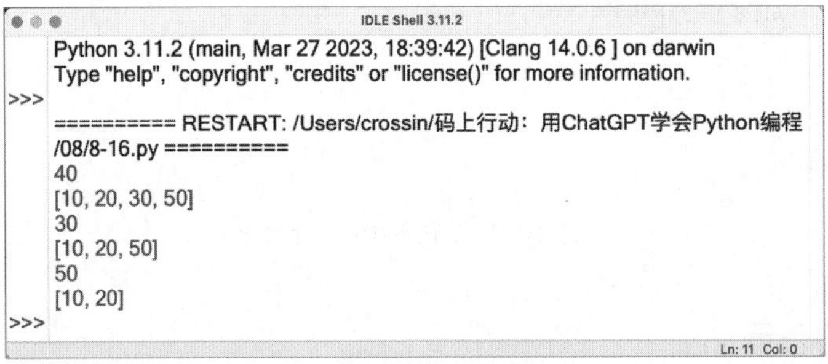

```
IDLE Shell 3.11.2
Python 3.11.2 (main, Mar 27 2023, 18:39:42) [Clang 14.0.6 ] on darwin
Type "help", "copyright", "credits" or "license()" for more information.
>>>
========== RESTART: /Users/crossin/码上行动：用ChatGPT学会Python编程
/08/8-16.py ==========
40
[10, 20, 30, 50]
30
[10, 20, 50]
50
[10, 20]
>>>
Ln: 11 Col: 0
```

图 8-16　示例 8-16 运行结果

pop 方法根据位置来删除元素。如果希望根据元素的值来删除，可以使用列表的 remove 方法。remove 接收一个参数，效果是从列表中删除第一个与此参数值相等的元素。这与之前的 index 方法规则类似，同样，如果列表中没有与之相等的元素，会触发 ValueError 值错误。

【示例 8-17 程序】

在编辑器中输入如下示例程序并运行。

第 1 行：创建一个变量 a，并赋值为一个列表。

第 2 行：调用 remove 方法删除列表 a 中第一个等于 30 的元素，并将返回值赋值给变量 x。

第 3 行：输出 x 的值。

第 4 行：输出 a 的值。

第 5 行：调用 remove 方法删除列表 a 中第一个等于 20 的元素。

第 6 行：输出 a 的值。

第 7 行：调用 remove 方法删除列表 a 中第一个等于 20 的元素。

示例 8-17

```
1. a = [10, 20, 30, 30, 30]
2. x = a.remove(30)
3. print(x)
4. print(a)
5. a.remove(20)
6. print(a)
7. a.remove(20)
```

保存并运行程序，结果如图 8-17 所示。从运行结果中可以看到，remove 方法没有返回值，每次只删除一个元素，并且这个元素必须是列表中存在的。

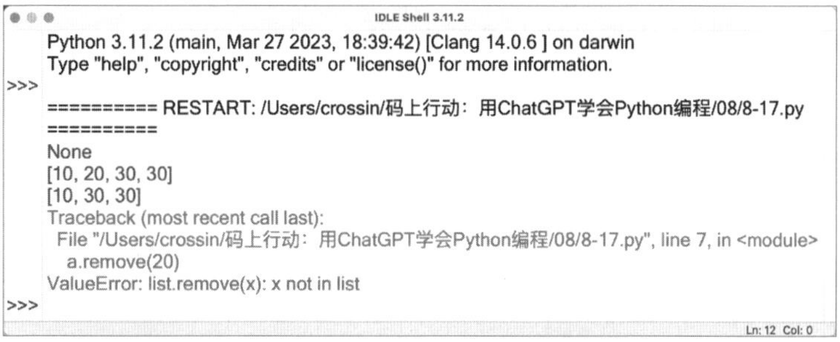

```
IDLE Shell 3.11.2
    Python 3.11.2 (main, Mar 27 2023, 18:39:42) [Clang 14.0.6 ] on darwin
    Type "help", "copyright", "credits" or "license()" for more information.
>>>
    ========== RESTART: /Users/crossin/码上行动：用ChatGPT学会Python编程/08/8-17.py
    ==========
    None
    [10, 20, 30, 30]
    [10, 30, 30]
    Traceback (most recent call last):
      File "/Users/crossin/码上行动：用ChatGPT学会Python编程/08/8-17.py", line 7, in <module>
        a.remove(20)
    ValueError: list.remove(x): x not in list
>>>
                                                                    Ln: 12  Col: 0
```

图 8-17　示例 8-17 运行结果

如果希望删除列表中所有特定值的元素，同时避免元素不存在时的报错，可以将 remove 方法结合 while 循环来实现。

【示例 8-18 程序】

在编辑器中输入如下示例程序并运行。

第 1 行：创建一个变量 a，并赋值为一个列表。

第 2 行：创建一个变量 x，并赋值为 30。

第 3 行：创建 while 循环，循环条件是列表 a 中包含元素 x。

第 4 行：在循环中调用 remove 方法，删除列表 a 中第一个等于 x 的元素。

第 5 行：输出 a 的值。

示例 8-18

```
a = [10, 20, 30, 30, 30]
x = 30
while x in a:
    a.remove(x)
print(a)
```

保存并运行程序，结果如图 8-18 所示。从运行结果中可以看到，通过循环，列表中满足条件的元素被逐一删除。

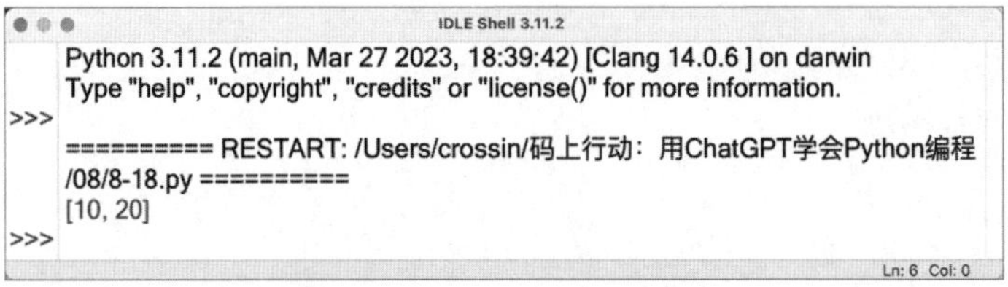

```
IDLE Shell 3.11.2
Python 3.11.2 (main, Mar 27 2023, 18:39:42) [Clang 14.0.6 ] on darwin
Type "help", "copyright", "credits" or "license()" for more information.
>>>
========== RESTART: /Users/crossin/码上行动：用ChatGPT学会Python编程
/08/8-18.py ==========
[10, 20]
>>>
Ln: 6  Col: 0
```

图 8-18　示例 8-18 运行结果

如果想要直接清空列表，也就是删除列表中的所有元素，可以使用列表的 clear 方法。

【示例 8-19 程序】

在编辑器中输入如下示例程序并运行。

第 1 行：创建一个变量 a，并赋值为一个列表。

第 2 行：调用 clear 方法清空列表 a。

第 3 行：输出 a 的值。

示例 8-19

```
1. a = [10, 20, 30, 30, 30]
2. a.clear()
3. print(a)
```

保存并运行程序，结果如图 8-19 所示。

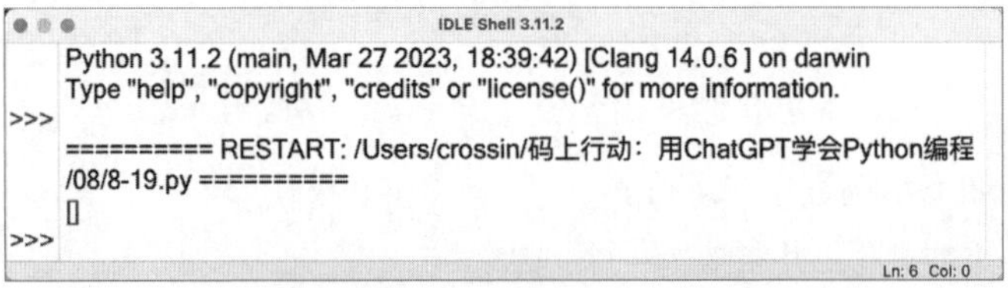

```
IDLE Shell 3.11.2
Python 3.11.2 (main, Mar 27 2023, 18:39:42) [Clang 14.0.6 ] on darwin
Type "help", "copyright", "credits" or "license()" for more information.
>>>
========== RESTART: /Users/crossin/码上行动：用ChatGPT学会Python编程
/08/8-19.py ==========
[]
>>>
Ln: 6  Col: 0
```

图 8-19　示例 8-19 运行结果

8.2.6 列表切片

Python 中提供了一种对序列类型（如列表、字符串等）进行子序列访问的操作，称为切片

（slicing）。切片操作返回一个新的序列，包含原序列中从指定起始索引到指定结束索引之间的所有元素。切片操作的基本语法是：

```
列表名 [ 起始索引 : 结束索引 : 步长 ]
```

其中，起始索引对应的元素包含在切片结果中，而结束索引对应的元素不包含在切片结果中。步长是指每隔多少个元素取一个。这三个参数可以选择性省略，省略起始索引，则默认从序列的开头开始；省略结束索引，则默认到序列的结尾结束；省略步长，则默认步长为 1，即每个元素都选取。步长可以为 -1，表示从后向前选取元素。省略步长时可以同时省略第二个冒号（:），但第一个冒号不能省略。

注意，切片操作返回的是一个新列表，不影响原列表。如果三个参数都省略，将返回原列表的一个完整备份。

【示例 8-20 程序】

在编辑器中输入如下示例程序并运行。

第 1 行：创建一个变量 a，并赋值为一个列表。

第 2 行：通过索引获取 a 中从索引 1 到索引 3 的子列表并输出。

第 3 行：通过索引获取 a 中从索引 0 到索引 4 步长为 2 的子列表并输出。

第 4 行：通过索引获取 a 中从索引 2 到结尾的子列表并输出。

第 5 行：通过索引获取 a 中从开头到索引 3 的子列表并输出。

第 6 行：通过索引获取列表 a 的完整备份。

第 7 行：通过索引获取 a 中从索引 2 到开头步长为 -2 的子列表并输出。

第 8 行：输出 a 的值。

示例 8-20

```
1. a = [1, 2, 3, 4, 5]
2. print(a[1:3])
3. print(a[0:4:2])
4. print(a[2:])
5. print(a[:3])
6. print(a[:])
7. print(a[2::-2])
8. print(a)
```

保存并运行程序，结果如图 8-20 所示。从运行结果中可以看到，切片操作对原列表没有影响。当步长为负数时，切片的起始和结束索引也相应反过来。

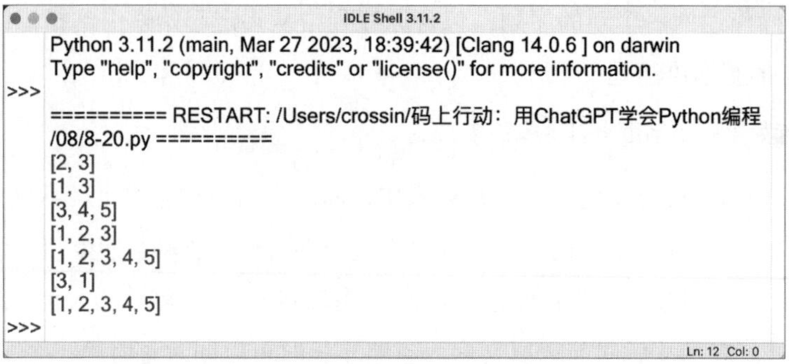
IDLE Shell 3.11.2
Python 3.11.2 (main, Mar 27 2023, 18:39:42) [Clang 14.0.6] on darwin
Type "help", "copyright", "credits" or "license()" for more information.
>>>
========== RESTART: /Users/crossin/码上行动：用ChatGPT学会Python编程
/08/8-20.py ==========
[2, 3]
[1, 3]
[3, 4, 5]
[1, 2, 3]
[1, 2, 3, 4, 5]
[3, 1]
[1, 2, 3, 4, 5]
>>>
Ln: 12 Col: 0

图 8-20　示例 8-20 运行结果

8.2.7 列表排序

除了对列表元素进行获取、修改、增加、删除等基础操作，列表作为一种序列，还有一种十分常见的操作，就是对列表中的元素进行排序。

列表类型提供的排序方法是 sort，默认会将列表中的元素从小到大进行排序，排序后原列表的元素位置将被改变。sort 方法有两个可选参数：key 和 reverse。key 是指定列表排序的依据，需要传递一个函数。reverse 是一个布尔值，用来指定是否要逆序排序，即从大到小排序。

【示例 8-21 程序】

在编辑器中输入如下示例程序并运行。

第 1 行：创建一个变量 a，并赋值为一个列表。

第 2 行：调用 sort 方法对列表 a 进行排序。

第 3 行：输出 a 的值。

第 4 行：调用 sort 方法对列表 a 进行逆序排序。

第 5 行：输出 a 的值。

第 6 行：创建一个变量 a，并赋值为一个列表，列表元素为字符串。

第 7 行：调用 sort 方法对列表 a 进行排序。

第 8 行：输出 a 的值。

示例 8-21

```
1. a = [6, 2, 5, 11, 7, 3, 4]
2. a.sort()
3. print(a)
4. a.sort(reverse=True)
5. print(a)
6. a = ['6', '2', '5', '11', '7', '3', '4']
7. a.sort()
8. print(a)
```

保存并运行程序，结果如图 8-21 所示。从运行结果中可以看到，sort 默认是升序排序，指定了 reverse 为 True 就变成了逆序排序。列表默认的排序依据是比较运算的结果，所以在对字符串元素排序时，是按照字符的字典序进行的，“11”会排在“2”的前面。

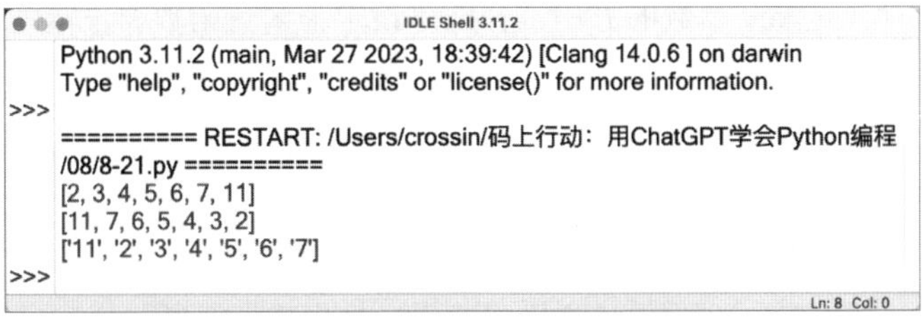

```
IDLE Shell 3.11.2
Python 3.11.2 (main, Mar 27 2023, 18:39:42) [Clang 14.0.6 ] on darwin
Type "help", "copyright", "credits" or "license()" for more information.
>>>
========== RESTART: /Users/crossin/码上行动：用ChatGPT学会Python编程
/08/8-21.py ==========
[2, 3, 4, 5, 6, 7, 11]
[11, 7, 6, 5, 4, 3, 2]
['11', '2', '3', '4', '5', '6', '7']
>>>
Ln: 8 Col: 0
```

图 8-21　示例 8-21 运行结果

对列表进行排序，需要保证各个元素之间是“可比较”的。例如，默认情况下，字符串和数字不能进行大小比较运算，那么排序时就会触发 TypeError 类型错误。这种情况下，如果要进行排序，就必须自定义排序依据，也就是设定 key 参数。

key 参数需要传递一个函数对象，执行排序时，会将每个元素作为参数来调用这个函数，得到的返回值就是这个元素排序的依据值。注意，这里 key 参数传递的是函数本身，而不是函数的返回值，所以函数后面不能加括号。

【示例 8-22 程序】

在编辑器中输入如下示例程序并运行。

第 1 行：创建一个变量 a，并赋值为一个列表，列表中的元素包含字符串和整数。

第 2 行：调用 sort 方法对列表 a 进行排序，指定排序依据为 int 函数。

第 3 行：输出 a 的值。

第 4 ~ 6 行：定义一个函数 to_int，作用是将参数转换成整数后返回。

第 7 行：调用 sort 方法对列表 a 进行排序，指定排序依据为 to_int 函数。

第 8 行：输出 a 的值。

第 9 行：调用 sort 方法对列表 a 进行排序，指定排序依据为一个匿名函数，函数作用是将参数转换成整数返回。

第 10 行：输出 a 的值。

示例 8-22

```
1. a = ['6', 2, 5, '11', 7, 3, 4]
2. a.sort(key=int)
3. print(a)
4. def to_int(x):
5.     x = int(x)
6.     return x
```

```
a.sort(key=to_int)
print(a)
a.sort(key=lambda x: int(x))
print(a)
```

代码中演示了 3 种设定 key 参数的方法，分别是设定为内置函数、设定为自定义函数、设定为匿名函数，效果都是将元素转换成整数之后再进行排序的比较。保存并运行程序，结果如图 8-22 所示。从运行结果中可以看到，列表成功完成了排序，并且“11”按照对应的整数值被排在了最后。

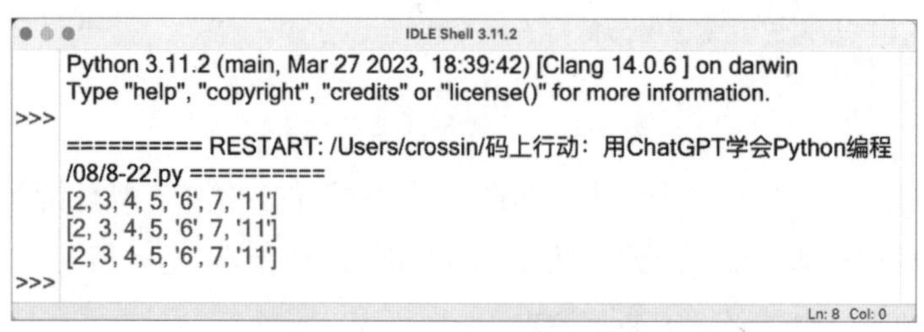

图 8-22　示例 8-22 运行结果

如果只是想将列表原有的顺序反过来，可以使用列表的 reverse 方法。

【示例 8-23 程序】

在编辑器中输入如下示例程序并运行。

第 1 行：创建一个变量 a，并赋值为一个列表。

第 2 行：调用 reverse 方法将列表 a 进行逆序排序。

第 3 行：输出 a 的值。

示例 8-23

```
1. a = ['6', 2, 5, '11', 7, 3, 4]
2. a.reverse()
3. print(a)
```

保存并运行程序，结果如图 8-23 所示。

```
IDLE Shell 3.11.2
Python 3.11.2 (main, Mar 27 2023, 18:39:42) [Clang 14.0.6 ] on darwin
Type "help", "copyright", "credits" or "license()" for more information.
>>>
========== RESTART: /Users/crossin/码上行动：用ChatGPT学会Python编程/08/8-23.py ==========
[4, 3, 7, '11', 5, 2, '6']
>>>
Ln: 6 Col: 0
```

图 8-23　示例 8-23 运行结果

8.2.8 其他列表操作

Python 提供的内置函数中，也有一些是针对列表进行的操作。比如我们在前面提到，列表的索引不能超出有效范围，这时就需要知道列表的长度。Python 中获取列表长度最简单方法的就是通过内置函数 len。

调用 len 函数时，将一个列表作为参数，返回值就是列表中元素的个数。len 的参数同样可以是一个字符串，返回值则是字符串的长度。

【示例 8-24 程序】

在编辑器中输入如下示例程序并运行。

第 1 行：创建一个变量 a，并赋值为一个列表。

第 2 行：调用 len 函数获取列表 a 中的元素个数，并赋值给变量 l。

第 3 行：输出 l 的值。

第 4 行：创建一个变量 b，并赋值为一个字符串。

第 5 行：调用 len 函数获取字符串 b 的长度并输出。

示例 8-24

```
1. a = [1, 3, 5, 7, 9]
2. l = len(a)
3. print(l)
4. b = 'Crossin'
5. print(len(b))
```

保存并运行程序，结果如图 8-24 所示。

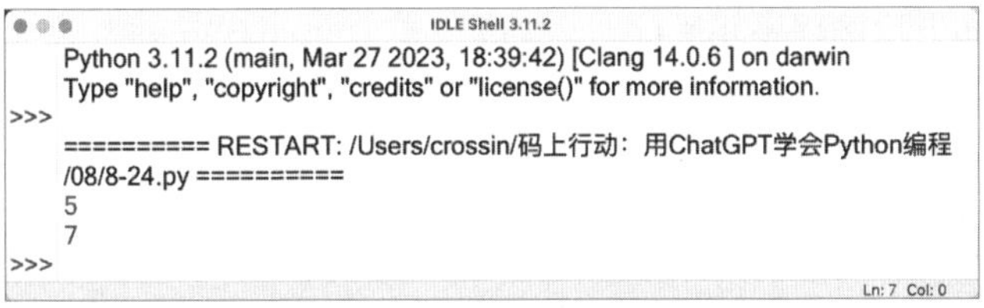

```
IDLE Shell 3.11.2
    Python 3.11.2 (main, Mar 27 2023, 18:39:42) [Clang 14.0.6 ] on darwin
    Type "help", "copyright", "credits" or "license()" for more information.
>>>
    ========== RESTART: /Users/crossin/码上行动：用ChatGPT学会Python编程
    /08/8-24.py ==========
    5
    7
>>>
                                                            Ln: 7  Col: 0
```

图 8-24 示例 8-24 运行结果

对于纯数字元素的列表，Python 提供了内置函数计算列表中元素的总和（sum）、最大值（max）、最小值（min）。

max 和 min 函数也可以计算纯字符串元素列表中的最大值和最小值。同排序一样，前提是所有元素都是“可比较的”，或者也可以通过 key 参数设定比较依据函数。

【示例 8-25 程序】

在编辑器中输入如下示例程序并运行。

第 1 行：创建一个变量 a，并赋值为一个列表。

第 2 行：调用 sum 函数，计算列表 a 中的元素值总和并输出。

第 3 行：调用 max 函数计算列表 a 中的元素最大值并输出。

第 4 行：调用 min 函数计算列表 a 中的元素最小值并输出。

示例 8-25

```
1. a = [3, 1, 7, 9, 5]
2. print(sum(a))
3. print(max(a))
4. print(min(a))
```

保存并运行程序，结果如图 8-25 所示。

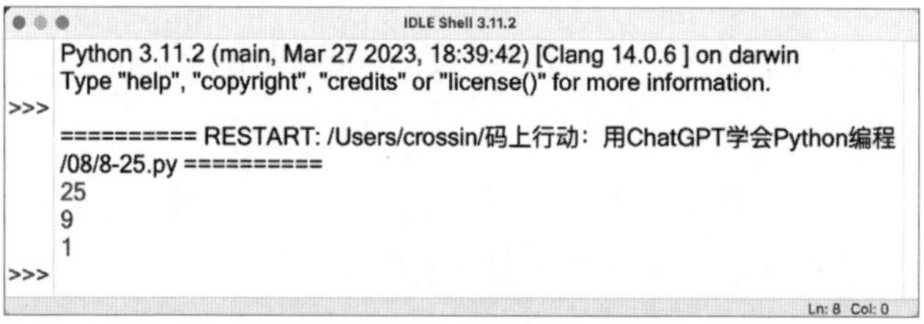

```
IDLE Shell 3.11.2
Python 3.11.2 (main, Mar 27 2023, 18:39:42) [Clang 14.0.6 ] on darwin
Type "help", "copyright", "credits" or "license()" for more information.
>>>
========== RESTART: /Users/crossin/码上行动：用ChatGPT学会Python编程
/08/8-25.py ==========
25
9
1
>>>
Ln: 8 Col: 0
```

图 8-25　示例 8-25 运行结果

Python 中还有一个内置函数叫 sorted，从名字就可以看出，它的作用跟列表方法 sort 是一样的，区别在于调用方式。

sort 需要通过列表对象进行调用，而 sorted 是将列表作为参数调用。另外，sorted 函数不会对原列表进行修改，而是生成一个新列表，所以必须再赋值给变量才可以得到结果。

【示例 8-26 程序】

在编辑器中输入如下示例程序并运行。

第 1 行：创建一个变量 a，并赋值为一个列表。

第 2 行：调用 sorted 函数对列表 a 进行逆序排序，并赋值给变量 b。

第 3 行：输出 b 的值。

第 4 行：输出 a 的值。

第 5 行：调用 sorted 函数将列表 a 进行排序，并赋值给变量 a。

第 6 行：输出 a 的值。

示例 8-26

```
1. a = [3, 1, 7, 9, 5]
2. b = sorted(a, reverse=True)
3. print(b)
4. print(a)
5. a = sorted(a)
6. print(a)
```

保存并运行程序，结果如图 8-26 所示。从运行结果中可以看到，sorted 没有改变列表 a 的值，如果想更改原列表，需要重新赋值。

```
IDLE Shell 3.11.2
Python 3.11.2 (main, Mar 27 2023, 18:39:42) [Clang 14.0.6 ] on darwin
Type "help", "copyright", "credits" or "license()" for more information.
>>>
========== RESTART: /Users/crossin/码上行动：用ChatGPT学会Python编程
/08/8-26.py ==========
[9, 7, 5, 3, 1]
[3, 1, 7, 9, 5]
[1, 3, 5, 7, 9]
>>>
Ln: 8 Col: 0
```

图 8-26　示例 8-26 运行结果

8.3 ChatGPT 讲解知识点——列表解析式

Python 中还为列表提供了一种特殊的操作：列表解析式。我们将通过 ChatGPT 的介绍一起来了解这个极具 Python 特色的操作。

提问：什么是列表解析式？

ChatGPT:

列表解析式（List comprehension）是 Python 编程语言中一种方便的语法，用于创建新的列表。它提供了一种简洁的方法来创建列表，而不需要使用传统的循环语句。

列表解析式的一般形式为：

```
[ 表达式 for 变量 in 列表 if 筛选条件 ]
```

这里的列表也可以是一个可迭代对象，如字符串。后面的 if 用来根据条件筛选列表中的元素，可以省略。

例如，下面的代码使用列表解析式创建一个包含平方数的新列表。

```
>>> squares = [x**2 for x in range(10)]
>>> print(squares)
[0, 1, 4, 9, 16, 25, 36, 49, 64, 81]
```

在这个例子中，表达式是 x**2，变量是 x，列表是 range(10)，不带条件的列表解析式会生成一个包含 0～9 的整数的列表，然后对每个整数执行 x**2 的操作。

ChatGPT 给了我们一个列表解析式的代码示例。这段代码如果不用列表解析式，可以这样实现。

```
squares = []
for x in range(10):
    squares.append(x ** 2)
print(squares)
```

可以明显看出，列表解析式的写法更加简洁。而如果想要只选取列表中的偶数进行平方数计算，则可以再加上 if 筛选条件。

```
>>> [x**2 for x in range(10) if x%2==0]
[0, 4, 16, 36, 64]
```

提问：列表解析式有什么优点？

ChatGPT:

列表解析式具有以下优点。

1. 简洁明了：相比使用传统的循环语句，列表解析式的语法更为简洁明了，可以减少代码量。

2. 提高效率：列表解析式可以在一行代码中完成多个操作，避免了多个循环或多个函数调用的开销，从而提高了代码的执行效率。

3. 支持条件筛选：列表解析式支持在创建新列表时添加条件，这意味着可以使用单行代码过滤数据，对于数据清洗和处理非常有用。

4. 可嵌套使用：可以在列表解析式中嵌套其他列表解析式，从而创建更复杂的表达式和数据结构。

总的来说，简洁是列表解析式的最大优点。对于需要筛选并处理列表中元素，而处理操作又不是特别复杂的场景，用列表解析式会让代码更简洁，这也符合 Python 语言的设计思想。但如果是比较烦琐的操作，则不建议强行使用列表解析式，否则会降低代码的可读性。

 8.4 ChatGPT 讲解知识点——字符串与列表

在前面讲解列表相关操作的时候数次提到，某些列表的操作对于字符串也适用。那么字符串和列表之间有什么关联呢？我们来问问 ChatGPT。

提问：Python 中的字符串与列表有什么关联？

ChatGPT:

在 Python 中，字符串和列表都是序列类型，它们有一些共同的特点和操作，因此在某些情况下，它们是有关联的。

1. 索引操作：字符串和列表都支持通过索引访问元素。例如，字符串 "hello" 中的第一个字符是 h，可以通过 string[0] 访问它，列表 [1, 2, 3] 中的第一个元素是 1，可以通过 list[0] 访问它。

2. 切片操作：字符串和列表都支持通过切片操作访问子序列。例如，字符串 "hello" 中的子序列 "ell" 可以通过 string[1:4] 获得，列表 [1, 2, 3, 4, 5] 中的子序列 [2, 3] 可以通过 list[1:3] 获得。

3. 迭代操作：字符串和列表都支持迭代操作。例如，可以使用 for 循环迭代字符串 "hello" 中的

每个字符，也可以使用 for 循环迭代列表 [1, 2, 3] 中的每个元素。

4. 拼接操作：字符串和列表都支持拼接操作。例如，可以使用加号运算符将两个字符串 "hello" 和 "world" 拼接成一个字符串 "hello world"，也可以使用加号运算符将两个列表 [1, 2] 和 [3, 4] 拼接成一个列表 [1, 2, 3, 4]。

5. 列表解析式：列表解析式可以用于字符串和列表，可以在它们上面进行类似的操作。例如，可以使用列表解析式创建一个包含字符串中每个字符的列表，也可以使用列表解析式创建一个新的列表，其中包含对列表中每个元素的操作。

因此，字符串和列表在 Python 中具有一些相似之处，这使得在处理它们时可以使用类似的语法和操作。

从 ChatGPT 的上述回答中可以了解到，字符串也是一种序列类型，同样可以进行索引访问、切片、遍历、拼接、列表解析式等操作。让 ChatGPT 再给我们写一段对应的代码示例。

提问：写一段代码示例演示字符串的上述功能。

ChatGPT:

以下是一个演示字符串上述功能的示例代码。

```
# 索引操作
string = "hello"
print(string[0]) # 输出 "h"
print(string[-1]) # 输出 "o"
# 切片操作
print(string[1:4]) # 输出 "ell"
print(string[:2]) # 输出 "he"
print(string[3:]) # 输出 "lo"
# 迭代操作
for char in string:
    print(char)
# 拼接操作
string1 = "hello"
string2 = "world"
print(string1 + " " + string2) # 输出 "hello world"
# 列表解析式
chars = [char for char in string]
print(chars) # 输出 ['h', 'e', 'l', 'l', 'o']
```

在这个示例中，我们展示了如何使用字符串的索引、切片、迭代、拼接和列表解析式等操作。这些操作和列表的操作类似，但是是应用于字符串的。

将代码复制到编辑器中，保存并运行，结果如图 8-27 所示。

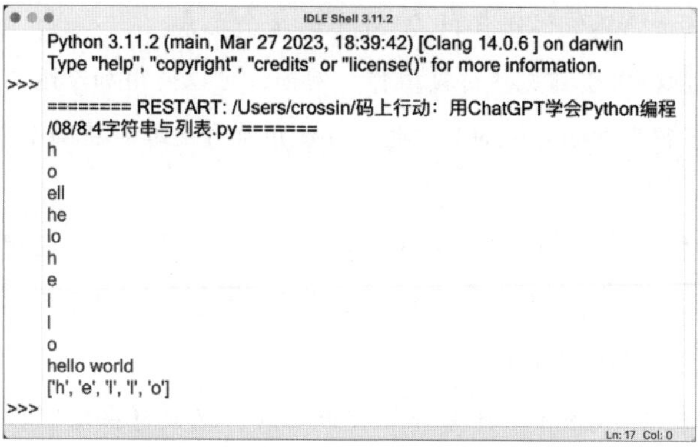

```
IDLE Shell 3.11.2
Python 3.11.2 (main, Mar 27 2023, 18:39:42) [Clang 14.0.6 ] on darwin
Type "help", "copyright", "credits" or "license()" for more information.
>>>
======== RESTART: /Users/crossin/码上行动：用ChatGPT学会Python编程
/08/8.4字符串与列表.py =======
h
o
ell
he
lo
h
e
l
l
o
hello world
['h', 'e', 'l', 'l', 'o']
>>>
Ln: 17  Col: 0
```

图 8-27　ChatGPT 演示代码运行结果

提问：Python 字符串和列表如何相互转换？

ChatGPT:

在 Python 中，可以使用以下方法将字符串转换为列表和将列表转换为字符串。

将字符串转换为列表：可以使用 split() 方法将字符串拆分为列表中的单个元素，拆分时使用空格或其他指定的分隔符。

例如：

```
string = "Hello world"
my_list = string.split()
print(my_list)  # Output: ['Hello', 'world']
```

或者使用指定的分隔符：

```
string = "1,2,3,4,5"
my_list = string.split(",")
print(my_list)  # Output: ['1', '2', '3', '4', '5']
```

将列表转换为字符串：可以使用 join() 方法将列表中的元素连接为一个字符串，连接时使用指定的分隔符。

例如：

```
my_list = ['Hello', 'world']
string = " ".join(my_list)
print(string)  # Output: 'Hello world'
```

或者使用指定的分隔符：

```
my_list = ['1', '2', '3', '4', '5']
string = ",".join(my_list)
print(string)  # Output: '1,2,3,4,5'
```

需要注意的是，join() 方法只能用于字符串列表，列表中的元素必须是字符串型。如果列表中包含其他类型的元素，则需要将它们转换为字符串型。可以使用 map() 函数和 str() 函数将列表中的所有元素转换为字符串，例如：

```
my_list = [1, 2, 3, 4, 5]
string = ",".join(map(str, my_list))
print(string)  # Output: '1,2,3,4,5'
```

从 ChatGPT 给出的例子中可以看到，字符串可以通过 split 分隔成多个字符串组成的列表，而反过来，元素为字符串的列表也可以通过字符串的 join 方法连接为一整个字符串。

将代码合并复制到编辑器中，保存并运行，结果如图 8-28 所示。

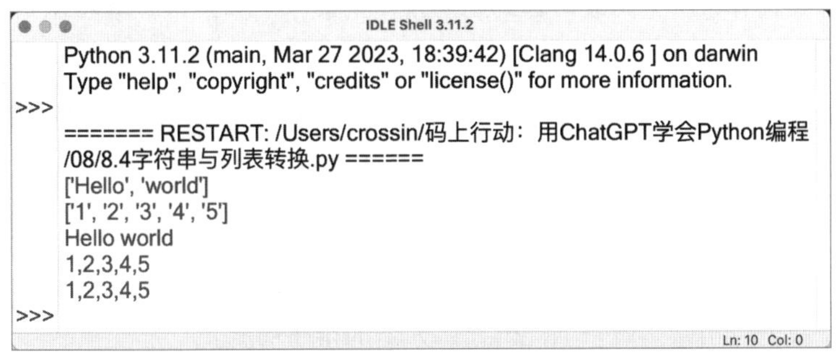

图 8-28　ChatGPT 演示代码运行结果

8.5 ChatGPT 演示代码——购物清单

日常生活中的购物清单是一种典型的列表结构数据。下面我们将结合 ChatGPT，演示如何利用列表实现一个简单的购物清单记录及查询程序。

提问：用 Python 列表实现记录购物清单的功能，可以记录要购买的物品和数量，输入 q 结束记录。

ChatGPT:

好的，以下是一个使用 Python 列表实现记录购物清单功能的脚本，可以记录要购买的物品和数量，输入 q 结束记录。

```
# 初始化一个空的购物清单列表
shopping_list = []
# 循环添加购物清单项
while True:
    # 获取购物清单项的名称和数量
    item_name = input("请输入购物清单项名称（输入 q 退出）：")
    # 判断用户是否要退出添加购物清单项
    if item_name == "q":
        break
```

```
    else:
        item_qty = int(input("请输入购物清单项数量："))
        # 将购物清单项添加到购物清单列表中
        item = [item_name, item_qty]
        shopping_list.append(item)
# 显示所有购物清单项及其数量
print("以下是您的购物清单：")
for item_name, item_qty in shopping_list:
    print(f"{item_name}: {item_qty}")
```

该脚本先初始化一个空的购物清单列表，然后使用 while 循环要求用户输入每个购物清单项的名称和数量，并将它们作为一个列表添加到购物清单列表中。如果用户输入 q，则退出循环并打印出所有购物清单项及其数量。

在 ChatGPT 提供的代码中，创建了一个列表用于记录购物清单，然后通过循环输入数据。每次循环中会输入两次，第一次是物品名称，如果输入 q 就跳出循环；第二次是物品数量，名称和数量组成一个列表，再被添加到清单列表中。所以最终的数据以一个两层列表的形式被存储。最后遍历输出清单列表中的内容，这里用了一个称作解包的操作，即将列表的每个元素分配给单独的变量。

在此基础上，我们再稍微扩展一下代码，比如增加排序功能。

提问：接上面的代码，购物清单按照物品数量进行由大到小排序。

ChatGPT:

好的，以下是一个按照购物清单物品数量进行由大到小排序的 Python 脚本，基于上面的代码实现。

```
# 初始化一个空的购物清单列表
shopping_list = []
# 循环添加购物清单项
while True:
    # 获取购物清单项的名称和数量
    item_name = input("请输入购物清单项名称（输入 q 退出）：")
    # 判断用户是否要退出添加购物清单项
    if item_name == "q":
        break
    else:
        item_qty = int(input("请输入购物清单项数量："))
        # 将购物清单项添加到购物清单列表中
        item = [item_name, item_qty]
        shopping_list.append(item)
# 按照购物清单物品数量进行由大到小排序
shopping_list.sort(key=lambda x: x[1], reverse=True)
# 显示所有购物清单项及其数量
print("以下是您的购物清单：")
```

```
19.for item_name, item_qty in shopping_list:
20.    print(f"{item_name}: {item_qty}")
```

该脚本首先初始化一个空的购物清单列表；然后使用 while 循环要求用户输入每个购物清单项的名称和数量，并将它们作为一个列表添加到购物清单列表中，如果用户输入 q，则退出循环；接下来使用列表的 sort() 方法按照购物清单物品数量进行由大到小排序；最后打印出所有的购物清单项及其数量。

相比于之前的程序，ChatGPT 增加了第 16 行代码，对清单列表进行逆序排序，排序依据是每个元素的第二项，也就是物品的数量。

继续让 ChatGPT 给代码添加上查询清单的功能。

提问：在此基础上再增加对列表项的搜索功能，根据输入列出所有包含关键字的物品及对应数量。

ChatGPT:

好的，以下是一个在上面基础上增加了对购物清单项的搜索功能，根据输入列出所有包含关键字的物品及对应数量的 Python 脚本。

```
1. # 初始化一个空的购物清单列表
2. shopping_list = []
3. # 循环添加购物清单项
4. while True:
5.     # 获取购物清单项的名称和数量
6.     item_name = input(" 请输入购物清单项名称（输入 q 退出）：")
7.     # 判断用户是否要退出添加购物清单项
8.     if item_name == "q":
9.         break
10.    else:
11.        item_qty = int(input(" 请输入购物清单项数量："))
12.        # 将购物清单项添加到购物清单列表中
13.        item = [item_name, item_qty]
14.        shopping_list.append(item)
15.# 按照购物清单物品数量进行由大到小排序
16.shopping_list.sort(key=lambda x: x[1], reverse=True)
17.# 显示所有购物清单项及其数量
18.print(" 以下是您的购物清单：")
19.for item_name, item_qty in shopping_list:
20.    print(f"{item_name}: {item_qty}")
21.# 搜索包含关键字的购物清单项
22.search_keyword = input(" 请输入要搜索的关键字：")
23.search_result = []
24.for item_name, item_qty in shopping_list:
25.    if search_keyword in item_name:
26.        search_result.append([item_name, item_qty])
27.
```

```
28.# 显示所有包含关键字的购物清单项及其数量
29.print(f"包含关键字 '{search_keyword}' 的购物清单项如下：")
30.for item_name, item_qty in search_result:
31.    print(f"{item_name}: {item_qty}")
```

该脚本与前面的脚本基本相同，不同之处在于它增加了对购物清单项的搜索功能。它首先使用一个 while 循环要求用户输入每个购物清单项的名称和数量，并将它们作为一个列表添加到购物清单列表中，如果用户输入 q，则退出循环；然后使用列表的 sort() 方法按照购物清单物品数量进行由大到小排序，并打印出所有购物清单项及其数量；接下来要求用户输入要搜索的关键字，并使用一个 for 循环遍历购物清单列表，将包含关键字的购物清单项添加到一个搜索结果列表中；最后打印出所有包含关键字的购物清单项及其数量。

第 21 行往后是 ChatGPT 增加的搜索代码，原理是遍历清单列表，并通过 in 操作符判断物品名称是否为用户输入的关键字，是的话则连同数量记录在搜索结果列表中。遍历结束之后，再将搜索结果列表输出。

将最终版本代码复制到编辑器中，保存并运行，结果如图 8-29 所示。

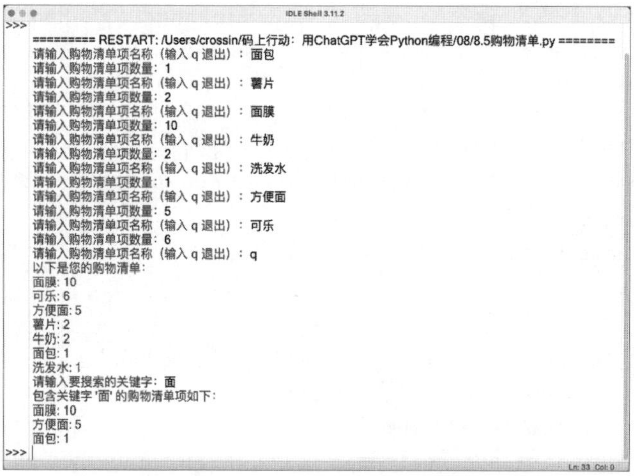

```
IDLE Shell 3.11.2
>>>
========= RESTART: /Users/crossin/码上行动：用ChatGPT学会Python编程/08/8.5购物清单.py ========
请输入购物清单项名称（输入 q 退出）：面包
请输入购物清单项数量：1
请输入购物清单项名称（输入 q 退出）：薯片
请输入购物清单项数量：2
请输入购物清单项名称（输入 q 退出）：面膜
请输入购物清单项数量：10
请输入购物清单项名称（输入 q 退出）：牛奶
请输入购物清单项数量：2
请输入购物清单项名称（输入 q 退出）：洗发水
请输入购物清单项数量：1
请输入购物清单项名称（输入 q 退出）：方便面
请输入购物清单项数量：5
请输入购物清单项名称（输入 q 退出）：可乐
请输入购物清单项数量：6
请输入购物清单项名称（输入 q 退出）：q
以下是您的购物清单：
面膜: 10
可乐: 6
方便面: 5
薯片: 2
牛奶: 2
面包: 1
洗发水: 1
请输入要搜索的关键字：面
包含关键字 '面' 的购物清单项如下：
面膜: 10
方便面: 5
面包: 1
>>>
Ln: 33 Col: 0
```

图 8-29　ChatGPT 演示代码运行结果

8.6 ChatGPT 答疑解惑

关于列表方面的更多问题，我们来看看 ChatGPT 的解答。

8.6.1 带索引遍历列表

for 循环遍历列表是直接针对列表中的元素进行遍历，循环变量得到的是每个元素的值。如果想要在循环中知道当前元素的索引是多少，一般想到的方法是在遍历的同时增加一个计数变量，每次循环加 1，或者是直接根据列表长度通过 range 的方式遍历索引，再通过索引访问元素值。

那么有没有简便的方法，可以同时获取索引和元素值，一起来问问 ChatGPT。

提问：遍历列表时，如何同时得到当前遍历元素的索引和值?

ChatGPT:

在遍历列表时，可以使用内置函数 enumerate 来同时得到当前遍历元素的索引和值。enumerate 函数接受一个可迭代对象作为参数，返回一个生成器，每个元素是一个由索引和对应值组成的元组。

举个例子，假设我们有一个列表 my_list，我们可以使用 enumerate 函数遍历它，并在每次迭代时打印出元素的索引和值。

```
my_list = ['a', 'b', 'c', 'd', 'e']
for i, value in enumerate(my_list):
    print(f"Index {i}: {value}")
```

输出：

```
Index 0: a
Index 1: b
Index 2: c
Index 3: d
Index 4: e
```

在每次迭代时，enumerate 函数返回一个包含当前元素索引和值的元组 (i, value)，我们可以使用多个变量来分别接收它们，并在循环体内使用它们。

ChatGPT 告诉了我们一个简洁的方法：通过调用 enumerate 函数后遍历。这样每次得到的循环变量就是由索引和值组成的元组。这里 for 循环的写法也用到了元组的解包操作。关于元组，我们在第 9 章中会进一步介绍。

8.6.2 根据条件删除列表元素

如果需要按照一定条件删除列表中的元素，大家很可能会想到 for 循环遍历列表，然后通过 if 条件判断后删除满足条件的元素。但这样做会有问题，来看看 ChatGPT 的说法。

提问：用 for 循环遍历列表时删除元素会有什么问题?

ChatGPT:

在使用 for 循环遍历列表时，如果在循环中删除元素，可能会导致一些问题。

这是因为从列表中删除元素后，会使列表的索引发生变化，从而导致某些元素被跳过，于是遍历到的元素和预期不同，或者出现意外的结果。

举个例子，代码如下。

```
my_list = [1, 2, 4, 6, 8, 9, 10]
for num in my_list:
    if num % 2 == 0:
        my_list.remove(num)
print(my_list)
```

这段代码的意图是从列表中删除所有的偶数。然而，当我们运行这段代码时，会发现它只删除了部分偶数，仍有偶数存在于列表中。

为了避免这种问题，可以考虑使用另一种方式来删除元素，比如使用列表解析式、使用一个临时的列表来存储要删除的元素等。

通过 ChatGPT 的解释我们明白，这是因为删除元素导致列表索引变化，使得一些元素在遍历时被跳过而造成的。比如这个例子中元素 2 的索引是 1，元素 4 的索引是 2，当遍历到索引 1 并删除元素 2 之后，元素 4 的索引变成了 1，而 for 循环接下来遍历索引 2，就跳过了元素 4。

提问：给出可以正确删除偶数的代码。

ChatGPT:

下面是一个可以正确删除偶数的代码示例。

```
my_list = [1, 2, 4, 6, 8, 9, 10]
new_list = [x for x in my_list if x % 2 != 0]
print(new_list)
```

这段代码使用了列表解析式来生成一个新的列表。在列表解析式中，我们通过条件 x % 2 != 0 来筛选出奇数，并将它们加入新的列表中，也就相当于去掉了原列表中的偶数。这样就避免了在遍历列表时删除元素的问题。

另外，如果想要直接修改原始的列表，可以使用如下代码。

```
my_list = [1, 2, 4, 6, 8, 9, 10]
i = 0
while i < len(my_list):
    if my_list[i] % 2 == 0:
        my_list.pop(i)
    else:
        i += 1
print(my_list)
```

这段代码中，我们使用了 while 循环和 pop 方法来删除偶数。注意，在删除元素后，循环变量 i 不自增，这是因为如果直接自增，会导致跳过某些元素。而在不删除元素的情况下，循环变量可以自增。

从 ChatGPT 给出的参考代码中可以看出，用列表解析式实现这一功能是比较简洁的。可以正确删除偶数的方法不止这两种，读者也可以思考还有什么方法，然后在代码中运行一下，验证自己的想法。

8.6.3 如何掌握类型的方法

本章中我们讲解了很多 Python 列表的操作，有读者会有疑问：我要怎么知道一个类型有哪些方法，这些方法都需要记下来吗？关于这个问题，我们看看 ChatGPT 怎么说。

提问：以 Python 列表为例，我怎么知道列表中都有哪些方法？

ChatGPT:

可以使用 Python 内置函数 dir 来列出任何对象的所有属性和方法，包括列表对象。

例如，在 Python 中创建一个空列表对象，并使用 dir 函数列出其所有方法和属性。

```
1. my_list = []
2. print(dir(my_list))
```

这段代码会输出类似下面的结果：

```
['__add__', '__class__', '__contains__', '__delattr__', '__delitem__', '__dir__',
'__doc__', '__eq__', '__format__', '__ge__', '__getattribute__', '__getitem__',
'__gt__', '__hash__', '__iadd__', '__imul__', '__init__', '__init_subclass__',
'__iter__', '__le__', '__len__', '__lt__', '__mul__', '__ne__', '__new__', '__
reduce__', '__reduce_ex__', '__repr__', '__reversed__', '__rmul__', '__setattr__',
'__setitem__', '__sizeof__', '__str__', '__subclasshook__', 'append', 'clear',
'copy', 'count', 'extend', 'index', 'insert', 'pop', 'remove', 'reverse', 'sort']
```

从输出结果可以看出，列表对象具有许多属性和方法，如 append、count、extend、pop 等，这些方法都可以用于操作列表。可以通过查看官方文档或参考书籍，了解这些方法的具体用法和特性。

提问：以上这些方法都需要记下来吗？

ChatGPT:

不需要全部记下来，因为 Python 提供了官方文档，里面详细记录了每个内置类型的所有方法和属性，包括列表对象。

在需要使用某个方法或属性时，可以直接查看官方文档或使用 IDE 的代码补全功能，而不必记住每个方法的名字和参数。

不过，有一些常用的方法，如 append、remove、sort 等，建议多加练习和熟悉，以便更好地应用它们解决实际问题。同时，理解这些方法的作用和特性，也有助于更好地理解 Python 的语法和规则。

结合 ChatGPT 的建议总结一下。

- 不需要记住全部方法，但常用的方法需要多练习，理解后可以举一反三。
- 可以用 dir 函数查看一种类型的属性和方法。
- 善用文档和搜索，IDE 的提示和代码补全功能也是很好的辅助工具。

另外，相信读者也已经看到，ChatGPT 可以作为一个强大的编程助手，帮助你解决很多开发的问题，让你在不熟悉某些函数用法的情况下实现想要的功能。但对于初学者来说，打好编程基础仍然是十分必要的。

本章小结

本章首先介绍了 Python 中的列表类型，以及它的常用操作方法。列表是最常见的复合数据类型之一，是有序的可变序列。然后讲解了字符串与列表之间的关联，以及如何在两种类型之间进行转换。最后通过一个记录购物清单的演示代码，展示了如何使用列表解决实际问题。通过本章内容的学习，相信读者对复合数据类型有了一定的了解，并且可以掌握列表的基本用法。在第 9 章中，我们还将学习更多的复合数据类型。

第 9 章

字　典

★本章导读★

除了列表，字典也是 Python 中十分常用的复合数据类型，可以用来表示更复杂的数据结构。本章讲解 Python 中的字典及一些其他复合数据类型的概念及用法。

★知识要点★

通过本章内容的学习，读者能掌握以下知识：

- ◆ 掌握字典的创建及常用操作
- ◆ 了解元组、集合等复合数据类型的使用

9.1 ChatGPT 讲解知识点——字典

字典是一种“键 - 值”对形式的数据结构，可以存储更复杂的数据。下面我们通过 ChatGPT 来了解一下字典相关的概念。

9.1.1 什么是字典

还是先让 ChatGPT 介绍一下字典的概念。

提问：什么是字典?

ChatGPT:

在计算机科学中，字典（Dictionary）是一种数据结构，用于存储一系列“键 - 值”对。它类似于现实世界中的字典，其中单词是键，定义是值。字典的主要特点是可以通过键快速查找到相应的值，而不需要遍历整个数据结构。

对于字典中的每个键，只能有一个值与之关联。如果多个值与同一个键相关联，则只有最后一

个值会被保存。如果需要多个值与同一个键关联，则可以将值存储为列表或集合。

Python 中的字典类型有以下特点。

1. 字典是一种可变的数据类型，可以在程序运行时修改字典的内容。

2. 字典中的键必须是不可变的类型，如字符串、数字、元组等，而值可以是任意类型的数据。

3. 字典中的键必须是唯一的，如果重复了，则只有最后一个键值对会被保留。

4. 字典是无序的，如果两个字典包含相同的键值对，即使顺序不同，也被认为是相等的。

5. 字典使用大括号（{}）来表示，每个键值对使用冒号（:）表示，键值对之间使用逗号（,）分隔。

以下是一个简单的 Python 字典的例子。

```
# 创建一个字典
person = {'name': 'Tom', 'age': 30, 'gender': 'male'}
# 访问字典中的元素
print(person['name'])   # 输出 'Tom'
print(person['age'])    # 输出 30
# 修改字典中的元素
person['age'] = 40
print(person['age'])    # 输出 40
# 添加一个新的键值对
person['city'] = 'Beijing'
print(person)           # 输出 {'name': 'Tom', 'age': 40, 'gender': 'male', 'city': 'Beijing'}
# 删除一个键值对
del person['gender']
print(person)           # 输出 {'name': 'Tom', 'age': 40, 'city': 'Beijing'}
```

除了上述基本操作，Python 字典还提供了许多其他的方法和操作，如获取字典中的所有键、所有值、所有键值对等。

总的来说，字典提供了一种高效的数据访问方式。例如，它们可以用于存储网站用户的信息、快速检索数据，以及在图形用户界面中维护对象之间的关系等。在 Python 等编程语言中，字典被广泛使用，并且拥有许多内置函数和方法，使得操作字典变得非常容易。熟练掌握字典的使用，可以帮助我们更高效地处理各种复杂数据。

从 ChatGPT 的回答中可以了解到，字典用来存储键值对形式的数据，是无序的、可变的，可以根据键快速访问对应的值，并且字典还提供了各种常见的操作。

9.1.2 字典有哪些方法

那么 Python 中的字典具体提供了哪些方法，让 ChatGPT 来给我们列举一下。

提问：Python 的字典提供了哪些方法?

ChatGPT:

Python 的字典是一种非常常用的数据结构，它提供了许多内置方法来方便地操作和修改字典。下面是 Python 中一些常用的字典方法。

1. clear()：清空字典中的所有键值对。

2. get(key, default=None)：获取字典中指定键的值，如果键不存在，则返回默认值（默认值为 None）。

3. items()：返回一个包含所有键值对的元组列表。

4. keys()：返回一个包含所有键的列表。

5. values()：返回一个包含所有值的列表。

6. pop(key, default=None)：删除并返回指定键的值，如果键不存在，则返回默认值。

7. popitem()：删除并返回字典中的最后一对键值对，如果字典为空，则抛出 KeyError 异常。

8. setdefault(key, default=None)：如果键存在于字典中，则返回对应的值，否则将键和默认值插入字典并返回默认值。

9. update(dict2)：将字典 dict2 的键值对添加到当前字典中，如果键已经存在，则用 dict2 中的值覆盖原有的值。

这些方法可以帮助我们更加方便地操作字典，并且提高了代码的可读性和可维护性。

ChatGPT 列举出了 Python 字典的常用方法，同列表类似，Python 提供了针对字典的丰富操作，从而让开发者轻松处理字典数据。

9.2 字典的常用操作

接下来我们将结合代码示例，给大家演示 Python 中字典的各种常用操作。

9.2.1 创建字典

在 Python 中，可以使用大括号（{}）来创建一个字典，其中每个键值对用冒号（:）表示，键值对之间用逗号（,）分隔。如果大括号内不提供任何键值对，则创建一个空字典。

注意，字典中的键必须是不可变的类型，常用的有字符串、数字、元组等。

【示例 9-1 程序】

在编辑器中输入如下示例程序并运行。

第 1 行：创建一个变量 a，并赋值为一对大括号。

第 2 行：输出 a 的值。

第 3 行：创建一个变量 b，并赋值为一组由大括号包括、逗号分隔、冒号表示键值对的数据。

第 4 行：输出 b 的值。

示例 9-1

```
1. a = {}
2. print(a)
3. b = {'name': 'Crossin', 'age': 17, 'is_AI': False}
4. print(b)
```

保存并运行程序，结果如图 9-1 所示。从运行结果中可以看到，Python 中字典的值可以是各种类型。

```
IDLE Shell 3.11.2
Python 3.11.2 (main, Mar 27 2023, 18:39:42) [Clang 14.0.6 ] on darwin
Type "help", "copyright", "credits" or "license()" for more information.
>>>
=========== RESTART: /Users/crossin/码上行动：用ChatGPT学会Python编程
/09/9-1.py ==========
{}
{'name': 'Crossin', 'age': 17, 'is_AI': False}
>>>
Ln: 7  Col: 0
```

图 9-1　示例 9-1 运行结果

字典中的值也可以是复合数据类型，如列表和字典。

【示例 9-2 程序】

在编辑器中输入如下示例程序并运行。

第 1 行：创建一个变量 a，并赋值为一个字典，字典中的一个值为列表。

第 2 行：输出 a 的值。

第 3 行：创建一个字符串变量 k。

第 4 行：创建一个变量 b，并赋值为一个字典，字典中的一个键为字符串 k，对应的值为字典 a。

第 5 行：输出 b 的值。

示例 9-2

```
1. a = {'code': ['Python', 'C++', 'Java']}
2. print(a)
3. k = 'skill'
4. b = {'name': 'Crossin', k: a}
5. print(b)
```

保存并运行程序，结果如图 9-2 所示。从运行结果中可以看到，创建 Python 字典时，可以通过变量设置字典的键和值，并且值可以是列表或字典。

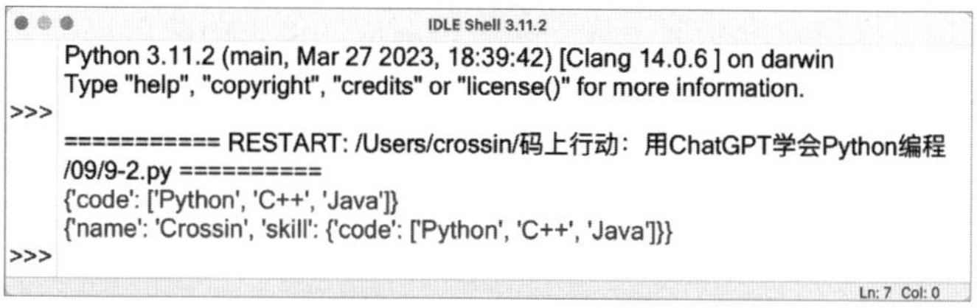

```
IDLE Shell 3.11.2
    Python 3.11.2 (main, Mar 27 2023, 18:39:42) [Clang 14.0.6 ] on darwin
    Type "help", "copyright", "credits" or "license()" for more information.
>>>
    =========== RESTART: /Users/crossin/码上行动：用ChatGPT学会Python编程
    /09/9-2.py ==========
    {'code': ['Python', 'C++', 'Java']}
    {'name': 'Crossin', 'skill': {'code': ['Python', 'C++', 'Java']}}
>>>
                                                          Ln: 7  Col: 0
```

图 9-2　示例 9-2 运行结果

除了通过大括号，Python 中也可以通过 dict 函数创建一个字典。dict 函数可以传递可迭代对象作为参数，但参数的每个元素必须是包含两个元素的序列，不添加参数将创建一个空列表。

【示例 9-3 程序】

在编辑器中输入如下示例程序并运行。

第 1 行：创建一个变量 a，并赋值为 dict 函数的返回值。

第 2 行：输出 a 的值。

第 3 行：通过 dict 函数将一个嵌套的列表转换成字典，赋值给变量 b。

第 4 行：输出 b 的值。

示例 9-3

```
1. a = dict()
2. print(a)
3. b = dict([['name', 'Crossin'], ['age', 17]])
4. print(b)
```

保存并运行程序，结果如图 9-3 所示。从运行结果中可以看到，dict 函数可以创建一个空字典。如果传递了参数，则会将参数中每个元素的第一个数据作为键，第二个数据作为值生成字典。

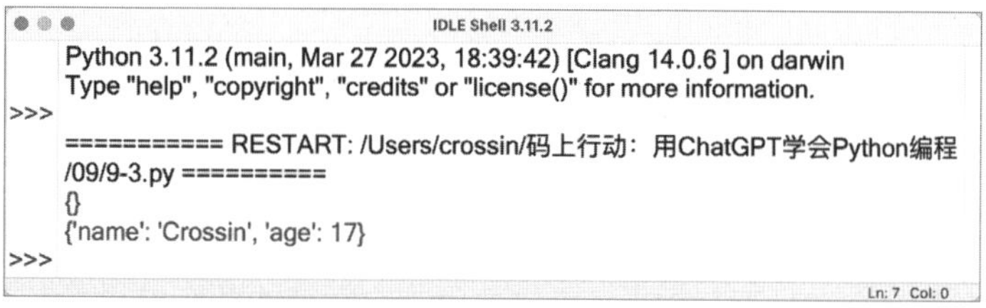

```
IDLE Shell 3.11.2
    Python 3.11.2 (main, Mar 27 2023, 18:39:42) [Clang 14.0.6 ] on darwin
    Type "help", "copyright", "credits" or "license()" for more information.
>>>
    =========== RESTART: /Users/crossin/码上行动：用ChatGPT学会Python编程
    /09/9-3.py ==========
    {}
    {'name': 'Crossin', 'age': 17}
>>>
                                                          Ln: 7  Col: 0
```

图 9-3　示例 9-3 运行结果

9.2.2 获取字典值

同列表一样，字典也涉及获取值、修改值、增加键值对、删除键值对等操作。下面逐一演示这些操作。

字典最基本的操作就是根据指定键获取对应的值，这个操作不需要遍历字典，直接就可以获取到值，效率很高，所以这也是字典的一大优点。

Python 中通过方括号操作符来获取字典中某个键对应的值，语法为：

```
字典名[键名]
```

键名必须是字典中存在的键，否则会触发 KeyError 键错误。

【示例 9-4 程序】

在编辑器中输入如下示例程序并运行。

第 1 行：创建一个变量 a，并赋值为一个字典。

第 2 行：输出字典 a 中键 x 对应的值。

第 3 行：输出字典 a 中键 xx 对应的值。

示例 9-4

```
1. a = {'x': 1, 'y': 2, 'z': 3}
2. print(a['x'])
3. print(a['xx'])
```

保存并运行程序，结果如图 9-4 所示。从运行结果中可以看到，字典中不存在键为 xx 的键值对，导致代码报错。

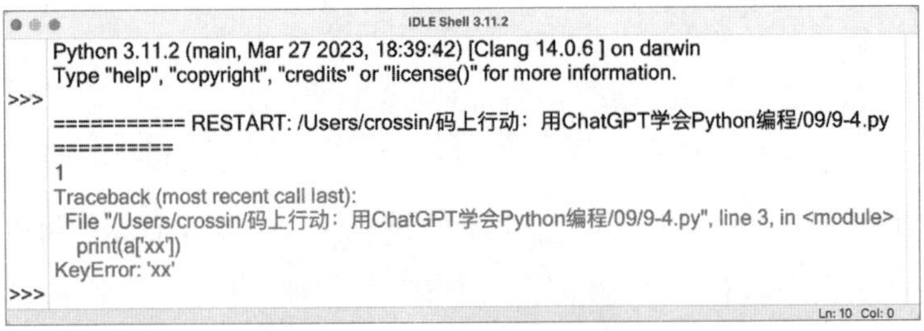

```
IDLE Shell 3.11.2
    Python 3.11.2 (main, Mar 27 2023, 18:39:42) [Clang 14.0.6 ] on darwin
    Type "help", "copyright", "credits" or "license()" for more information.
>>>
    =========== RESTART: /Users/crossin/码上行动：用ChatGPT学会Python编程/09/9-4.py
    ==========
    1
    Traceback (most recent call last):
      File "/Users/crossin/码上行动：用ChatGPT学会Python编程/09/9-4.py", line 3, in <module>
        print(a['xx'])
    KeyError: 'xx'
>>>
                                                                    Ln: 10  Col: 0
```

图 9-4　示例 9-4 运行结果

要想避免示例 9-4 代码中的报错情况，可以在使用方括号获取字典值之前先判断一下字典中有没有对应的键。同样是使用成员运算符 in，语法为：

```
键名 in 字典名
```

in 运算符可以判断一个键是否存在于一个字典中，存在则结果为 True，不存在则结果为 False。not in 与之相反。

【示例 9-5 程序】

在编辑器中输入如下示例程序并运行。

第 1 行：创建一个变量 a，并赋值为一个字典。

第 2 行：通过 input 输入一个指定键值，赋值给变量 k。

第 3 行：判断字典 a 中是否存在键 k。

第 4、5 行：如果 a 中存在键 k，获取键 k 在 a 中对应的值并输出。

第 6、7 行：如果 a 中不存在键 k，输出相应的提示。

示例 9-5

```
1. a = {'x': 1, 'y': 2, 'z': 3}
2. k = input('输入要查找的元素：')
3. if k in a:
4.     v = a[k]
5.     print(f'键{k}在字典中对应值是{v}')
6. else:
7.     print(f'字典中没有键{k}')
```

保存并运行程序，结果如图 9-5 所示。

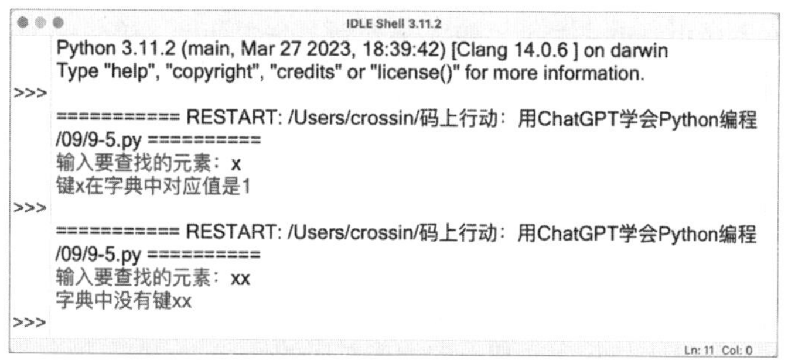

图 9-5　示例 9-5 运行结果

除了通过方括号操作符获取字典中的值，Python 中还提供了一个字典方法 get，同样可以根据键获取值，从而避免访问到不存在键时的报错。

字典的get方法有两个参数,第一个参数是要指定的键,第二个参数是键不存在时返回的替代值,默认为 None。

【示例 9-6 程序】

在编辑器中输入如下示例程序并运行。

第 1 行：创建一个变量 a，并赋值为一个字典。

第 2 行：调用 get 方法输出字典 a 中键 x 对应的值。

第 3 行：输出字典 a 中键 xx 对应的值。

第 4 行：输出字典 a 中键 xx 对应的值，如不存在则为 0。

示例 9-6

```
1. a = {'x': 1, 'y': 2, 'z': 3}
2. print(a.get('x'))
3. print(a.get('xx'))
4. print(a.get('xx', 0))
```

保存并运行程序，结果如图 9-6 所示。从运行结果中可以看到，对于不存在的键，get 方法也不会报错，并且可以根据需要指定为替代值，非常方便。

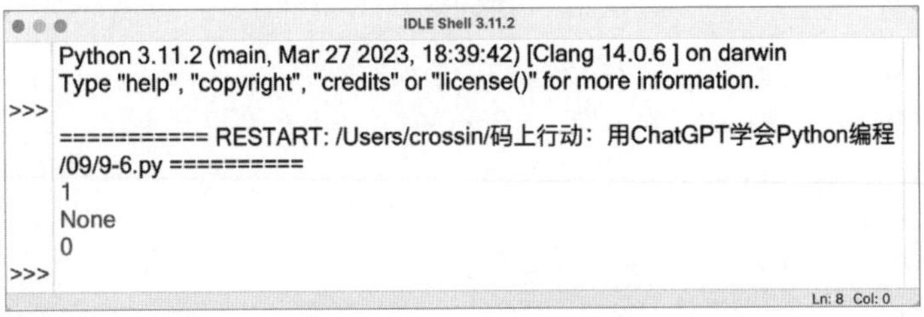

```
IDLE Shell 3.11.2
Python 3.11.2 (main, Mar 27 2023, 18:39:42) [Clang 14.0.6 ] on darwin
Type "help", "copyright", "credits" or "license()" for more information.
>>>
=========== RESTART: /Users/crossin/码上行动：用ChatGPT学会Python编程/09/9-6.py ==========
1
None
0
>>>
Ln: 8  Col: 0
```

图 9-6　示例 9-6 运行结果

字典中还有一个与 get 类似的方法，叫作 setdefault，同样可以返回指定键对应的值。它与 get 的区别在于：如果遇到不存在的键，不但返回替代值，还会将这组键值对添加到字典中。

字典的 setdefault 方法也有两个参数，第一个参数是指定的键，第二个参数是替代值，默认为 None。

【示例 9-7 程序】

在编辑器中输入如下示例程序并运行。

第 1 行：创建一个变量 a，并赋值为一个字典。

第 2 行：调用 setdefault 方法输出字典 a 中键 x 对应的值。

第 3 行：输出 a 的值。

第 4 行：调用 setdefault 方法输出字典 a 中键 xx 对应的值。

第 5 行：输出 a 的值。

第 6 行：调用 setdefault 方法输出字典 a 中键 yy 对应的值，如不存在，则设为 999。

第 7 行：输出 a 的值。

示例 9-7

```
1. a = {'x': 1, 'y': 2, 'z': 3}
2. print(a. setdefault('x'))
3. print(a)
4. print(a. setdefault('xx'))
5. print(a)
6. print(a. setdefault('yy', 999))
7. print(a)
```

保存并运行程序，结果如图 9-7 所示。从运行结果中可以看到，获取字典值的效果上，setdefault 和 get 是一样的，但对于不存在的键，setdefault 还会将其和替代值组成新的键值对增加到字典中。

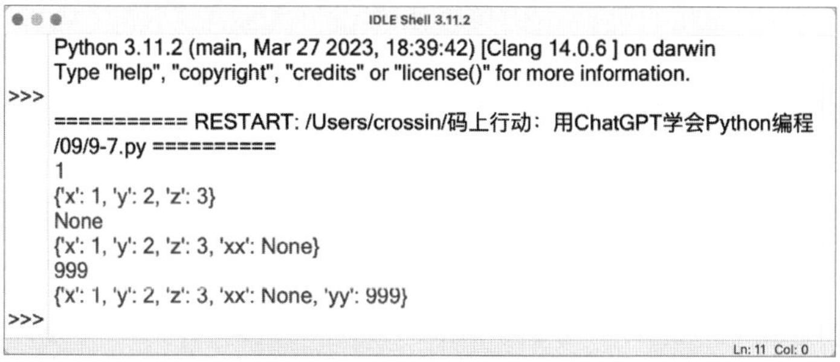

```
IDLE Shell 3.11.2
Python 3.11.2 (main, Mar 27 2023, 18:39:42) [Clang 14.0.6 ] on darwin
Type "help", "copyright", "credits" or "license()" for more information.
>>>
=========== RESTART: /Users/crossin/码上行动：用ChatGPT学会Python编程
/09/9-7.py ==========
1
{'x': 1, 'y': 2, 'z': 3}
None
{'x': 1, 'y': 2, 'z': 3, 'xx': None}
999
{'x': 1, 'y': 2, 'z': 3, 'xx': None, 'yy': 999}
>>>
Ln: 11 Col: 0
```

图 9-7 示例 9-7 运行结果

9.2.3 遍历字典

字典也可以通过 for 循环进行遍历。直接对字典对象进行遍历的效果是遍历字典的键。

【示例 9-8 程序】

在编辑器中输入如下示例程序并运行。

第 1 行：创建一个变量 a，并赋值为一个字典。

第 2 行：通过 for 循环遍历字典 a，循环变量为 i。

第 3 行：每次循环中输出 i 的值。

示例 9-8

```
1. a = {'x': 1, 'y': 2, 'z': 3}
2. for i in a:
3.     print(i)
```

保存并运行程序，结果如图 9-8 所示。从运行结果中可以看到，遍历输出的结果是字典 a 中所有的键。

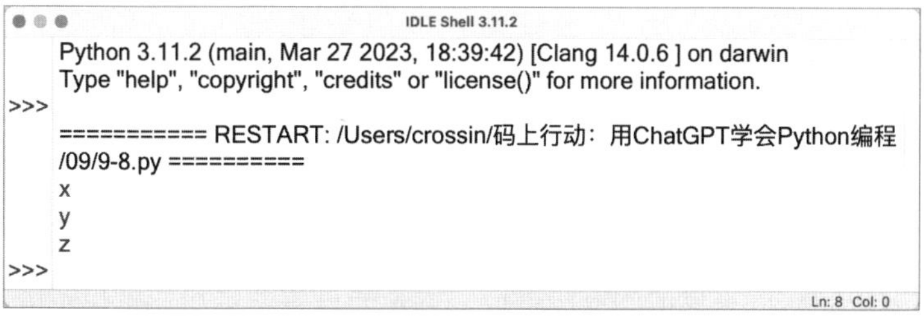

```
IDLE Shell 3.11.2
Python 3.11.2 (main, Mar 27 2023, 18:39:42) [Clang 14.0.6 ] on darwin
Type "help", "copyright", "credits" or "license()" for more information.
>>>
=========== RESTART: /Users/crossin/码上行动：用ChatGPT学会Python编程
/09/9-8.py ==========
x
y
z
>>>
Ln: 8 Col: 0
```

图 9-8 示例 9-8 运行结果

如果想要遍历值或键值对，可以通过以下几个字典方法先获取对应的列表，然后再进行遍历。

（1）keys()：返回包含字典中所有键的列表。

（2）values()：返回包含字典中所有值的列表。

（3）items()：返回包含字典中所有键值对的列表。

【示例 9-9 程序】

在编辑器中输入如下示例程序并运行。

第 1 行：创建一个变量 a，并赋值为一个字典。

第 2、3 行：通过 for 循环遍历字典 a 的 keys 方法返回值，循环输出遍历结果。

第 4、5 行：通过 for 循环遍历字典 a 的 values 方法返回值，循环输出遍历结果。

第 6、7 行：通过 for 循环遍历字典 a 的 items 方法返回值，循环输出遍历结果。

示例 9-9

```
1. a = {'x': 1, 'y': 2, 'z': 3}
2. for i in a.keys():
3.     print(i)
4. for i in a.values():
5.     print(i)
6. for i in a.items():
7.     print(i)
```

保存并运行程序，结果如图 9-9 所示。从运行结果中可以看到，遍历 keys() 的效果和直接遍历字典是相同的，而遍历 values() 和 items() 则分别输出了所有值和所有键值对，其中键值对以元组的形式输出。

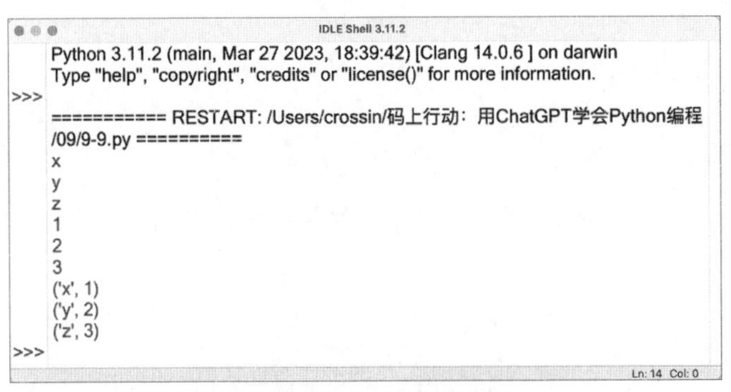

图 9-9　示例 9-9 运行结果

9.2.4 修改字典值

修改字典值的方法同获取字典值的方法类似，就是通过方括号操作符指定键之后，进行一次赋值。同获取值不同的地方在于，如果键不存在，则会创建一个新的键值对。

【示例 9-10 程序】

在编辑器中输入如下示例程序并运行。

第 1 行：创建一个变量 a，并赋值为一个字典。

第 2 行：修改字典 a 中键 x 对应的值为 100。

第 3 行：输出 a 的值。

第 4 行：修改字典 a 中键 xx 对应的值为 999。

第 5 行：输出 a 的值

示例 9-10

```
1. a = {'x': 1, 'y': 2, 'z': 3}
2. a['x'] = 100
3. print(a)
4. a['xx'] = 999
5. print(a)
```

保存并运行程序，结果如图 9-10 所示。从运行结果中可以看到，给字典中原本不存在的键赋值，将会增加一个新的键值对。

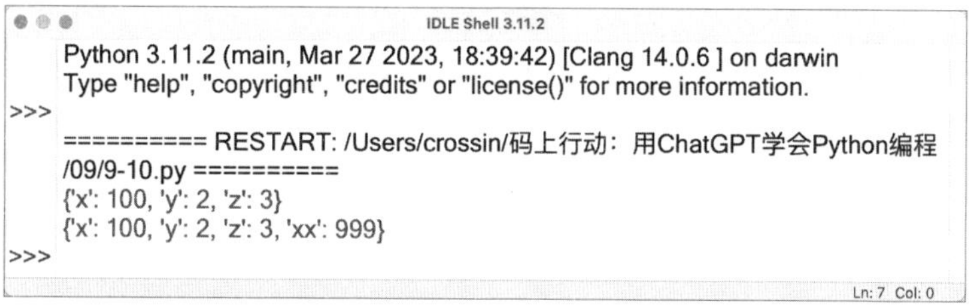

```
IDLE Shell 3.11.2
Python 3.11.2 (main, Mar 27 2023, 18:39:42) [Clang 14.0.6 ] on darwin
Type "help", "copyright", "credits" or "license()" for more information.
>>>
========== RESTART: /Users/crossin/码上行动：用ChatGPT学会Python编程
/09/9-10.py ==========
{'x': 100, 'y': 2, 'z': 3}
{'x': 100, 'y': 2, 'z': 3, 'xx': 999}
>>>
Ln: 7 Col: 0
```

图 9-10　示例 9-10 运行结果

9.2.5 增加字典键值对

其实前面我们已经提及了两种增加字典键值对的方法，一种是通过 setdefault 方法获取不存在的键对应的值，另一种是用方括号操作符直接给不存在的键赋值。

Python 字典还提供了一个 update 方法，用来向字典中增加键值对。它的效果是将另一个字典中的键值对添加到当前字典中，如果存在同名的键，则会覆盖原有字典中对应的值。

【示例 9-11 程序】

在编辑器中输入如下示例程序并运行。

第 1 行：创建一个变量 a，并赋值为一个字典。

第 2 行：创建一个变量 b，并赋值为一个字典。

第 3 行：通过 update 方法将字典 b 中的键值对添加到字典 a 中。

第 4 行：输出 a 的值。

示例 9-11

```
1. a = {'x': 1, 'y': 2, 'z': 3}
```

```
b = {'a': 4, 'b': 5, 'x': 6}
a.update(b)
print(a)
```

保存并运行程序，结果如图 9-11 所示。从运行结果中可以看到，字典 a 中多出了字典 b 的键值对，而原来就存在的键 x 的值 1 被修改成了 6。

```
IDLE Shell 3.11.2
Python 3.11.2 (main, Mar 27 2023, 18:39:42) [Clang 14.0.6 ] on darwin
Type "help", "copyright", "credits" or "license()" for more information.
>>>
========== RESTART: /Users/crossin/码上行动：用ChatGPT学会Python编程
/09/9-11.py ==========
{'x': 6, 'y': 2, 'z': 3, 'a': 4, 'b': 5}
>>>
Ln: 6 Col: 0
```

图 9-11　示例 9-11 运行结果

9.2.6 删除字典键值对

可以增加字典中的键值对，自然也可以删除键值对。和列表一样，字典也有一个 pop 方法，作用是删除指定键所对应的键值对，并返回对应的值。pop 方法有两个参数，第一个参数是指定的键，第二个参数是替代值，可以省略。当设置了替代值，字典中如果没有指定的键，会直接返回替代值；而如果不设置替代值，删除不存在的键会触发 KeyError 键错误。

【示例 9-12 程序】

在编辑器中输入如下示例程序并运行。

第 1 行：创建一个变量 a，并赋值为一个字典。

第 2 行：通过 pop 方法删除字典 a 中键为 x 的键值对，并将其输出。

第 3 行：输出 a 的值。

第 4 行：通过 pop 方法删除字典 a 中键为 xx 的键值对，如果不存在则返回 0，将返回结果输出。

第 5 行：输出 a 的值。

示例 9-12

```
1. a = {'x': 1, 'y': 2, 'z': 3}
2. print(a.pop('x'))
3. print(a)
4. print(a.pop('xx', 0))
5. print(a)
```

保存并运行程序，结果如图 9-12 所示。从运行结果中可以看到，设置了替代值的 pop 方法可以避免删除不存在的键而引起报错。

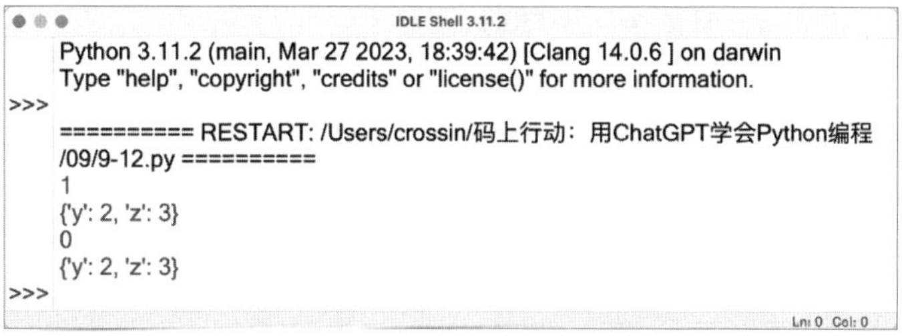
IDLE Shell 3.11.2
Python 3.11.2 (main, Mar 27 2023, 18:39:42) [Clang 14.0.6] on darwin
Type "help", "copyright", "credits" or "license()" for more information.
>>>
========== RESTART: /Users/crossin/码上行动：用ChatGPT学会Python编程
/09/9-12.py ==========
1
{'y': 2, 'z': 3}
0
{'y': 2, 'z': 3}
>>>
Ln: 0 Col: 0

图 9-12　示例 9-12 运行结果

字典中还有一个删除键值对的方法 popitem。popitem 会删除并返回字典中的最后一对键值对。空字典调用 popitem 方法会触发 KeyError 键错误。

【示例 9-13 程序】

在编辑器中输入如下示例程序并运行。

第 1 行：创建一个变量 a，并赋值为一个字典。

第 2 行：通过 popitem 方法删除字典 a 中的最后一对键值对，并将其输出。

第 3 行：输出 a 的值。

第 4 行：通过 popitem 方法删除字典 a 中的最后一对键值对，并将其输出。

第 5 行：输出 a 的值。

示例 9-13

```
1. a = {'x': 1, 'y': 2, 'z': 3}
2. print(a.popitem())
3. print(a)
4. print(a.popitem())
5. print(a)
```

保存并运行程序，结果如图 9-13 所示。

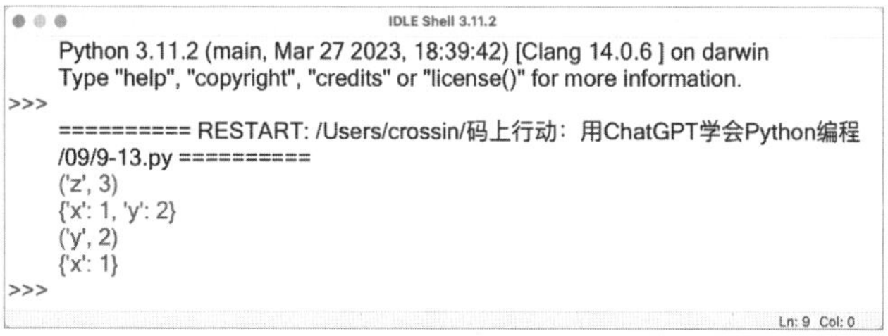
IDLE Shell 3.11.2
Python 3.11.2 (main, Mar 27 2023, 18:39:42) [Clang 14.0.6] on darwin
Type "help", "copyright", "credits" or "license()" for more information.
>>>
========== RESTART: /Users/crossin/码上行动：用ChatGPT学会Python编程
/09/9-13.py ==========
('z', 3)
{'x': 1, 'y': 2}
('y', 2)
{'x': 1}
>>>
Ln: 9 Col: 0

图 9-13　示例 9-13 运行结果

如果想要直接清空字典，也就是删除字典中的所有键值对，可以使用字典的 clear 方法。

【示例 9-14 程序】

在编辑器中输入如下示例程序并运行。

第 1 行：创建一个变量 a，赋值为一个字典。

第 2 行：调用 clear 方法清空字典 a。

第 3 行：输出 a 的值。

示例 9-14

```
1. a = {'x': 1, 'y': 2, 'z': 3}
2. a.clear()
3. print(a)
```

保存并运行程序，结果如图 9-14 所示。

```
IDLE Shell 3.11.2
Python 3.11.2 (main, Mar 27 2023, 18:39:42) [Clang 14.0.6 ] on darwin
Type "help", "copyright", "credits" or "license()" for more information.
>>>
========== RESTART: /Users/crossin/码上行动：用ChatGPT学会Python编程
/09/9-14.py ==========
{}
>>>
                                                    Ln: 6 Col: 0
```

图 9-14　示例 9-14 运行结果

9.3 ChatGPT 讲解知识点——del 语句

在 Python 中还有一种删除列表元素或字典键值对的特殊方法。之所以说它特殊，是因为它既不是内置函数，也不是列表或字典的方法，而是一条“语句”，这就是 del 语句。下面我们让 ChatGPT 来介绍并演示一下 del 语句的具体用法。

提问：什么是 Python 中的 del 语句？

ChatGPT:

在 Python 中，del 是一个关键字，用于删除对象。可以使用 del 删除变量和列表中的元素或字典中的键值对等。

以下是 del 语句的一些常见用法。

删除变量：del variable_name

例如，如果要删除名为 x 的变量，可以使用以下语句。

```
x = 10
del x
```

删除列表中的元素：del list_name[index]

例如，如果要删除列表 my_list 中的第一个元素，可以使用以下语句。

```
my_list = [1, 2, 3, 4, 5]
```

```
del my_list[0]
```

删除字典中的键值对：del dict_name[key]

例如，如果要删除字典 my_dict 中键为 name 的键值对，可以使用以下语句。

```
my_dict = {'name': 'John', 'age': 30, 'city': 'New York'}
del my_dict['name']
```

需要注意的是，del 语句只是删除了对象的引用，而并非删除了对象本身。如果对象没有任何引用，它将被垃圾回收机制清理。

9.4 ChatGPT 讲解知识点——其他复合数据类型

Python 中的复合数据类型并不只有列表和字典，下面来问问 ChatGPT 还有哪些其他复合数据类型。

提问：除了列表和字典，Python 中还有哪些内置的复合数据类型?

ChatGPT:

除了列表和字典，Python 中还有以下两种常用的复合数据类型。

1. 元组（tuple）：与列表类似，但是元组是不可变的序列，即一旦创建，就不能修改。元组使用圆括号（()）表示，元素之间使用逗号（,）分隔。

例如：

```
my_tuple = (1, 2, 3)
print(my_tuple)  # Output: (1, 2, 3)
```

元组中的元素可以通过索引访问，也可以使用 len() 函数获取元素个数。

2. 集合（set）：无序的不重复元素集合。集合使用花括号（{}）表示，元素之间使用逗号（,）分隔。

例如：

```
my_set = {1, 2, 3, 3, 4}
print(my_set)  # Output: {1, 2, 3, 4}
```

可以使用 len() 函数获取集合元素个数，也可以使用集合运算符（如 |、&、-）进行集合运算。

如 ChatGPT 所说，元组和集合也是 Python 中内置的复合数据类型，有着各自的适用场景。下面我们结合 ChatGPT 对它们进行简要介绍。

9.4.1 元组

下面让 ChatGPT 介绍一下元组。

提问：介绍一下 Python 中的元组类型。

ChatGPT:

在 Python 中，元组是一种有序、不可变的数据结构，可以包含任意数量、任意类型的数据。元组使用圆括号（()）来创建，元素之间用逗号（,）分隔。与列表不同，元组创建后不能被修改，因此称为“不可变的列表”。

元组有以下几个特点。

1. 不可变性：元组中的元素不能被修改、删除或添加。

2. 有序性：元组中的元素按照顺序排列。

3. 可以包含不同的数据类型：元组中可以包含数字、字符串、列表等。

4. 支持索引和切片：可以通过索引和切片来访问元组中的元素。

可以使用索引来访问元组中的元素，并且可以使用切片来获取元组的子集。与列表不同的是，元组的内容无法被修改，因此元组通常用于表示不可变的数据，如日期、时间、坐标等。此外，元组也可以用于在函数之间传递多个值，或者用于解包操作，以便将元组的值赋给单独的变量。

总之，元组是一种有用的数据结构，可以在许多情况下提供简单、可靠的数据表示方式。

通过 ChatGPT 的介绍可以了解到，元组是一种和列表很相似的数据结构，最大的区别是元组元素不可变，创建了就无法修改。

提问：Python 中的元组有哪些常用操作？

ChatGPT:

在 Python 中，元组支持以下常用操作。

1. 创建元组

```
# 创建一个包含整数、浮点数和字符串的元组
my_tuple = (1, 2.5, "three")
print(my_tuple)  # 输出：(1, 2.5, 'three')
```

2. 访问元组元素

```
# 访问元组中的元素
my_tuple = (1, 2.5, "three")
print(my_tuple[0])  # 输出：1
print(my_tuple[1:])  # 输出：(2.5, 'three')
```

3. 拼接元组

```
# 将两个元组拼接成一个新的元组
tuple1 = (1, 2, 3)
tuple2 = (4, 5, 6)
new_tuple = tuple1 + tuple2
print(new_tuple)  # 输出：(1, 2, 3, 4, 5, 6)
```

4. 复制元组

```
# 复制元组
my_tuple = (1, 2, 3)
new_tuple = my_tuple * 2
print(new_tuple)  # 输出：(1, 2, 3, 1, 2, 3)
```

5. 获取元组长度

```
# 获取元组长度
my_tuple = (1, 2, 3)
print(len(my_tuple))  # 输出：3
```

6. 判断元素是否在元组中

```
# 判断元素是否在元组中
my_tuple = (1, 2, 3)
print(2 in my_tuple)  # 输出：True
print(4 in my_tuple)  # 输出：False
```

7. 获取元素出现的次数

```
# 获取元素出现的次数
my_tuple = (1, 2, 3, 2, 4, 2)
print(my_tuple.count(2))  # 输出：3
```

8. 获取元素的索引位置

```
# 获取元素的索引位置
my_tuple = (1, 2, 3, 2, 4, 2)
print(my_tuple.index(2))  # 输出：1
```

需要注意的是，元组是不可变的，因此不能使用索引或切片操作修改元组中的元素，也不能使用 append()、insert()、remove() 等方法来增加、插入或删除元素。如果需要进行这些操作，可以先将元组转换为列表，再进行操作，最后将列表转换回元组。

此外，元组还可以用于函数返回多个值的情况。例如：

```
def get_name_and_age():
    name = 'John'
    age = 30
    return name, age
name, age = get_name_and_age()
print(name)   # 输出：'John'
print(age)    # 输出：30
```

这实际上是利用了元组的解包操作，即将元组的每个元素分配给单独的变量，

```
my_tuple = (1, 2, 3)
a, b, c = my_tuple
```

```
print(a)   # 输出: 1
print(b)   # 输出: 2
print(c)   # 输出: 3
```

以上是元组的常用操作，除了不可修改其中的元素，其他操作和列表都是相同的。元组的解包操作同样也可以用在列表上。

特别要注意的是，如果元组中只有一个元素，元组中的逗号（,）也不能省略。比如下面的代码：

```
a = (1)
print(a)
b = (1,)
print(b)
```

其中 (1) 表示的是数字 1，而 (1,) 才是包含一个元素 1 的元组。

将以上代码合并复制到编辑器中，保存并运行，结果如图 9-15 所示。

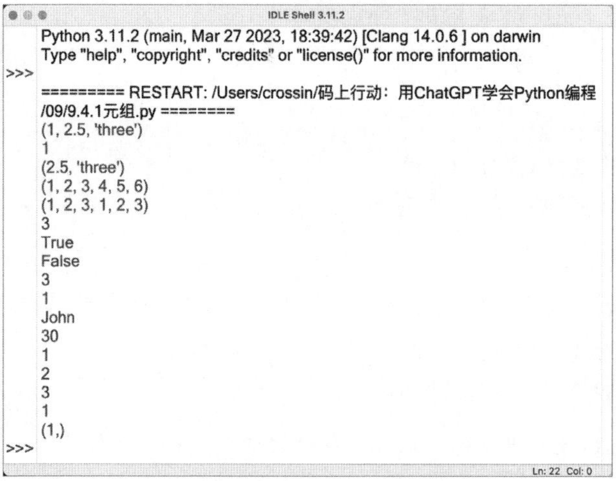

```
IDLE Shell 3.11.2
Python 3.11.2 (main, Mar 27 2023, 18:39:42) [Clang 14.0.6 ] on darwin
Type "help", "copyright", "credits" or "license()" for more information.
>>>
========= RESTART: /Users/crossin/码上行动：用ChatGPT学会Python编程
/09/9.4.1元组.py ========
(1, 2.5, 'three')
1
(2.5, 'three')
(1, 2, 3, 4, 5, 6)
(1, 2, 3, 1, 2, 3)
3
True
False
3
1
John
30
1
2
3
1
(1,)
>>>
Ln: 22 Col: 0
```

图 9-15　ChatGPT 演示代码运行结果

9.4.2 集合

了解完元组，我们再让 ChatGPT 介绍一下集合。

提问：介绍一下 Python 中的集合类型。

ChatGPT:

Python 中的集合是一种无序的、可变的数据类型，可以用来存储多个不重复的元素。集合中的元素必须是可哈希的（不可变的），因此可以包含数字、字符串、元组等不可变对象，但不能包含列表、字典等可变对象。

Python 中的集合类型是通过 {} 或 set() 创建的。例如：

```
# 创建集合
my_set = {1, 2, 3}
my_set2 = set([4, 5, 6])
```

集合中的元素是无序的，因此不能通过索引访问集合中的元素，但可以使用循环、in 关键字等方法进行遍历和判断。另外，集合支持一系列操作，包括交集、并集、差集等。

以下是一些常用的集合操作。

1. 添加元素

```
# 添加元素
my_set = {1, 2, 3}
my_set.add(4)
print(my_set)  # 输出：{1, 2, 3, 4}
```

2. 移除元素

```
# 移除元素
my_set = {1, 2, 3}
my_set.remove(2)
print(my_set)  # 输出：{1, 3}
```

3. 集合运算

```
# 集合运算
set1 = {1, 2, 3}
set2 = {2, 3, 4}
print(set1 | set2)  # 输出：{1, 2, 3, 4}，并集
print(set1 & set2)  # 输出：{2, 3}，交集
print(set1 - set2)  # 输出：{1}，差集
```

4. 判断元素是否在集合中

```
# 判断元素是否在集合中
my_set = {1, 2, 3}
print(2 in my_set)  # 输出：True
print(4 in my_set)  # 输出：False
```

5. 获取集合长度

```
# 获取集合长度
my_set = {1, 2, 3}
print(len(my_set))  # 输出：3
```

需要注意的是，集合中的元素必须是唯一的，因此如果添加重复的元素，集合不会进行任何操作。另外，集合是可变对象，因此可以在原地进行修改，如添加、删除元素等操作。

从 ChatGPT 的介绍中可以了解到，集合最大的特点就是“唯一性”，集合中的元素是不重复的。所以可以利用集合来去除列表中的重复元素。

```
a = [2, 1, 1, 2, 2, 3]
a = list(set(a))
print(a)  # 输出: [1, 2, 3]
```

列表类型的数据转换成 set，其中重复的元素就被去除了，但因为集合是无序的，所以列表原本的顺序也就不能保证了。

将以上代码合并复制到编辑器中，保存并运行，结果如图 9-16 所示。

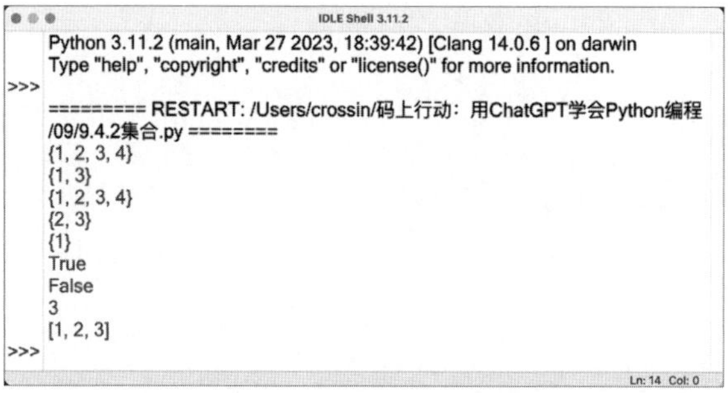

```
IDLE Shell 3.11.2
Python 3.11.2 (main, Mar 27 2023, 18:39:42) [Clang 14.0.6 ] on darwin
Type "help", "copyright", "credits" or "license()" for more information.
>>>
========= RESTART: /Users/crossin/码上行动：用ChatGPT学会Python编程
/09/9.4.2集合.py ========
{1, 2, 3, 4}
{1, 3}
{1, 2, 3, 4}
{2, 3}
{1}
True
False
3
[1, 2, 3]
>>>
Ln: 14  Col: 0
```

图 9-16 ChatGPT 演示代码运行结果

9.5 ChatGPT 演示代码——小说中的词频统计

下面我们将结合 ChatGPT，通过一个代码示例来演示列表和字典在代码中的应用。我们要实现的代码功能是，统计一段英文小说中出现频率最高的单词是哪些。

我们先让 ChatGPT 帮我们生成一段英文小说作为测试数据。

提问：给我一段 500 个单词左右的英文科幻小说段落。

ChatGPT:

As the sun set on the barren planet, a lone spacecraft touched down on its dusty surface. The crew had been traveling for months, searching for signs of life in the galaxy. But so far, they had found only desolation.

As the ship's hatch opened, the crew stepped out onto the planet's surface, their spacesuits protecting them from the harsh environment. They scanned the horizon, looking for any signs of movement or activity.

Suddenly, a strange noise caught their attention. It was a low, rumbling sound, like the growl of a wild animal. But there were no animals on this planet, or at least none that the crew knew of.

As they moved closer to the source of the sound, they began to see something moving in the distance. It was a group of creatures, unlike any they had ever seen before. They were tall and thin, with elongated limbs and large, glowing eyes.

The creatures approached the crew cautiously, their movements graceful and fluid. The crew watched in amazement as the creatures began to communicate with them, using a series of clicks and whistles that sounded almost musical.

For hours, the crew talked with the creatures, learning about their culture and their way of life. They discovered that the planet was not as barren as they had originally thought, but was teeming with life, both above and below the surface.

As the night fell, the crew bid farewell to their new friends and returned to their spacecraft, filled with wonder and amazement at the strange new world they had discovered. They knew that they had only scratched the surface of what lay hidden on this planet, and that there was still so much more to explore and discover.

有了小说的内容，我们在代码中直接通过三引号就可以创建字符串并赋值给一个变量，以供后续代码中操作使用。

提问：假设上述文章作为字符串赋值给了变量 s，如何用 Python 统计其中每个单词出现的次数？

ChatGPT:

可以使用 Python 中的字符串方法和字典来统计每个单词出现的次数。具体实现方法如下。

```
# 将字符串转换为小写，去掉标点符号，并按空格分割成单词列表
words = s.lower().replace(",", "").replace(".", "").split()
# 初始化一个空字典
word_counts = {}
# 遍历单词列表，统计每个单词出现的次数
for word in words:
    if word not in word_counts:
        word_counts[word] = 1
    else:
        word_counts[word] += 1
# 输出每个单词及其出现的次数
for word, count in word_counts.items():
    print(f"{word}: {count}")
```

以上代码将字符串 s 转换为小写，并去掉了标点符号。然后按照空格分割成一个单词列表 words。接下来，我们遍历这个单词列表，统计每个单词出现的次数，并保存在一个空字典 word_counts 中。最后，我们遍历这个字典，输出每个单词及其出现的次数。

这里有两个我们之前没有见过的方法：lower 和 replace，让 ChatGPT 具体解释一下。

提问：解释一下其中的 lower 和 replace 方法。

ChatGPT:

lower() 和 replace() 都是 Python 中常用的字符串方法。

lower() 方法用于将字符串中所有的字母都转换为小写。例如，如果有一个字符串“HELLO WORLD”，我们可以使用 lower() 方法将其转换为“hello world”。这个方法非常有用，因为它可以将字符串中所有的大小写字母都转换为相同的形式，这样就方便了字符串的比较和处理。

replace() 方法用于将字符串中的某个子串替换为另一个子串。例如，如果有一个字符串“hello world”，我们可以使用 replace() 方法将其中的“world”替换为“python”，得到新的字符串“hello python”。这个方法在处理字符串时非常常用，可以方便地修改字符串中的某些部分。

在上面的例子中，我们先使用了 lower() 方法将整个字符串 s 中的所有字母都转换为小写，这样可以避免在统计单词出现次数时因为大小写不同而导致统计不准确。然后我们使用了两个 replace() 方法将字符串 s 中的逗号和句号替换为空字符串，这样可以将它们从字符串中去掉，从而更准确地统计每个单词的出现次数。

ChatGPT 给出的代码基本实现思路如下。

第 1、2 行：将文章内容转换成小写字母并去除标点，然后根据空格和回车分隔成一个个单词，组成一个列表。

第 3 ~ 10 行：创建一个空字典，然后遍历这个列表中的每个单词。如果字典中没有对应的键，就添加新的键值对并赋值为 1，如果已有对应的键，就在原值上加 1。

第 11 ~ 13 行：遍历字典中的键值对并输出。

不过因为单词太多，我们只关心词频最高的单词，所以再让 ChatGPT 优化一下输出。

提问：按照出现次数由高到低输出前 10 个单词。

ChatGPT:

可以使用以下代码按照单词出现次数由高到低输出前 10 个单词。

```
sorted_word_counts = sorted(word_counts.items(), key=lambda x: x[1], reverse=True)
for word, count in sorted_word_counts[:10]:
    print(word, count)
```

这将先对 word_counts 字典进行排序，按照单词出现次数从高到低排序。然后，它将打印出前 10 个单词及其出现次数。

前面说过，字典的 items 方法是将字典中的键值对转换成元组，并组合成列表。这里用 sorted 函数对列表进行逆序排序，排序依据是每个列表元素的第 2 个值，也就是我们统计到的单词出现次数。最后取结果中的前 10 个元素输出。注意，这里 for 循环遍历时也使用了元组的解包操作，直接将元组的两个值分别赋值给 word 和 count。

将以上代码合并复制到编辑器中，保存并运行，结果如图 9-17 所示，单词后面对应的数字是其在文章中出现的次数。

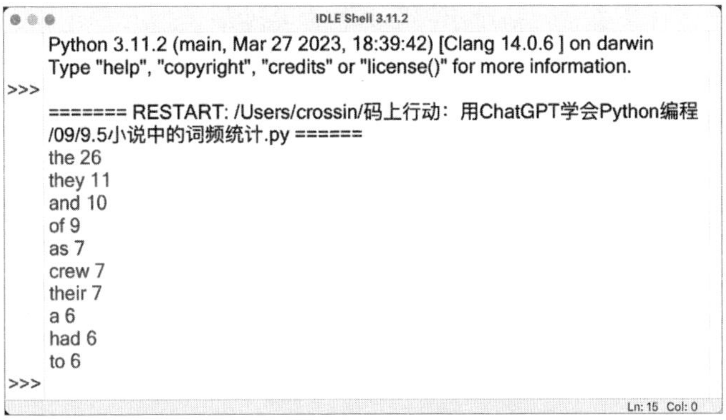

```
IDLE Shell 3.11.2
Python 3.11.2 (main, Mar 27 2023, 18:39:42) [Clang 14.0.6 ] on darwin
Type "help", "copyright", "credits" or "license()" for more information.
>>>
======= RESTART: /Users/crossin/码上行动：用ChatGPT学会Python编程
/09/9.5小说中的词频统计.py ======
the 26
they 11
and 10
of 9
as 7
crew 7
their 7
a 6
had 6
to 6
>>>
Ln: 15 Col: 0
```

图 9-17 ChatGPT 演示代码运行结果

9.6 ChatGPT 答疑解惑

关于字典方面的更多问题，我们来看一看 ChatGPT 的解答。

9.6.1 列表和字典的使用场景

列表和字典都是 Python 中极为常用的复合数据结构，那么在开发中应当如何考虑是选择列表还是字典来存储数据呢？让 ChatGPT 来介绍一下。

提问：说说列表和字典分别适合的使用场景，以及在选择时如何考虑。

ChatGPT:

列表和字典都是 Python 中非常常用的数据结构，它们分别适合不同的使用场景，一些主要的考虑因素如下。

适合使用列表的场景：

- 当需要按照一定的顺序存储和访问元素时，使用列表更加适合。
- 当需要通过下标或索引访问元素时，使用列表是更好的选择。
- 当需要使用一些特定的列表方法，如 append、extend 等时，使用列表更加方便。
- 当需要在元素中存储相同类型的数据时，如仅仅是数字或字符串等，使用列表更加简便。

适合使用字典的场景：

- 当需要快速访问、查找、删除元素时，使用字典更加适合。
- 当需要为元素定义特定的键值对关系时，使用字典更加方便。
- 当需要对一个复杂的数据结构进行存储时，如对于一个拥有多个属性的对象，使用字典更加合适。

· 当需要对数据进行修改时，如对于一个频繁需要添加、删除、更新元素的场景，使用字典更加适合。

总的来说，选择列表还是字典需要根据具体的场景来决定。一般来说，如果需要按照一定的顺序存储和访问元素，或者仅仅是存储同一类型的元素，那么使用列表更加合适。如果需要快速访问、查找、删除元素，或者需要对一个复杂的数据结构进行存储和修改，那么使用字典更加合适。

总结一下 ChatGPT 的回答就是，需要考虑顺序和简单，就优选列表，需要复杂结构或快速访问，则字典更适合。

9.6.2 列表和字典的拷贝

通过之前关于变量的学习，我们知道将一个列表或字典赋值给另一个新变量，并不会产生新的列表或字典。那如果我们需要对已有的列表或字典变量做一个备份，使它们在数值上相同又不互相影响，需要怎么做呢？看看 ChatGPT 的解答。

提问：如何对已有的列表或字典生成一个备份？

ChatGPT:

在 Python 中，生成一个列表或字典的备份可以通过复制（或称为拷贝）原始对象的方式实现。这可以使用 Python 的内置方法来完成，具体方法如下。

对于列表，可以使用 copy() 方法或 [:] 语法来生成一个备份，示例如下。

```
original_list = [1, 2, 3, 4, 5]
backup_list = original_list.copy()
# 或者
backup_list = original_list[:]
```

对于字典，可以使用 copy() 方法来生成一个备份，示例如下。

```
original_dict = {'key1': 'value1', 'key2': 'value2', 'key3': 'value3'}
backup_dict = original_dict.copy()
```

需要注意的是，使用 copy() 方法或 [:] 语法可以生成一个浅拷贝，也就是说新的对象和原始对象指向不同的内存地址，但是如果原始对象包含了可变类型的元素（如列表或字典），那么它们在新的对象中仍然是共享的。如果需要生成一个深拷贝，可以使用 copy 模块的 deepcopy() 方法，示例如下。

```
import copy
original_list = [[1, 2], [3, 4], [5, 6]]
backup_list = copy.deepcopy(original_list)
original_dict = {
    'a': [1, 2, 3]
    'b': {
```

```
        'c': 2,
        'd': {
            'e': 3
        }
    }
}
backup_dict = original_dict.deepcopy()
```

以上方法可以对已有的列表或字典生成一个备份，这对于数据处理和安全性都是很重要的。

通过 ChatGPT 的介绍可以了解到，简单的拷贝通过列表和字典的 copy 方法即可实现。但如果元素中有可变对象，想要彻底分离，则需要使用 copy 模块中的 deepcopy 函数。

9.6.3 如何提升编程能力

到目前为止，本书已经讲解了 Python 中的大部分基本语法。但很多新手学到这里会出现一个疑惑：明明已经掌握了基本语法，但是看到问题仍然不知道该从何入手，无法写出完整的代码，这种情况下要如何提升编程能力？我们来看看 ChatGPT 的建议。

提问：学习 Python 一段时间，掌握了大部分基本语法，但是看到问题仍然不知道该从何入手，无法写出完整的代码，这种情况下要如何提升编程能力?

ChatGPT:

如果你已经掌握了大部分 Python 的基本语法，但是仍然不知道如何开始写完整的代码，那么你可以采取以下措施来提高自己的编程能力。

1. 多练习：多写一些练习题或小项目，逐渐提高自己的编程能力和解决问题的能力，同时也可以锻炼自己的思维和逻辑能力。

2. 解决实际问题：找一些实际问题，如自己遇到的一些计算、数据分析等问题，通过编写 Python 程序来解决，这有助于你实践所学的知识，提高编程能力。

3. 学习算法和数据结构：算法和数据结构是编程的基础，学习它们可以帮助你更好地理解程序的逻辑和流程，从而写出更好的代码。

4. 阅读开源项目的代码：可以阅读一些开源项目的代码，了解其实现方法和设计思路，从中学习到一些好的编程习惯和技巧。

5. 阅读相关文献：可以阅读一些编程书籍或技术文章，深入了解编程知识和技巧，这有助于提高你的编程水平。

6. 参加编程社区：参加一些编程社区，与其他开发者交流经验和技巧，可以从中学到一些新的想法和思路。

7. 持续学习：编程领域不断发展，需要不断学习新的技术和知识，跟上时代的步伐。可以通过学习在线课程、参加培训班或学习新的编程语言等方式来提高自己的编程能力。

总之，只有通过不断努力和实践，才能够真正提高自己的编程能力。

ChatGPT 列举了一些提升编程能力的途径。对此笔者想补充的是，编程离不开实践，光靠眼睛看并不能掌握编程能力，必须还要动手写。另外，编程的本质是解决问题，而不是单纯地模仿操作，案例中的代码实现只是表象，更重要的是理解代码背后的解决思路，以及在调试中不断寻找问题、解决问题的过程。对于经验尚不丰富的学习者来说，选择适合当前水平的问题，从简单的代码开始，多练习、多阅读，是提高编程能力最有效的方式。

本章小结

本章主要介绍了 Python 中的字典类型，以及它的常用操作和方法。字典是无序的可变映射类型，同列表一样，也是常见的复合数据类型之一。另外，本章也讲解了元组和集合这两种复合数据类型的概念和常见用法。本章的最后通过一个小说词频统计的演示代码，展示了如何在程序中应用列表和字典等类型。第 8 章和本章的内容涵盖了 Python 编程中复合数据类型的基本概念和操作，是初学者进一步提高编程能力的必备基础。

第 10 章

模 块

★本章导读★

Python 的一大特点是具有大量功能丰富的模块，包括 Python 内置模块和其他开发者提供的第三方模块，这些模块大大提升了我们的开发效率，免去了很多“重复造轮子”的麻烦。本章将介绍一些 Python 中常用的内置模块和第三方模块，并用它们开发一些实用的小案例。

★知识要点★

通过本章内容的学习，读者能掌握以下知识：

◆ 掌握 Python 中模块的使用方法

◆ 学会安装第三方模块

◆ 了解一些常用的内置模块和第三方模块

10.1 ChatGPT 讲解知识点——模块

模块是 Python 的一大特色，用好模块可以让程序开发事半功倍。我们通过 ChatGPT 来了解一下模块的相关概念和操作。

10.1.1 Python 的模块

先让 ChatGPT 介绍一下 Python 中模块的概念。

提问：什么是 Python 的模块？

ChatGPT:

在 Python 中，模块是一个包含代码的文件，可以包含函数、类、变量和语句等。它们被设计为可重用的代码块，从而在不同的程序中使用。

模块的作用是将一些功能组织起来并封装在一个文件中，以便在需要时进行导入并使用，这样可以使代码更加模块化、结构化和易于维护。另外，模块还可以用来避免命名冲突和重复编写代码，因为每个模块都有自己的名称空间。

使用模块时，需要使用 import 语句将其导入程序中。在导入模块后，可以使用其定义的函数、类、变量和语句，也可以使用 from 关键字从模块中导入指定的函数或变量。

在 Python 中，许多常用的功能和库都被组织为模块。这些模块包括标准库模块，如 math、os、sys、re 等，以及第三方库模块，如 numpy、pandas、matplotlib 等。此外，Python 还支持自定义模块，使得开发者可以自行编写和使用自己的模块。

如 ChatGPT 所述，模块是对一系列代码的封装，以便在其他代码文件中复用。在代码中导入一个模块，就可以使用其中编写好的代码。

• 10.1.2 导入模块

在 Python 中具体要如何使用模块，下面让 ChatGPT 详细介绍。

提问：如何在 Python 中使用模块？

ChatGPT:

在 Python 中要使用一个模块，需要使用 import 语句将其导入程序中。下面是使用模块的详细介绍。

1. 使用 import 语句导入模块

例如，要使用 Python 标准库中的 math 模块，可以使用以下导入语句。

```
1. import math
```

这将使程序可以使用 math 模块中定义的函数，如 sin()、cos() 和 sqrt() 等。在导入后，可以使用以下语法来调用模块中的函数。

```
1. math.sin(1.0)
```

2. 使用别名来导入模块

有时候模块的名称很长，为了避免在代码中反复输入，可以给模块指定一个别名。例如，可以使用以下代码将 math 模块导入为别名 m。

```
1. import math as m
```

这将使程序可以使用别名 m 来调用 math 模块中的函数，如 m.sin(1.0)。

3. 导入模块中的函数

有时候只需要导入模块中的一些函数，可以使用 from 关键字来导入指定的函数。例如，要导入 math 模块中的 pi 和 sqrt() 函数，可以使用以下代码。

```
from math import pi, sqrt
```

这将使程序可以直接使用 pi 和 sqrt() 函数，而无须在代码中引用模块名称。

4. 导入模块中的所有内容

如果希望导入模块中的所有内容，可以使用以下语法。

```
from math import *
```

这将导入 math 模块中的所有函数、类和变量。不过，这种导入方式不太安全，因为它可能会导致命名冲突。

5. 自定义模块的使用

在 Python 中，也可以自己编写并使用自定义模块。例如，可以创建一个名为 my_module.py 的文件，并将以下代码保存在其中。

```
def say_hello():
    print("Hello, World!")
```

然后，在另一个 Python 程序中，可以使用以下语句来导入自定义模块。

```
import my_module
my_module.say_hello()
```

这将使程序可以调用 my_module.py 中定义的 say_hello() 函数。

在 Python 中使用模块很简单，ChatGPT 列举了几种导入模块的常用方式。通常采用比较多的是第一种方式，通过 import 语句导入模块，之后在代码中通过“模块名 . 函数名”的形式来调用模块中的函数。

10.1.3 安装模块

Python 中内置的模块称作 Python 标准库。除了标准库，Python 还有大量的第三方模块可供开发者使用。但在使用外部模块前，需要先下载并安装对应的模块。具体操作方法让 ChatGPT 来给我们介绍一下。

提问：如何在 Python 中安装第三方模块?

ChatGPT:

在 Python 中安装第三方模块可以使用包管理工具 pip，它可以轻松地安装与管理 Python 的第三方模块和库。下面是安装第三方模块的步骤。

1. 检查 pip 是否已经安装

首先，需要检查 pip 是否已经在计算机上安装。可以在终端或命令提示符下运行以下命令。

```
pip --version
```

如果 pip 已经安装，则会显示版本号。否则，需要先安装 pip。

2. 安装 pip

如果 pip 未安装，则需要安装它。可以通过访问网址“https://bootstrap.pypa.io/get-pip.py”下载并安装脚本到本地后，使用以下命令来安装 pip。

```
python get-pip.py
```

3. 使用 pip 安装第三方模块

使用 pip 安装第三方模块非常简单。只需要在终端或命令提示符下运行以下命令。

```
pip install module_name
```

其中，module_name 是要安装的第三方模块的名称。例如，要安装 numpy 模块，可以运行以下命令。

```
pip install numpy
```

4. 升级已安装的模块

如果已经安装了模块，可以使用以下命令升级到最新版本。

```
pip install --upgrade module_name
```

例如，要升级 numpy 模块，可以运行以下命令。

```
pip install --upgrade numpy
```

5. 卸载模块

如果要卸载已经安装的模块，可以使用以下命令。

```
pip uninstall module_name
```

例如，要卸载 numpy 模块，可以运行以下命令。

```
pip uninstall numpy
```

总之，使用 pip 可以方便地安装、升级和卸载 Python 的第三方模块和库，使得使用 Python 更加便捷。

一般来说，pip 会随 Python 环境一同被安装。除了需要安装，还需要把 pip 执行文件的所在目录添加到环境变量 PATH 里，才能在系统命令行里使用 pip 命令。如果你计算机上的 Python 是按照第 2 章里的步骤进行安装及设置的，那么此时应该都已配置妥当，可以直接使用了。

使用 pip 安装模块的操作也比较简单，如 ChatGPT 所演示的，只需要在命令行输入“pip install 模块名”就可以了

如果你在实际操作时，遇到诸如下载失败或安装后无法使用的问题，可以到微信公众号“Crossin 的编程教室”中寻求帮助。

10.2 用 ChatGPT 学 Python 标准库

Python 本身自带丰富的模块，称为 Python 标准库，其中包含了大量常用的模块和函数，可广泛用于日常的开发需求。下面来问问 ChatGPT，Python 有哪些常见的标准库。

提问：列举一些常见的 Python 标准库。

ChatGPT:

以下是一些常见的 Python 标准库。

- os：提供了操作文件和目录的功能，包括文件创建、删除、移动、重命名、目录遍历等操作。
- sys：提供了 Python 解释器的一些参数和函数，如 Python 版本、命令行参数等。
- math：提供了许多数学函数，如三角函数、指数函数、对数函数、常量 pi 等。
- random：提供了随机数生成器函数。
- datetime：提供了日期和时间的处理函数，如日期加减、格式化等。
- time：提供了与时间有关的操作函数，如时间戳、休眠等。
- re：提供了正则表达式的支持。
- json：提供了 JSON 数据的编码和解码函数。
- csv：提供了 CSV 文件的读写函数。
- urllib：提供了 URL 请求的相关函数，如 HTTP、FTP 等。
- socket：提供了网络编程相关的函数，如 TCP、UDP 等。
- turtle：提供了一组用于绘制图形的函数和类，可以在 Python 中创建简单的图形。
- tkinter：提供了 Python 的图形用户界面（GUI）开发所需的所有组件和功能。

这些标准库模块提供了丰富的功能，可以用于各种各样的编程任务。同时，由于它们是 Python 标准库，无须安装额外的包即可使用。

接下来，我们以其中的几个模块为例，介绍一下标准库的具体功能和用法。在介绍的过程中，我们将借助 ChatGPT 来为我们讲解功能并提供示例代码。

10.2.1 math 模块

Python 的 math 模块用于进行数学计算。

提问：介绍一下 Python 中 math 模块的主要功能

ChatGPT:

math 模块是 Python 标准库中的一个模块，主要提供了许多与数学相关的函数和常量。下面是 math 模块的主要功能。

1. 数学函数：math 模块提供了许多数学函数，如三角函数（sin、cos、tan 等）、指数函数（exp）、对数函数（log）、平方根函数（sqrt）等。这些函数可以用于各种数学计算和科学计算中。

2. 常量：math 模块提供了一些常用的数学常量，如圆周率（pi）、自然常数（e）等。这些常量可以用于各种数学计算和科学计算中。

3. 数学运算：math 模块还提供了一些数学运算，如求绝对值（fabs）、向上取整（ceil）、向下取整（floor）、四舍五入（round）等。

4. 角度转换：math 模块提供了将角度和弧度互相转换的函数，如将角度转换为弧度（radians）、将弧度转换为角度（degrees）等。

总之，math 模块是一个强大的数学工具，提供了各种数学函数和常量，可以用于各种数学计算和科学计算中。

提问：写一段 math 模块的示例代码。

ChatGPT:

好的，以下是一个简单的示例代码，展示了 math 模块的一些常用函数的用法。

```
import math
# 计算三角函数值
x = math.sin(math.pi/4)
y = math.cos(math.pi/4)
z = math.tan(math.pi/4)
print("sin(pi/4) =", x)
print("cos(pi/4) =", y)
print("tan(pi/4) =", z)
# 计算指数函数值
a = math.exp(2)
print("exp(2) =", a)
# 计算对数函数值
b = math.log(10)
print("log(10) =", b)
# 计算平方根
c = math.sqrt(16)
print("sqrt(16) =", c)
# 向上取整
d = math.ceil(3.7)
print("ceil(3.7) =", d)
# 向下取整
e = math.floor(3.7)
print("floor(3.7) =", e)
# 四舍五入
f = round(3.7)
print("round(3.7) =", f)
```

该代码使用了 math 模块中的 sin、cos、tan、exp、log、sqrt、ceil、floor、round 等函数，分别

计算了三角函数值、指数函数值、对数函数值、平方根、向上取整、向下取整和四舍五入等。

编程离不开数学计算，所以几乎所有的 Python 开发者都用过 math 模块，它可以实现绝大部分日常所需的计算功能。

将代码复制到编辑器中，保存并运行，结果如图 10-1 所示。

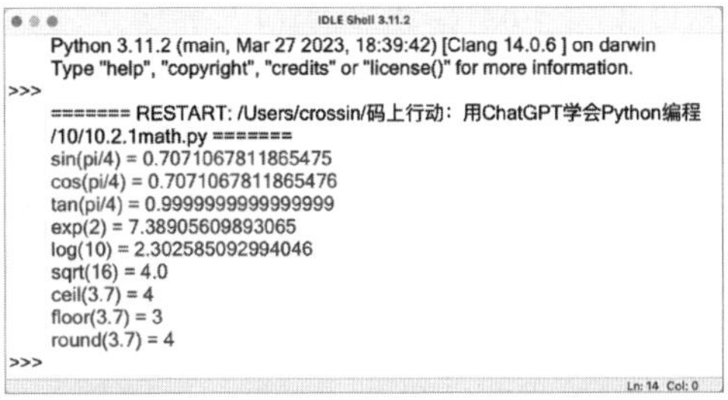

```
IDLE Shell 3.11.2
    Python 3.11.2 (main, Mar 27 2023, 18:39:42) [Clang 14.0.6 ] on darwin
    Type "help", "copyright", "credits" or "license()" for more information.
>>>
    ======= RESTART: /Users/crossin/码上行动：用ChatGPT学会Python编程
    /10/10.2.1math.py =======
    sin(pi/4) = 0.7071067811865475
    cos(pi/4) = 0.7071067811865476
    tan(pi/4) = 0.9999999999999999
    exp(2) = 7.38905609893065
    log(10) = 2.302585092994046
    sqrt(16) = 4.0
    ceil(3.7) = 4
    floor(3.7) = 3
    round(3.7) = 4
>>>
                                                              Ln: 14  Col: 0
```

图 10-1　ChatGPT 演示代码运行结果

10.2.2 os 模块

Python 的 os 模块用于提供操作系统相关的一些接口。

提问：介绍一下 Python 中 os 模块的主要功能。

ChatGPT:

os 模块是 Python 标准库中的一个模块，主要提供了与操作系统交互的函数。下面是 os 模块的主要功能。

1. 文件操作：os 模块提供了许多文件操作相关的函数，如创建目录（mkdir）、删除目录（rmdir）、重命名文件或目录（rename）等。还可以使用 os.path 模块进行路径相关操作，如获取当前工作目录（getcwd）、获取文件的绝对路径（abspath）等。

2. 环境变量：os 模块可以读取和设置环境变量，如获取指定环境变量的值（getenv）、设置指定环境变量的值（putenv）等。

3. 进程管理：os 模块提供了一些进程管理相关的函数，如启动一个新进程（spawn）、获取当前进程的 ID（getpid）等。

4. 用户和权限管理：os 模块提供了一些用户和权限管理相关的函数，如获取当前用户的 ID（getuid）、获取当前用户的组 ID（getgid）、修改文件权限（chmod）等。

总之，os 模块提供了许多与操作系统交互的函数，可以用于文件操作、环境变量、进程管理、用户和权限管理等方面。该模块是编写 Python 系统脚本的重要工具。

提问：写一段 os 模块的示例代码。

ChatGPT:

好的，以下是一个简单的示例代码，展示了 os 模块的一些常用函数的用法。

```
import os
# 获取当前工作目录
print("当前工作目录：", os.getcwd())
# 创建一个目录
os.mkdir("testdir")
# 判断指定路径是否为目录
print("testdir 是否为目录：", os.path.isdir("testdir"))
# 重命名文件或目录
os.rename("testdir", "newdir")
# 删除目录
os.rmdir("newdir")
# 判断指定文件是否存在
print("os.py 是否存在：", os.path.exists("os.py"))
# 获取指定文件的绝对路径
print("os.py 的绝对路径：", os.path.abspath("os.py"))
```

该代码使用了 os 模块中的 getcwd、mkdir、isdir、rename、rmdir、isfile、abspath 等函数，分别用于获取当前工作目录、创建目录、判断是否为目录、重命名文件或目录、删除目录、判断是否为文件、获取文件的绝对路径等。

开发的程序运行在操作系统中，因此免不了与操作系统打交道，如获取文件的路径、获取环境变量等。os 模块为此提供了接口，以实现程序与系统之间的交互。

将代码复制到编辑器中，保存并运行，结果如图 10-2 所示。

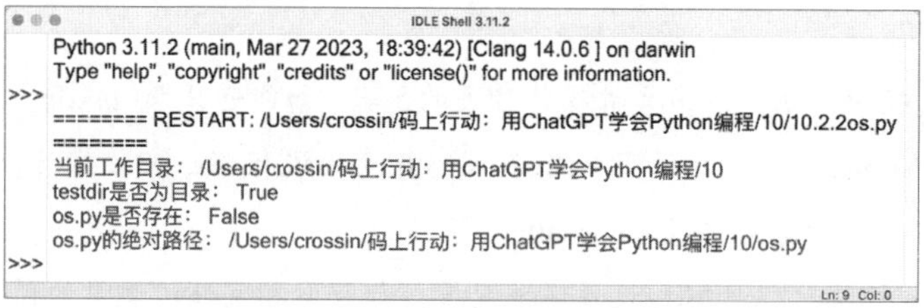

```
IDLE Shell 3.11.2
Python 3.11.2 (main, Mar 27 2023, 18:39:42) [Clang 14.0.6 ] on darwin
Type "help", "copyright", "credits" or "license()" for more information.
>>>
======== RESTART: /Users/crossin/码上行动：用ChatGPT学会Python编程/10/10.2.2os.py
========
当前工作目录： /Users/crossin/码上行动：用ChatGPT学会Python编程/10
testdir是否为目录： True
os.py是否存在： False
os.py的绝对路径： /Users/crossin/码上行动：用ChatGPT学会Python编程/10/os.py
>>>
Ln: 9  Col: 0
```

图 10-2　ChatGPT 演示代码运行结果

10.2.3 random 模块

Python 的 random 模块用于生成随机数。

提问：介绍一下 Python 中 random 模块的主要功能。

ChatGPT:

random 是 Python 标准库中的一个模块，主要提供了生成随机数的函数。下面是 random 模块的主要功能。

1. 生成随机数：random 模块提供了多个生成随机数的函数，如生成一个随机整数（randint）、生成一个随机实数（uniform）、从指定序列中随机选择一个元素（choice）、打乱一个序列

（shuffle）等。

2. 随机种子：random 模块中的随机数生成函数可以通过设置随机种子（seed）来获得可重复的随机序列。如果没有设置随机种子，则使用当前时间作为种子，产生一个不可重复的随机序列。

3. 伪随机数生成器：random 模块中的随机数生成函数并不是真正的随机数生成器，而是基于伪随机数算法生成的伪随机数。这种伪随机数生成器可以用于模拟随机性的实现。

总之，random 模块提供了多种随机数生成函数，可以用于模拟随机性、测试算法等方面。

提问：写一段 random 模块的示例代码。

ChatGPT:

好的，以下是一个简单的示例代码，展示了 random 模块的一些常用函数的用法。

```
import random
# 生成一个随机整数
print("随机整数：", random.randint(1, 100))
# 生成一个随机实数
print("随机实数：", random.uniform(1.0, 10.0))
# 从序列中随机选择一个元素
fruits = ["apple", "banana", "cherry"]
print("随机水果：", random.choice(fruits))
# 打乱一个序列
cards = ["A", "2", "3", "4", "5", "6", "7", "8", "9", "10", "J", "Q", "K"]
random.shuffle(cards)
print("打乱后的牌组：", cards)
```

该代码使用了 random 模块中的 randint、uniform、choice、shuffle 等函数，分别生成一个随机整数、生成一个随机实数、从序列中随机选择一个元素、打乱一个序列等。

我们在猜数字游戏程序中曾用到 random 模块来生成每次游戏的结果。random 模块可以满足类似程序中随机性结果的生成。

将代码复制到编辑器中，保存并运行，结果如图 10-3 所示。

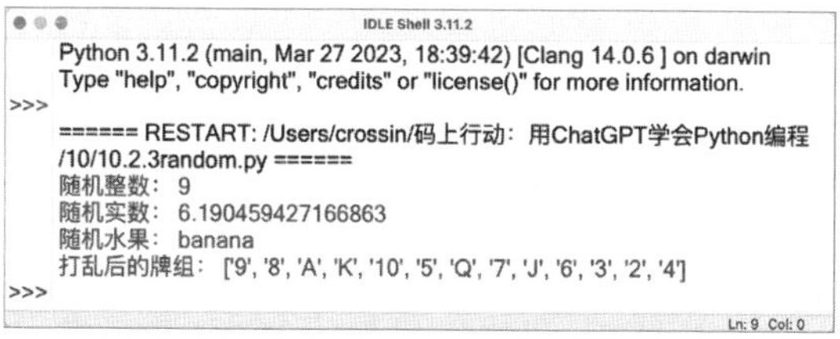

```
IDLE Shell 3.11.2
    Python 3.11.2 (main, Mar 27 2023, 18:39:42) [Clang 14.0.6 ] on darwin
    Type "help", "copyright", "credits" or "license()" for more information.
>>>
    ====== RESTART: /Users/crossin/码上行动：用ChatGPT学会Python编程
    /10/10.2.3random.py ======
    随机整数： 9
    随机实数： 6.190459427166863
    随机水果： banana
    打乱后的牌组： ['9', '8', 'A', 'K', '10', '5', 'Q', '7', 'J', '6', '3', '2', '4']
>>>
                                                              Ln: 9  Col: 0
```

图 10-3 ChatGPT 演示代码运行结果

10.2.4 turtle 模块

Python 的 turtle 模块可用于在窗口中绘制简单的图形。

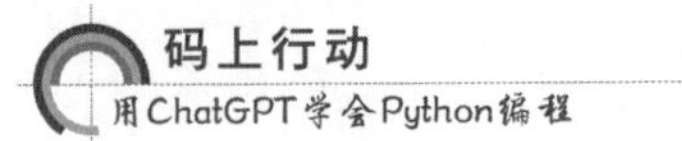

提问：介绍一下 Python 中 turtle 模块的主要功能。

ChatGPT:

turtle 模块是 Python 标准库中的一个模块，主要提供了图形化绘图函数，可以用于简单的绘图和动画等。下面是 turtle 模块的主要功能。

1. 绘制基本图形：turtle 模块提供了多个绘制基本图形的函数，如绘制线段（forward）、旋转角度（right、left）、画圆（circle）、填充颜色（begin_fill、end_fill）等。

2. 控制画笔属性：turtle 模块中的画笔可以设置颜色、线条宽度等属性，可以通过函数进行控制。

3. 控制画布属性：turtle 模块中的画布可以设置大小、背景颜色等属性，可以通过函数进行控制。

4. 键盘控制：turtle 模块中的函数可以响应键盘事件。例如，按方向键可以让画笔向前或向后移动，按空格键可以清空画布等。

总之，turtle 模块提供了简单易用的绘图函数，可以让初学者快速上手绘图和动画制作。

提问：写一段 turtle 模块的示例代码。

ChatGPT:

好的，以下是一个简单的示例代码，展示了 turtle 模块的一些常用函数的用法。

```
import turtle
# 创建一个画布和画笔
pen = turtle.Turtle()
canvas = turtle.Screen()
# 绘制一个正方形
for i in range(4):
    pen.forward(100)
    pen.right(90)
# 绘制一个圆形
pen.penup()
pen.goto(100, 100)
pen.pendown()
pen.circle(50)
# 填充颜色
pen.penup()
pen.goto(-100, -100)
pen.pendown()
pen.begin_fill()
pen.fillcolor("red")
for i in range(3):
    pen.forward(100)
    pen.left(120)
pen.end_fill()
# 监听键盘事件
def clear():
```

```
    pen.clear()
canvas.onkeypress(clear, "space")
canvas.listen()
# 关闭画布
canvas.mainloop()
```

该代码使用了 turtle 模块中的 Turtle、Screen、forward、right、circle、begin_fill、end_fill 等函数，绘制了一个正方形、一个圆形并填充了一个三角形。同时，代码还监听了空格键的按下事件，可以清空画布。

turtle 模块又叫海龟作图，是 Python 提供的一个绘图库，其设计灵感来自一种叫作 LOGO 的教学编程语言。有不少人的 Python 学习之路都是从 turtle 库开始的。

将代码复制到编辑器中，保存并运行，结果如图 10-4 所示。

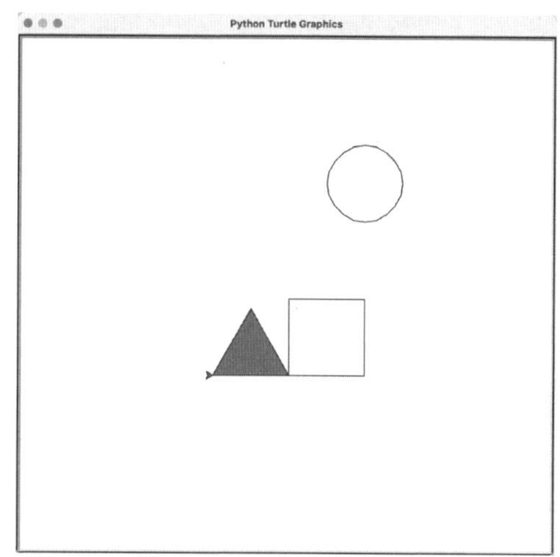

图 10-4　ChatGPT 演示代码运行结果

10.2.5 tkinter 模块

Python 的 tkinter 模块用于图形界面（GUI）程序的开发。

提问：介绍一下 Python 中 tkinter 模块的主要功能。

ChatGPT:

tkinter 是 Python 标准库中的一个模块，主要提供了 GUI 编程相关的函数和类，可以用于创建基本的 GUI 窗口和交互界面。下面是 tkinter 模块的主要功能。

1. 创建 GUI 窗口：tkinter 模块提供了 Tk 类，用于创建 GUI 窗口。可以设置窗口大小、标题等属性，以及添加各种控件，如按钮、文本框、标签等。

2. 布局控件：tkinter 模块提供了多种布局管理器，如 Pack、Grid 和 Place 等，可以帮助开发者更方便地布局控件。

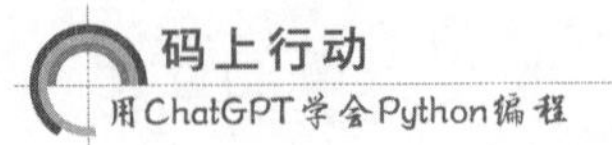

3. 绑定事件：tkinter 模块中的控件可以绑定各种事件，如鼠标点击、键盘输入等，可以响应用户的操作。

4. 显示对话框：tkinter 模块中提供了多种对话框，如消息框、输入框、文件选择框等，可以让用户进行交互选择。

总之，tkinter 模块提供了一个简单的 GUI 编程框架，可以让开发者快速创建基本的交互界面。

提问：写一段 tkinter 模块的示例代码。

ChatGPT:

好的，以下是一个简单的 tkinter 示例代码，创建了一个包含按钮和标签的窗口。

```
import tkinter as tk
# 创建主窗口
root = tk.Tk()
root.title("Hello World")
root.geometry("300x200")
# 创建标签
label = tk.Label(root, text="Welcome to tkinter!")
label.pack()
# 创建按钮
def say_hello():
    label.config(text="Hello, tkinter!")
button = tk.Button(root, text="Say Hello", command=say_hello)
button.pack()
# 运行主循环
root.mainloop()
```

该代码使用了 tkinter 模块中的 Tk、Label、Button 等类，创建了一个包含标签和按钮的 GUI 窗口。当用户单击按钮时，会更新标签的文本内容。运行该代码会弹出一个 GUI 窗口，单击按钮后会更新标签的文本内容，显示“Hello, tkinter!”。

之前我们写的程序都是在命令行中运行的，而日常我们用到的程序大多是有窗口界面的。tkinter 就提供了实现窗口交互界面的框架，可以用来很方便地开发 GUI（图形用户界面）程序。

将代码复制到编辑器中，保存并运行，结果如图 10-5 所示。

图 10-5　ChatGPT 演示代码运行结果

10.3 用 ChatGPT 学第三方模块

Python 除了自带的标准库，还有很多优秀的第三方模块，而且基本上都是免费开源的。下面让 ChatGPT 给我们介绍其中的两个。

注意，第三方模块在使用前需要按照 10.1.3 节中介绍的方法，通过 pip 命令进行安装，否则会因为找不到模块而报错 ModuleNotFoundError。

10.3.1 pandas 模块

pandas 是一个进行数据处理及分析的 Python 库，功能强大且易于使用。

提问：介绍一下 Python 中 pandas 模块的主要功能。

ChatGPT:

pandas 是 Python 中一个常用的数据处理库，它提供了丰富的数据结构和数据分析工具，是数据科学领域中的重要工具之一。下面是 pandas 模块的主要功能。

1. 数据结构：pandas 主要提供了两种数据结构，分别是 Series 和 DataFrame。Series 是一维数组，可以存储不同类型的数据；DataFrame 是二维表格，可以存储多个 Series 数据，类似于 Excel 表格。

2. 数据清洗：pandas 提供了多种函数和方法，可以方便地对数据进行清洗、去重、缺失值处理等操作。例如，可以使用 dropna 函数删除缺失值，使用 fillna 函数填充缺失值，使用 duplicated 函数判断重复值等。

3. 数据分析：pandas 提供了多种函数和方法，可以方便地进行数据分析和统计。例如，可以使用 describe 函数查看数据的基本统计信息，使用 groupby 函数对数据进行分组汇总，使用 merge 函数将多个 DataFrame 合并等。

4. 数据可视化：pandas 集成了 matplotlib 库，可以方便地进行数据可视化。可以使用 plot 函数绘制各种图表，如折线图、散点图、柱状图等。

总之，pandas 是一款非常强大的数据处理库，可以方便地进行数据清洗、分析和可视化，为数据科学领域的工作者提供了非常有力的工具支持。

提问：写一段 pandas 模块的示例代码。

ChatGPT:

下面是一个使用 pandas 模块进行数据处理和分析的示例代码。

```
import pandas as pd
# 读取 csv 文件数据
data = pd.read_csv("sales_data.csv")
# 查看数据基本信息
```

```
print(data.head())  # 查看前五行数据
print(data.info())  # 查看数据类型和缺失值情况
# 数据清洗
data = data.dropna()  # 删除缺失值
# 数据分析
total_sales = data["sales"].sum()  # 计算销售总额
avg_sales = data["sales"].mean()  # 计算平均销售额
print(f'销售总额{total_sales:.2f}，平均销售额{avg_sales:.2f}')
```

上述代码首先使用 pandas 读取了一个 CSV 文件的数据，输出了数据的基本信息；然后对数据进行了清洗操作；最后使用 pandas 进行数据分析，计算并输出了销售总额和平均销售额。

示例代码中用到了一个叫 sales_data.csv 的数据文件，为了方便测试，让 ChatGPT 也给我们生成一份。

提问：生成一份符合上述示例代码中用到的 sales_data.csv 格式的测试数据，时间跨度为一个月，中间有缺失值，直接给出文件内容。

ChatGPT:

以下是一个符合要求的 CSV 文件内容示例，包含一个月的销售数据，其中随机有一天的数据被删除了。

```
date,sales
2023-04-01,2351.08
2023-04-02,3865.44
2023-04-03,2965.72
2023-04-04,3768.39
2023-04-05,3119.13
2023-04-06,1745.41
2023-04-07,
2023-04-08,4163.09
2023-04-09,4137.07
2023-04-10,3506.79
2023-04-11,4497.15
2023-04-12,2534.95
2023-04-13,2527.04
2023-04-14,3584.99
2023-04-15,2894.97
2023-04-16,3781.33
2023-04-17,2487.49
2023-04-18,2752.51
2023-04-19,1946.46
2023-04-20,4966.95
2023-04-21,3647.93
2023-04-22,4976.13
2023-04-23,4976.24
```

```
2023-04-24,4529.49
2023-04-25,2836.74
2023-04-26,4666.23
2023-04-27,4096.88
2023-04-28,3856.86
2023-04-29,3182.79
2023-04-30,3271.05
```

在这个示例中，第 7 行的数据是一个缺失值，即没有记录当天的销售额。

pandas 是最普遍被使用的 Python 数据处理及分析库。可以说，只要是用 Python 进行数据处理、统计分析相关的任务，就一定会用到 pandas。这里仅仅给大家展示了一些简单用法，如果需要深入了解，可以阅读相关的书籍或教程。

将数据内容保存成 sales_data.csv，并将代码复制到编辑器中，保存并运行，结果如图 10-6 所示。

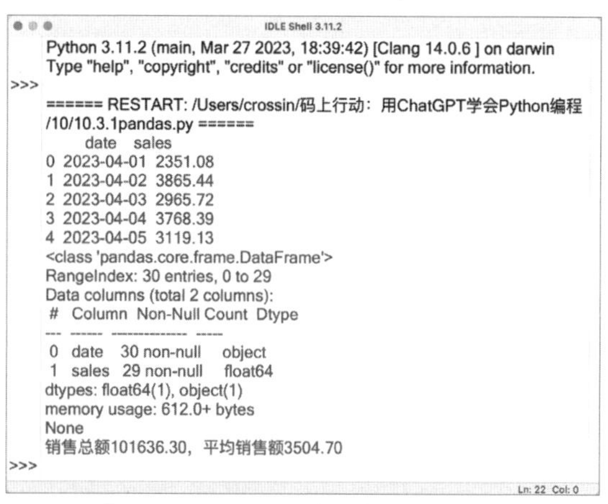

图 10-6 ChatGPT 演示代码运行结果

10.3.2 pygame 模块

pygame 是一个 Python 游戏开发库，可以用来制作运行在 Python 环境下的小游戏。

提问：介绍一下 Python 中 pygame 模块的主要功能。

ChatGPT:

pygame 是 Python 中常用的游戏开发库，它提供了各种用于开发游戏和多媒体应用的模块与函数。下面是 pygame 模块的主要功能。

1. 游戏窗口：pygame 可以创建游戏窗口，并提供丰富的窗口管理函数和方法，如设置窗口大小、标题、图标等。

2. 图形绘制：pygame 提供了多种图形绘制函数和方法，可以绘制各种图形，如线条、矩形、圆形等。

3. 图像处理：pygame提供了图像加载和处理的函数与方法，可以加载、缩放、旋转、裁剪图片等。

4. 声音播放：pygame 提供了声音播放的函数和方法，可以播放音频文件、控制音量等。

5. 键盘鼠标事件：pygame 提供了捕获键盘鼠标事件的函数和方法，可以响应玩家的输入，如按键、鼠标点击等。

6. 动画制作：pygame 提供了制作动画的函数和方法，可以让游戏中的角色和场景动起来。

总之，pygame 是一个功能强大的游戏开发库，可以方便地开发各种类型的游戏和多媒体应用，为游戏开发者提供了非常有力的工具支持。

提问：写一段 pygame 模块的示例代码。

ChatGPT:

以下是一个简单的 pygame 示例代码，它创建了一个窗口并在其中绘制了一个红色的小球，小球的位置会根据键盘的输入而变化。

```
import pygame
# 定义窗口大小
SCREEN_WIDTH = 640
SCREEN_HEIGHT = 480
# 定义小球的属性
BALL_SIZE = 20
BALL_COLOR = (255, 0, 0)
# 定义小球的起始位置
ball_x = SCREEN_WIDTH // 2
ball_y = SCREEN_HEIGHT // 2
# 初始化 pygame
pygame.init()
# 创建一个窗口
screen = pygame.display.set_mode((SCREEN_WIDTH, SCREEN_HEIGHT))
# 设置窗口标题
pygame.display.set_caption(" 移动的小球 ")
# 进入主循环
running = True
while running:
    # 处理事件
    for event in pygame.event.get():
        if event.type == pygame.QUIT:
            running = False
        elif event.type == pygame.KEYDOWN:
            if event.key == pygame.K_LEFT:
                ball_x -= 20
            elif event.key == pygame.K_RIGHT:
                ball_x += 20
            if event.key == pygame.K_UP:
```

```
                ball_y -= 20
            elif event.key == pygame.K_DOWN:
                ball_y += 20
    # 填充屏幕颜色为白色
    screen.fill((255, 255, 255))
    # 绘制小球
    pygame.draw.circle(screen, BALL_COLOR, (ball_x, ball_y), BALL_SIZE // 2)
    # 刷新屏幕
    pygame.display.flip()
# 退出 pygame
pygame.quit()
```

在这个示例中，首先，我们使用 pygame 初始化一个窗口，设置标题，并进入了主循环。在主循环中，我们处理了 pygame 事件，在用户按下键盘上的方向键时，小球的位置坐标也会相应改变。然后，我们使用 pygame 提供的 fill 函数将屏幕填充为白色，并使用 draw.circle 函数根据小球的坐标绘制了一个圆形，将其填充为红色。最后，我们使用 display.flip 函数刷新了屏幕。当用户关闭窗口时，将退出 pygame。

借助于 pygame 库，我们可以用 Python 语言来开发游戏。虽然这不是商业游戏开发的主流方式，但作为练习编程能力的一种方式，确实可以起到寓教于乐的作用。

将代码复制到编辑器中，保存并运行，结果如图 10-7 所示。

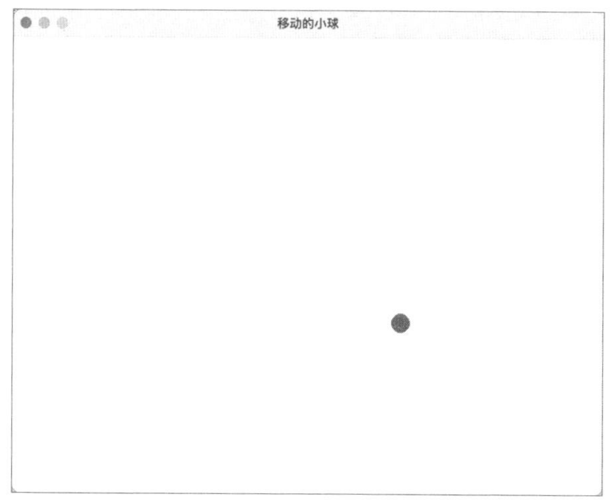

图 10-7　ChatGPT 演示代码运行结果

10.4 ChatGPT 演示代码——绘制爱心图案

下面，我们将借助 ChatGPT 演示用模块来开发程序。先使用 turtle 绘图库绘制一个爱心图案。

提问：用 Python 的 turtle 库绘制一个爱心图案。

ChatGPT:

以下是使用 Python 的 turtle 库绘制一个爱心图案的代码。

```
import turtle
# 创建画布和画笔
canvas = turtle.Screen()
canvas.bgcolor("white")
pen = turtle.Turtle()
pen.color("red", "pink")
pen.pensize(3)
pen.speed(5)
# 绘制爱心
pen.up()
pen.goto(0, -100)
pen.down()
pen.begin_fill()
pen.left(45)
pen.forward(150)
pen.circle(75, 180)
pen.right(90)
pen.circle(75, 180)
pen.forward(150)
pen.end_fill()
# 隐藏画笔
pen.hideturtle()
# 等待用户关闭窗口
turtle.done()
```

在此代码中，我们首先导入 turtle 库并创建画布和画笔。我们将画布的背景色设置为白色，将画笔的颜色设置为红色和粉色，将画笔的粗细设置为 3，并将其速度设置为 5。

然后使用 pen.up() 和 pen.down() 函数将画笔移动到所需的位置，以绘制一个爱心。我们使用 pen.begin_fill() 和 pen.end_fill() 函数在爱心内填充颜色。

最后使用 pen.hideturtle() 函数隐藏画笔，并使用 turtle.done() 函数等待用户关闭窗口。

您可以使用此代码并进行自定义，如更改爱心的大小、位置或颜色。

turtle 库的引入让我们的程序有了之前不具备的功能，即可以轻松地创建一个窗口并在其中绘制图案。这段代码的逻辑并不复杂，ChatGPT 也已经将主要流程介绍清楚，核心就是设置好画笔之后，在画板上按照预先计算好的位置和方向分别画出直线和弧线，以组成一个爱心图案。

将代码复制到编辑器中，保存并运行，结果如图 10-8 所示。

图 10-8 ChatGPT 演示代码运行结果

10.5 ChatGPT 演示代码—— 一元二次方程计算器

再让 ChatGPT 给大家演示一下如何开发一个 GUI 程序。

程序要实现的功能是根据用户输入的 a、b、c 值，计算出一元二次方程的两个实数解。

提问：用 Python 的 tkinter 库制作一元二次方程计算器。

ChatGPT:

以下是使用 Python 的 tkinter 库制作一元二次方程计算器的代码。

```
import tkinter as tk
from tkinter import messagebox
# 计算一元二次方程的根
def calculate():
    try:
        a = float(a_entry.get())
        b = float(b_entry.get())
        c = float(c_entry.get())
        # 计算判别式
        delta = b**2 - 4*a*c
        # 判断方程是否有实根
        if delta < 0:
            raise ValueError(" 方程无实根 ")
        # 计算方程的两个根
        x1 = (-b + delta**0.5) / (2*a)
```

```
        x2 = (-b - delta**0.5) / (2*a)
        # 显示结果
        result_label.config(text=f"x1={x1:.2f}, x2={x2:.2f}")
    except ValueError as e:
        messagebox.showerror(" 错误 ", str(e))
# 创建窗口
window = tk.Tk()
window.title(" 一元二次方程计算器 ")
# 创建输入框和标签
a_label = tk.Label(window, text="a:")
a_label.grid(row=0, column=0)
a_entry = tk.Entry(window)
a_entry.grid(row=0, column=1)
b_label = tk.Label(window, text="b:")
b_label.grid(row=1, column=0)
b_entry = tk.Entry(window)
b_entry.grid(row=1, column=1)
c_label = tk.Label(window, text="c:")
c_label.grid(row=2, column=0)
c_entry = tk.Entry(window)
c_entry.grid(row=2, column=1)
# 创建计算按钮
calculate_button = tk.Button(window, text=" 计算 ", command=calculate)
calculate_button.grid(row=3, column=1)
# 创建结果标签
result_label = tk.Label(window, text="")
result_label.grid(row=4, column=1)
# 运行窗口
window.mainloop()
```

在此代码中，首先导入 tkinter 库。我们定义了一个名为 calculate() 的函数来计算一元二次方程的根，并在屏幕上显示结果。该函数从三个输入框中获取 a、b 和 c 的值，计算判别式并判断方程是否有实根。如果方程无实根，它会引发一个 ValueError。否则，它计算方程的两个根，并使用 result_label.config() 函数在屏幕上显示结果。

然后创建了一个名为 window 的窗口，并将其标题设置为“一元二次方程计算器”。我们使用 tk.Label 和 tk.Entry 创建了三个输入框和标签，还创建了一个名为 calculate_button 的按钮，当用户单击该按钮时，它将调用 calculate() 函数来计算方程的根。

最后使用 tk.Label 创建了一个名为 result_label 的标签，它将用于在屏幕上显示结果。我们使用 window.mainloop() 函数来运行窗口，使它保持打开状态，直到用户关闭它。

如果只是要计算一元二次方程的解，代码是很简单的，直接套用求解公式计算即可。ChatGPT 给出的这个程序更多的代码是为用户提供了一个可视化的操作界面，包括输入框、确认按钮、显示结果，以及报错时的弹窗。这些都可以通过 tkinter 模块所提供的控件实现。

将代码复制到编辑器中，保存并运行，结果如图 10-9 所示。

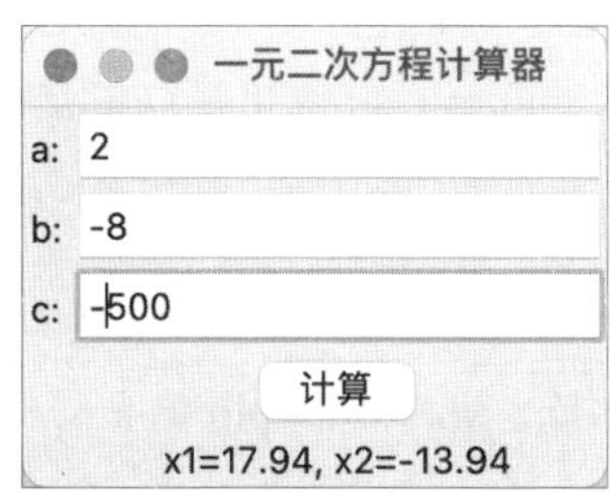

图 10-9 ChatGPT 演示代码运行结果

Python 的 GUI 库还有很多，如 PyQT、wxPython、Kivy 等。tkinter 不算是其中功能最强大的，但作为 Python 的标准库之一，tkinter 无须安装，使用起来也比较方便，还支持跨平台运行，所以也成为很多开发者编写窗口界面的优先选择。

10.6 ChatGPT 答疑解惑

关于模块方面的更多问题，我们来看看 ChatGPT 的解答。

10.6.1 加速 pip 安装

在使用 pip 安装第三方模块时，由于默认服务器在国外，下载速度较慢，有时甚至会因网络连接断开而下载失败。这种情况下，可以通过“换源”的方式来加速 pip 的下载。具体方法让 ChatGPT 来说明。

提问：pip 如何换源？

ChatGPT:

在使用 pip 安装 Python 包时，可能会遇到官方源下载速度较慢的问题，这时可以使用其他镜像源来提高下载速度。

使用以下命令在命令行中使用镜像源来安装软件包。

```
pip install -i 镜像源地址 package-name
```

镜像源地址可以是国内各大镜像源提供商的地址。

- 清华：https://pypi.tuna.tsinghua.edu.cn/simple
- 阿里云：https://mirrors.aliyun.com/pypi/simple/
- 华为云：https://mirrors.huaweicloud.com/repository/pypi/simple/
- 腾讯云：https://mirrors.cloud.tencent.com/pypi/simple/

- 网易：https://mirrors.163.com/pypi/simple/
- 豆瓣：https://pypi.doubanio.com/simple/

例如，如果要使用清华源来安装 numpy，可以使用以下命令。

```
pip install -i https://pypi.tuna.tsinghua.edu.cn/simple numpy
```

这将在清华源上查找并安装 numpy 包，而不是在官方源上查找。

如果您不想每次都添加镜像源地址，也可以在 pip 配置文件中换源。方法如下。

1. 打开 pip 配置文件

在命令行中输入以下命令来打开 pip 配置文件。

```
pip config edit
```

如果您是在 Windows 上使用命令提示符，则需要以管理员身份运行命令提示符。

2. 配置镜像源

在 pip 配置文件中添加以下内容。

```
[global]
index-url = 镜像源地址
```

例如，如果要使用清华源，可以在 pip 配置文件中添加以下内容。

```
[global]
index-url = https://pypi.tuna.tsinghua.edu.cn/simple
```

3. 保存配置文件

保存修改后的 pip 配置文件即可。

4. 验证配置是否生效

可以使用以下命令来验证是否成功更改了 pip 源。

```
pip config get global.index-url
```

如果输出的是您所设置的镜像源地址，则说明配置生效了。

如果需要恢复为默认官方源，可以在 pip 配置文件中将镜像源地址修改为空。

```
[global]
index-url =
```

按照 ChatGPT 所说的方式进行换源，可以加速 pip 的下载。

而对于无法联网安装的情况，也可以通过 pip 进行离线安装。

提问：pip 如何离线安装？

ChatGPT:

如果您需要在没有网络连接的计算机上安装 Python 包，可以通过以下方法使用 pip 进行离线安装。

1. 在有网络连接的计算机上下载安装所需的 Python 包

使用以下命令在有网络连接的计算机上下载安装所需的 Python 包。

```
pip download package-name
```

package-name 是要安装的包名，这将下载指定包及其依赖项的源码包到当前目录。

2. 将包文件复制到目标计算机

将下载的源码包文件复制到目标计算机上的任何目录中，可以使用移动设备、U 盘等存储介质进行复制。

3. 在目标计算机上进行离线安装

在目标计算机上，使用以下命令进行离线安装。

```
pip install package-file.whl
```

其中，package-file.whl 是在第 2 步中复制到目标计算机上的 Python 包源码文件名。

如果在第 1 步中下载的源码包和其依赖项有多个，可以在目标计算机上使用以下命令安装所有离线下载的包。

```
pip install *.whl
```

这将安装当前目录中所有 .whl 文件中包含的 Python 包及其依赖项。

请注意，如果使用的是 tar.gz 或 zip 格式的源码包，则应使用类似的命令进行离线安装。

```
pip install package-file.tar.gz
pip install package-file.zip
```

但是，在安装源码包时可能需要手动解决依赖项。

如果需要在限制外网访问的局域网服务器上安装模块，就可以使用 ChatGPT 上述的方法，通过下载好的安装包进行离线安装。

10.6.2 第三方模块推荐

Python 的一大特点就是功能丰富的模块，那么有哪些值得推荐的第三方模块呢？让 ChatGPT 给我们列举一下。

提问：Python 有哪些值得推荐的第三方模块？

ChatGPT:

Python 拥有丰富的第三方库和模块，以下是一些值得推荐的第三方模块。

1. NumPy：用于高性能科学计算和数据分析的库。

2. pandas：用于数据处理和数据分析的库。

3. Matplotlib：用于绘制高质量图表和数据可视化的库。

4. SciPy：用于科学计算、优化、插值和统计分析的库。

5. Scikit-learn：用于机器学习和数据挖掘的库。

6. TensorFlow 和 PyTorch：用于机器学习和深度学习的框架。

7. OpenCV：用于计算机视觉和图像处理的库。

8. Pillow：用于图像处理和图像格式转换的库。

9. Requests：用于向网络资源发送 HTTP 请求和获取响应的库。

10. Beautiful Soup：用于从 HTML 或 XML 文档中提取信息的库。

11. Flask 和 Django：用于 Web 应用程序开发的框架。

12. Pygame：用于游戏开发的库。

以上是一些广泛使用的第三方库，当然还有许多其他优秀的 Python 模块可供使用，具体使用哪些取决于您的具体需求。

ChatGPT 给我们列举的这些模块主要是数据处理及分析、数据挖掘、图像处理、爬虫和 Web 开发几个方向的热门库，这些方向也是 Python 应用比较广的领域。Python 还有许多实用的模块，如做中文分词的 jieba、制作词云图的 wordcloud、字符串模糊匹配的 fuzzywuzzy 等，都可以给开发带来极大的便利。

10.6.3 阅读开源代码

Python 中大部分第三方模块是开源的，这也就意味着，它们除了可以应用在开发中，还是很好的学习参考代码。那么在阅读开源项目代码时有什么要注意的吗？我们来看一看 ChatGPT 的建议。

提问：如何阅读开源项目的代码？

ChatGPT:

阅读开源项目代码是提高编程能力和技术水平的重要方式之一，以下是一些阅读开源项目代码的建议。

1. 确定项目的用途和目标：了解项目的用途和目标，有助于理解项目的架构和设计。

2. 查看项目的文档：文档可以提供项目的概述、架构、接口等信息，有助于理解项目的结构和功能。

3. 浏览项目的代码：先浏览项目的代码，了解项目的文件结构和代码风格。

4. 阅读关键代码段：找到项目中的关键代码段，仔细阅读和理解其实现原理与功能。

5. 调试和测试代码：通过调试和测试代码，了解项目的运行流程和实现细节。

6. 参考其他开发者的解析：可以查找其他开发者对该项目的解析和说明，学习其阅读代码的方法和技巧。

7. 练习自己的代码实现：可以尝试使用该项目的代码实现一个类似的功能，加深对项目的理解和掌握。

在阅读开源项目代码时，需要注重理解项目的结构、功能和实现细节，同时也需要不断练习和探索，提高自己的编程能力和技术水平。

阅读开源代码是提高编程能力的重要途径之一。对于初学者来说，在掌握Python语言的基础之上，选择适合自己当前水平的优秀项目，由浅入深地进行学习，对提升编程水平很有帮助。

本章小结

本章主要介绍了Python模块的相关知识。首先，我们了解了什么是模块，以及如何在Python中使用模块，包括如何安装第三方模块。接着，我们对一些Python内置模块和第三方模块进行了介绍，了解了它们的应用场景和使用方法。最后，我们还演示了使用turtle库绘制爱心图案和使用tkinter库制作一元二次方程计算器，帮助读者更加深入地理解模块的应用。通过本章的学习，读者可以对Python中的模块有一个全面的了解，在后续的学习和实践中可以更灵活地使用模块，提升开发效率。

第 11 章

文件操作

★本章导读★

目前我们在代码中使用的输入输出方式主要是通过控制台进行，第 10 章我们还用到了 GUI 的可视化交互。但这些方式仅限于在程序运行期间进行计算和处理，一旦程序关闭，运行的结果就没有了。本章我们将讲解如何通过读写文件来提供输入输出，并持久化地保存数据。

★知识要点★

通过本章内容的学习，读者能掌握以下知识：

- ◆ 掌握 Python 中读写文本文件的方法
- ◆ 掌握 Python 异常处理
- ◆ 了解其他类型文件的读写
- ◆ 了解常见的文件系统操作

11.1 ChatGPT 讲解知识点——文件读写

文件是一种常用的数据存储形式，也是编程中必不可少的输入输出方式。在 Python 编程中，我们经常会对文本文件进行读写，以实现数据的存储和读取。

11.1.1 读文件

先让 ChatGPT 介绍一下在 Python 中如何读取文件中的内容。

提问：Python 中如何读文件？

ChatGPT:

在 Python 中，你可以使用内置函数 open() 来打开文件并读取它的内容。下面是一些简单的代码示例。

```
# 读取整个文件的内容
with open('filename.txt', 'r') as f:
    contents = f.read()
    print(contents)
# 逐行读取文件内容
with open('filename.txt', 'r') as f:
    for line in f:
        print(line)
# 读取文件的部分内容
with open('filename.txt', 'r') as f:
    contents = f.read(10)  # 读取前 10 个字符
    print(contents)
```

在这些代码示例中，'filename.txt' 是你要读取的文件的名称。open() 函数的第一个参数是文件名，第二个参数是打开文件的模式，默认为 'r'，表示读取模式。使用 with 语句来打开文件可以确保文件在使用后自动关闭，以释放资源并避免文件读写产生异常。在 with 块内，你可以使用 f.read() 函数来读取整个文件的内容，使用 for 循环逐行读取文件内容，或使用 f.read(n) 函数读取文件的前 *n* 个字符。

我们准备一个有 3 行文字的文本文件作为测试文件，将其命名为 filename.txt，文件内容如下。

```
Hello World.
Welcome to CrossinCodeClass.
I love Python.
```

将代码复制到编辑器中，保存并运行，结果如图 11-1 所示。从运行结果中可以看到，直接对打开的文件对象进行遍历，就可以得到逐行的内容。

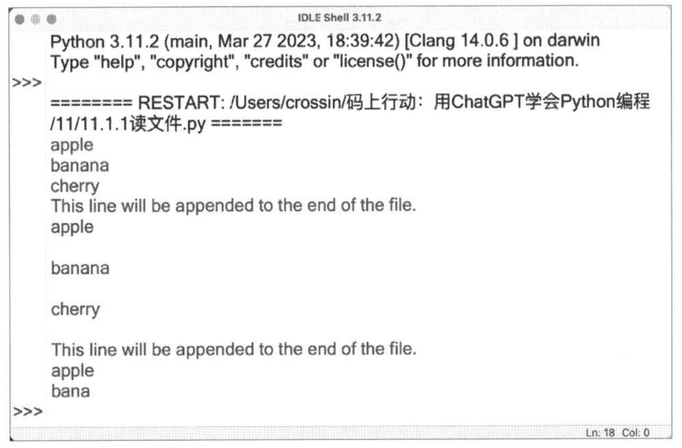

图 11-1　ChatGPT 演示代码运行结果

这里我们注意到，ChatGPT 给出的代码里用到了一个 with 语法结构，这个语句我们之前没有遇到过，让 ChatGPT 来解释一下。

提问：具体介绍一下 with 语句的语法和用途。

ChatGPT:

with 语句是一种 Python 中的语法结构，用于简化资源管理，如文件和网络连接等。它提供了一个代码块，确保在使用后自动清理和释放资源。

with 语句的基本语法如下。

```
with 表达式 [as 变量名]:
    with-语句块
```

其中，表达式是指一个返回上下文管理器（context manager）的表达式，如打开文件的 open 函数。

as 变量名用于将上下文管理器返回的对象赋值给一个变量，这里加上方括号是表示这部分是可选的，这是文档中常见的写法。

with- 语句块是一个包含需要在上下文管理器中执行的代码块。

上下文管理器是一个定义了 __enter__() 和 __exit__() 方法的对象。__enter__() 方法在进入代码块之前被调用，__exit__() 方法在离开代码块时被调用，这个方法可以自动清理和释放资源。例如，在文件处理中，__enter__() 方法可以打开文件并返回文件对象，__exit__() 方法可以关闭文件。

使用 with 语句可以确保资源在使用后自动清理和释放，而无须手动编写清理代码。这可以使代码更加清晰、可读性更强，并且避免了常见的资源管理错误，如忘记释放资源或多次释放同一资源。

提问：不用 with 可以读文件吗?

ChatGPT:

可以的，你可以使用 open() 函数来打开文件并读取其内容，然后再手动关闭文件。下面是一个没有使用 with 语句的简单示例。

```
f = open('filename.txt', 'r')
contents = f.read()
print(contents)
f.close()
```

在这个示例中，我们使用 open() 函数打开文件，并将其内容读取到变量 contents 中。然后，使用 f.close() 方法手动关闭文件。虽然这种方法是有效的，但是如果出现异常或其他错误，文件可能无法正确关闭，从而导致资源无法释放或其他问题。使用 with 语句可以确保文件在使用后自动关闭，因此更加安全和可靠。

通过 ChatGPT 的解释，以及和没有使用 with 的代码进行对比，我们可以了解到，这里 with 所起的作用，就是把 open 函数的返回值，也就是打开后的文件对象，赋值给 as 后面定义的变量，然后在 with 语句块结束之后，自动调用文件的 close 方法关闭文件。

除了上面 ChatGPT 所给的示例代码中的 read 方法和遍历文件对象，还有其他几种读取文件的方法，我们继续来问问 ChatGPT。

提问：Python 从文件中读取内容的函数有哪些？

ChatGPT:

在 Python 中，你可以使用内置函数 open() 来打开文件并读取其内容。在打开文件后，可以使用以下方法来读取文件。

- read()：将整个文件读入一个字符串中。
- readline()：读取文件中的下一行。
- readlines()：将文件的所有行读入一个字符串列表中。

下面是一些示例代码。

```
# 读取整个文件
with open('filename.txt', 'r') as f:
    contents = f.read()
    print(contents)
# 读取一行文件
with open('filename.txt', 'r') as f:
    line = f.readline()
    print(line)
# 读取所有行到列表中
with open('filename.txt', 'r') as f:
    lines = f.readlines()
    print(lines)
```

在这些示例中，我们分别使用了 read()、readline() 和 readlines() 方法来读取文件的内容。

将代码复制到编辑器中，保存并运行，结果如图 11-2 所示。从运行结果中可以看到，使用 readline() 方法会读取文件中的一行内容，而使用 readlines() 方法则会得到一个列表类型的结果。

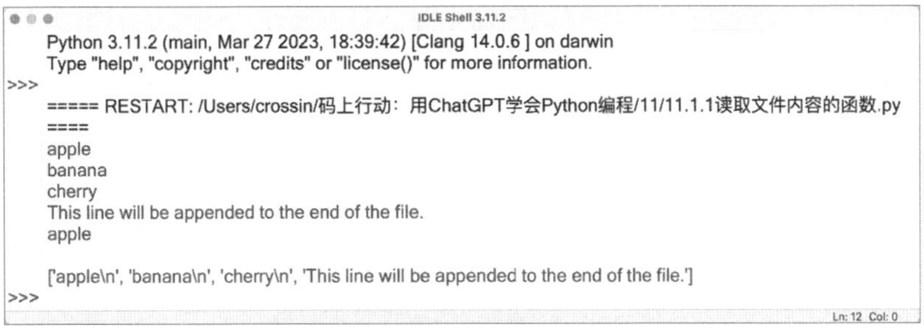

```
IDLE Shell 3.11.2
Python 3.11.2 (main, Mar 27 2023, 18:39:42) [Clang 14.0.6 ] on darwin
Type "help", "copyright", "credits" or "license()" for more information.
>>>
===== RESTART: /Users/crossin/码上行动：用ChatGPT学会Python编程/11/11.1.1读取文件内容的函数.py
====
apple
banana
cherry
This line will be appended to the end of the file.
apple

['apple\n', 'banana\n', 'cherry\n', 'This line will be appended to the end of the file.']
>>>
Ln: 12 Col: 0
```

图 11-2　ChatGPT 演示代码运行结果

11.1.2 写文件

了解了如何读取文件，我们再让 ChatGPT 讲一讲在 Python 中如何向文件中写入内容。

提问：Python 中如何写入文件？

ChatGPT:

在 Python 中，你可以使用内置函数 open() 来打开文件并写入内容。下面是一些简单的代码示例。

```
# 写入字符串到文件
with open('filename.txt', 'w') as f:
    f.write('Hello, world!')
# 写入列表到文件
my_list = ['apple', 'banana', 'cherry']
with open('filename.txt', 'w') as f:
    for item in my_list:
        f.write(item + '\n')
# 追加字符串到文件
with open('filename.txt', 'a') as f:
    f.write('This line will be appended to the end of the file.')
```

在这些代码示例中，'filename.txt' 是你要写入的文件的名称。open() 函数的第一个参数是文件名，第二个参数是打开文件的模式，'w' 表示写入模式，'a' 表示追加模式。使用 with 语句来打开文件，可以确保文件在使用后自动关闭，以避免文件读写异常等问题。在 with 块内，你可以使用 f.write() 方法将字符串或其他内容写入文件中。在写入列表时，使用 \n 来添加换行符。

需要注意的是，使用 'w' 模式打开文件时会覆盖文件中的所有内容。如果要在文件末尾添加内容，请使用 'a' 模式打开文件。

从 ChatGPT 的回答中可以看出，写入文件和读取文件的形式是很相似的，不过写入文件时可以选择是清空文件中原本的内容，还是保留原本内容并在后面追加写入。

将代码复制到编辑器中，保存并运行，结果如图 11-3 所示。因为前两次写入都是写入模式，所以之前文件中的内容和第一次写入的内容都被覆盖了，而第三次写入的内容被追加在了第二次写入的内容之后。

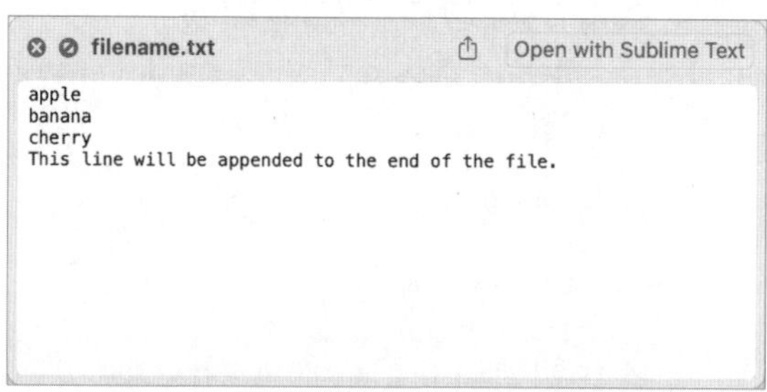

图 11-3　ChatGPT 演示代码运行结果

提问：Python 向文件中写入内容的函数有哪些？

ChatGPT:

在 Python 中，你可以使用内置函数 open() 来打开文件并写入内容。在打开文件后，可以使用以下方法之一来写入文件。

- write()：将字符串写入文件中。
- writelines()：将字符串列表写入文件中。

下面是一些示例代码。

```
# 写入字符串到文件
with open('filename.txt', 'w') as f:
    f.write('Hello, world!')
# 写入列表到文件
my_list = ['apple', 'banana', 'cherry']
with open('filename.txt', 'a') as f:
    f.writelines([item + '\n' for item in my_list])
```

在这些示例中，我们使用不同的模式打开了一个名为 filename.txt 的文件，并使用 write() 和 writelines() 方法将字符串或字符串列表写入文件。注意，在写入字符串列表时要添加换行符来分隔每个字符串。

无论是通过 write 还是 writelines 来写入文件，在需要换行的地方都得手动添加换行符 '\n'。

将代码复制到编辑器中，保存并运行，结果如图 11-4 所示。因为第二次写入是追加模式，所以内容被追加在了第一次写入的内容之后。而因为第一次写入后没有添加换行符，所以后续内容是接在同一行开始写入的。

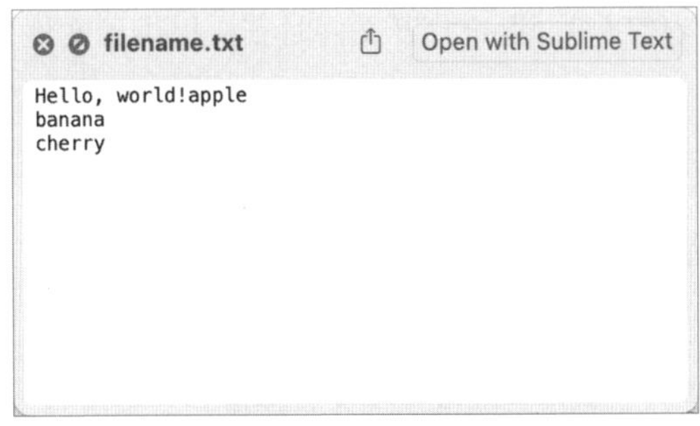

图 11-4　ChatGPT 演示代码运行结果

11.1.3 文件打开模式

前面我们已经了解到，打开文件需要指定模式，如默认的读取模式、写入模式和追加模式。那么还有其他的模式吗？一起来问问 ChatGPT。

提问：Python 中文件的打开模式有哪些？

ChatGPT:

在 Python 中，文件打开模式用字符串来表示。下面列出了所有文件打开模式及其说明。

- r：读取模式。文件指针放在文件开头，如果文件不存在，则抛出 FileNotFoundError 异常。

· w：写入模式。如果文件不存在，则创建文件，如果文件已存在，则覆盖文件。文件指针放在文件开头。

· x：创建文件并以写入模式打开。如果文件已存在，则抛出 FileExistsError 异常。

· a：追加模式。文件指针放在文件末尾，如果文件不存在，则创建文件。

· b：二进制模式。以二进制模式打开文件。

· t：文本模式。以文本模式打开文件，默认模式。

· +：可读可写模式。与其他模式组合使用，表示可读可写。

· U：通用换行符支持模式。在读取文件时，自动将不同平台上的不同换行符转换为 \n。

这些模式可以组合使用。

· rb：以二进制模式打开一个文件以供读取。

· w+：以可读可写模式打开一个文件，如果文件不存在，则创建新文件。

· aU：以追加模式打开文件，同时通用换行符支持。

这里除了要了解有这些文件打开模式，还需要注意 ChatGPT 在不同模式中所描述的对于文件存在或不存在时的具体行为。例如，读取模式如果打开不存在的文件会报错，而写入模式打开不存在的文件则会自动创建新文件。

11.1.4 文件路径

在 ChatGPT 给出的示例代码中，指定打开文件时直接提供了文件名，这样会在执行代码的目录下寻找目标文件。如果希望打开不同文件夹下的文件，就需要加上文件夹的路径。关于使用文件路径时的注意事项，我们来问问 ChatGPT。

提问：Python 中使用文件路径有什么要注意的?

ChatGPT:

在 Python 中，文件路径有一些需要注意的地方，主要包括以下两点。

1. 路径分隔符：在 Windows 系统中，路径分隔符为反斜杠“\”，而在 UNIX/Linux 系统中，路径分隔符为正斜杠“/”。为了让程序在不同系统中都能够正常工作，可以使用 os 模块中的 os.path.join() 函数来连接路径，该函数会根据系统自动选择正确的路径分隔符。

2. 绝对路径和相对路径：绝对路径是指从根目录开始的完整路径，而相对路径则是相对于当前工作目录的路径。如果不确定当前工作目录，可以使用 os 模块中的 os.getcwd() 函数获取当前工作目录。

对于 Python 中的文件路径，需要根据不同的情况进行相应的处理和注意，以保证程序能够正常运行。

如 ChatGPT 所述，如果要打开当前路径下 data 子目录中的文件，可以在文件名前加上“data\”

或“data/”。如果是上一级目录，可以用两个点表示，如“..\”或“../”。当前目录可省略或用一个点表示。但之前我们也讲过，反斜杠（\）会造成字符转义，如“\n”表示换行符。为了避免出现这种情况造成文件路径错误，就需要做一些处理。

提问：Windows 路径里的反斜杠可能会导致字符转义，要怎么处理？

ChatGPT:

是的，在 Python 中，反斜杠在字符串中有特殊的含义，如 \n 表示换行符，\t 表示制表符等。如果在 Windows 路径中直接使用反斜杠作为路径分隔符，会导致字符转义，从而导致路径无法识别。解决这个问题的方法有三种。

1. Windows 的路径也可以使用正斜杠“/”作为路径分隔符，不一定非要使用反斜杠“\”。Python 中的 os 模块能够自动识别路径分隔符，并在不同的操作系统上使用不同的分隔符。

2. 使用双反斜杠：在 Windows 路径中，可以使用双反斜杠来代替单个反斜杠，这样就可以避免字符转义。例如，路径 C:\Users\John 可以表示为 C:\\Users\\John。

3. 使用原始字符串：在字符串前面加上 r 或 R，可以创建一个原始字符串，其中反斜杠不会被转义。例如，路径 C:\Users\John 可以表示为 r'C:\Users\John'。

综上所述，为了避免 Windows 路径中的反斜杠导致字符转义，可以使用正斜杠、双反斜杠或原始字符串的方式来表示路径。

11.1.5 异常处理

前面说到，如果读取不存在的文件，会产生 FileNotFoundError 报错。想要避免这种情况的发生，一种方法是在读取之前用第 10 章中提到的 os.path.exists 函数判断文件是否存在，另一种方法就是使用 Python 的异常处理。

提问：什么是 Python 的异常处理？

ChatGPT:

在 Python 中，异常处理指的是在程序运行过程中，当遇到错误或异常时，我们可以通过一定的代码结构来捕获这些异常并进行处理，以使程序能够继续运行或给出更加友好的提示信息。

在 Python 中，如果程序遇到错误或异常，通常会抛出一个异常对象，并且程序会立即停止执行。如果没有对异常进行处理，程序就会直接退出，这样不仅不能使程序达到预期的效果，还可能导致系统崩溃等严重问题。

Python 异常处理可以让我们在遇到异常时采取一些措施，比如输出错误信息、重试操作、恢复现场等。这些措施可以帮助我们更好地处理异常情况，提高程序的健壮性和可靠性。

Python 提供了一些内置的异常类型，如 ValueError、TypeError、ZeroDivisionError 等，同时也可以自定义异常类型。我们可以使用 try、except、else 和 finally 等关键字来编写异常处理代码，以实现对程序中可能出现的异常进行捕获、处理和恢复。

提问：在哪些情况下需要使用异常处理?

ChatGPT:

在 Python 中，一般情况下需要使用异常处理的场景包括但不限于以下几种。

1. 可能会导致程序崩溃的代码。例如，当我们尝试读取一个不存在的文件时，程序会出现 FileNotFoundError 异常，如果没有对其进行处理，程序就会崩溃。

2. 用户输入错误数据的场景。例如，当我们从用户那里获取数据时，如果用户输入的数据格式不正确，程序会出现 ValueError 异常，如果没有对其进行处理，程序就会出现错误。

3. 调用第三方库时可能出现的异常。例如，当我们调用一个 Web API 时，可能会出现网络连接问题、服务端异常等情况，此时我们可以使用异常处理来处理这些异常。

4. 多线程或多进程中可能出现的异常。例如，当多个线程或进程同时对一个资源进行操作时，可能会出现同步问题，此时我们可以使用异常处理来捕获和处理这些异常。

5. 需要进行错误处理和恢复的代码。例如，当我们需要读取一个配置文件时，如果该文件不存在或格式不正确，可以使用异常处理来捕获这些异常并进行恢复。

总之，在程序中可能会出现各种各样的异常情况，而异常处理可以帮助我们更好地处理这些异常情况，提高程序的健壮性和可靠性。

由 ChatGPT 的介绍可知，异常处理是一种用来针对程序运行时发生的不可控异常所采取的应对机制，目的是避免程序因出错而退出。要注意，这种异常不是代码本身的错误，通常是由外部因素所造成的。

提问：如何在代码中使用异常处理?

ChatGPT:

在 Python 中，异常处理使用 try、except、else 和 finally 等关键字。下面是 Python 异常处理的语法。

```
try:
    # 尝试执行可能会引发异常的代码
    # ...
except ExceptionType1:
    # 如果引发 ExceptionType1 异常，则执行这个代码块
    # ...
except ExceptionType2:
    # 如果引发 ExceptionType2 异常，则执行这个代码块
    # ...
except:
    # 如果引发以上异常之外的异常，则执行这个代码块
    # ...
else:
```

```
    # 如果没有引发异常，则执行这个代码块
    # ...
finally:
    # 无论是否引发异常，都会执行这个代码块
    # ...
```

在 try 代码块中，我们尝试执行可能会引发异常的代码。如果该代码块中的代码引发异常，则会立即跳转到 except 代码块。

在 except 代码块中，我们可以指定要捕获的异常类型。例如，如果我们希望捕获 ValueError 异常，可以使用以下代码。

```
try:
    # 尝试执行可能会引发异常的代码
    # ...
except ValueError:
    # 如果引发 ValueError 异常，则执行这个代码块
    # ...
```

如果在 except 后没有指明具体的异常类型，则表示捕获所有异常。

在 else 代码块中，我们可以处理没有引发异常的情况。例如，如果我们希望在没有引发异常的情况下输出一条消息，可以使用以下代码。

```
try:
    # 尝试执行可能会引发异常的代码
    # ...
except ValueError:
    # 如果引发 ValueError 异常，则执行这个代码块
    # ...
else:
    # 如果没有引发异常，则执行这个代码块
    print("执行成功！")
```

在 finally 代码块中，我们可以执行无论是否引发异常都需要执行的代码。例如，如果我们需要在程序结束时关闭某个文件或数据库连接，可以使用以下代码。

```
try:
    # 尝试执行可能会引发异常的代码
    # ...
except ValueError:
    # 如果引发 ValueError 异常，则执行这个代码块
    # ...
finally:
    # 无论是否引发异常，都会执行这个代码块
    # 关闭文件或数据库连接等操作
```

另外，我们还可以使用 raise 语句手动抛出异常，例如：

```
if x < 0:
    raise ValueError("x 的值不能小于 0！ ")
```

以上就是 Python 异常处理的语法和基本用法。

ChatGPT 给出的是完整的异常处理结构，其中的 else 和 finally 不是必须的，所以一个最简单的异常处理结构只需要 try 加上 except 即可。

提问：写一个打开并读取文件的代码，需要有异常处理。

ChatGPT:

好的，以下是一个打开并读取文件的代码，并加上了异常处理。

```
try:
    with open("example.txt", "r") as f:
        contents = f.read()
        print(contents)
except FileNotFoundError:
    print(" 该文件不存在。")
except PermissionError:
    print(" 你没有权限访问此文件。")
except Exception as e:
    print(" 发生了异常：", str(e))
```

上面的代码使用了 with 语句打开文件，当文件不存在或权限不足时，会捕获对应的异常并进行处理，同时也添加了一个通用的异常处理，用于捕获其他未知异常情况。在这个通用的异常处理中，我们使用 str() 函数将异常信息转化为字符串，以便打印出来。

将代码复制到编辑器中，保存并运行，结果如图 11-5 所示。因为文件夹中并没有 example.txt 这个文件，所以触发了 FileNotFoundError 异常并被捕获，输出了对应的提示。

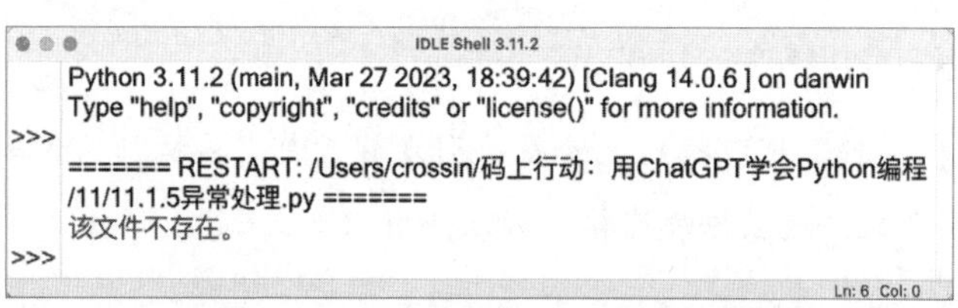

图 11-5　ChatGPT 演示代码运行结果

11.2 用 ChatGPT 学其他类型文件的读写

11.1 节中我们讨论的文件读写都是针对文本文件。如果直接用同样的方法读写其他文件，如常见的 Word 文件、Excel 文件，会发现是无法成功的。这是因为这些文件都有特殊的存储结构和数据表示方法，并不是单纯的文本信息，所以需要用专门的模块才能进行读写操作。

下面我们将借助 ChatGPT 来学习几种常见文件类型的读写。

11.2.1 读写 Excel 文件

Excel 文件是存储表格数据的一种常用格式，也是 Python 进行数据分析时会经常用到的存储形式。先让 ChatGPT 介绍一下 Excel 文件的读写方法。

提问：Python 如何读写 Excel 文件？

ChatGPT:

Python 可以通过第三方库 openpyxl 来读写 Excel 文件。这个库可以方便地读取、修改和创建 Excel 文档，支持 Python 2.x 和 Python 3.x 版本。以下是使用 openpyxl 库进行 Excel 文件读写的示例代码。

安装 openpyxl 库。可以使用 pip 命令进行安装。

```
pip install openpyxl
```

创建 Excel 文件。

```
import openpyxl
# 创建 Excel 文件
workbook = openpyxl.Workbook()
# 获取第一个工作表
sheet = workbook.active
# 添加数据
sheet["A1"] = "Hello, World!"
sheet["A2"] = "This is a cell."
# 添加表格
table_data = [
    ["Name", "Age", "Gender"],
    ["Alice", 25, "Female"],
    ["Bob", 30, "Male"],
    ["Charlie", 35, "Male"]
]
for row in table_data:
    sheet.append(row)
# 保存文件
workbook.save("example.xlsx")
```

上面的代码中，首先，我们使用 openpyxl 模块中的 Workbook 类创建一个空白的 Excel 文件，并使用 active 属性获取第一个工作表。然后，我们可以使用 [] 运算符添加单元格，并使用 append 方法添加表格数据。最后，我们使用 save 方法保存文件。

读取 Excel 文件。

```python
import openpyxl
# 打开 Excel 文件
workbook = openpyxl.load_workbook("example.xlsx")
# 获取所有工作表名
sheet_names = workbook.sheetnames
print(sheet_names)
# 获取第一个工作表
sheet = workbook[sheet_names[0]]
# 读取单元格内容
cell = sheet["A1"]
print(cell.value)
# 遍历所有行和列
for row in sheet.iter_rows():
    for cell in row:
        print(cell.value, end='\t')
    print()
```

上面的代码中，我们使用 openpyxl 模块中的 load_workbook 方法打开 Excel 文件，并使用 sheetnames 属性获取所有工作表的名称。然后我们选择第一个工作表，并使用 [] 运算符来访问单元格。我们还可以使用 iter_rows 方法遍历所有行和列，并使用 value 属性获取单元格的值。

将代码合并复制到编辑器中，先写入后读取，保存并运行，创建的 Excel 文件如图 11-6 所示，程序输出结果如图 11-7 所示。

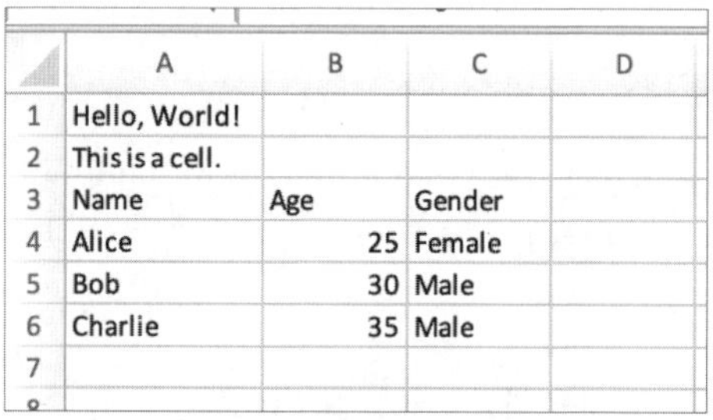

	A	B	C	D
1	Hello, World!			
2	This is a cell.			
3	Name	Age	Gender	
4	Alice	25	Female	
5	Bob	30	Male	
6	Charlie	35	Male	
7				

图 11-6 ChatGPT 演示代码创建的 Excel 文件

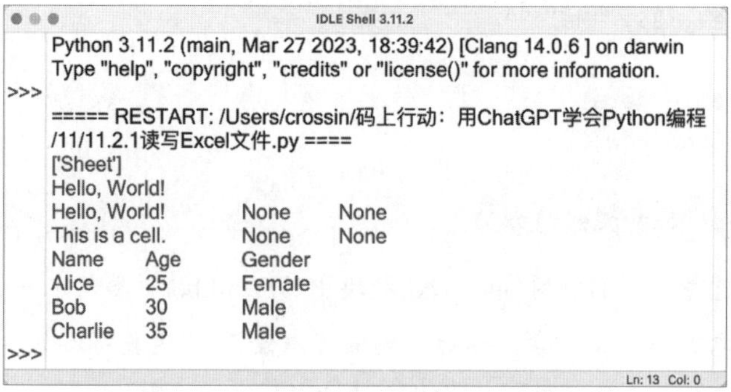

```
IDLE Shell 3.11.2
Python 3.11.2 (main, Mar 27 2023, 18:39:42) [Clang 14.0.6 ] on darwin
Type "help", "copyright", "credits" or "license()" for more information.
>>>
===== RESTART: /Users/crossin/码上行动：用ChatGPT学会Python编程
/11/11.2.1读写Excel文件.py ====
['Sheet']
Hello, World!
Hello, World!     None     None
This is a cell.   None     None
Name     Age      Gender
Alice    25       Female
Bob      30       Male
Charlie  35       Male
>>>
Ln: 13 Col: 0
```

图 11-7 ChatGPT 演示代码运行结果

Python 中支持读写 Excel 文件的库有很多，这里 ChatGPT 只是给出了其中一种实现方法。让 ChatGPT 再简单列举一下其他的方法。

提问：Python 有哪些读写 Excel 文件的方法，分别有什么优点和缺点？

ChatGPT:

Python 中读写 Excel 文件的方法有很多，主要有以下几种。

1. 使用第三方库 openpyxl：这个库可以读写 Excel 文件，并且支持 Excel 2010 及以上版本的 xlsx 和 xlsm 格式。优点是开源免费，功能强大，可扩展性好；缺点是可能会占用较多内存，读取速度相对较慢。

2. 使用第三方库 xlrd 和 xlwt：这两个库可以读写 Excel 文件，支持 Excel 97 版本至 2003 版本的 xls 格式。优点是功能较为简单，容易上手，读写速度较快；缺点是不支持 Excel 2010 及以上版本的 xlsx 和 xlsm 格式，而且需要安装两个库，使用起来比较麻烦。

3. 使用第三方库 pandas：这个库可以读写 Excel 文件，并且支持多种格式，包括 xlsx、xls、csv 等。优点是功能强大，支持数据分析和处理，对于大规模数据处理具有优势；缺点是对于 Excel 单元格的操作支持较少。

4. 使用 Python 标准库 csv：这个库可以读写 CSV 格式的文件，可以导入 Excel 中进行进一步处理。优点是轻量级、易于使用，读写速度较快；缺点是不支持 Excel 特定的格式和功能。

实际开发中需要根据具体情况选择合适的库来进行 Excel 文件读写。如果需要读写 Excel 2010 及以上版本的文件，可以选择 openpyxl 库；如果只需要读写 xls 格式的文件，可以选择 xlrd 和 xlwt 库；如果需要进行数据分析和处理，可以选择 pandas 库；如果只需要读写 CSV 文件，可以使用 Python 标准库 csv。

ChatGPT 提到的这几个库都可在一定程度上实现 Excel 文件的读写。在实际开发中，应结合实际需求选择合适的库。

11.2.2 读写 CSV 文件

在读写 Excel 文件的回答的最后，ChatGPT 提到了 CSV 格式的概念，严格来说它并不能算是 Excel 文件，只是 Excel 软件也支持 CSV 格式的文件。具体情况让 ChatGPT 详细介绍。

提问：什么是 CSV 格式的文件，它有什么特点和作用？

ChatGPT:

CSV（Comma-Separated Values）是一种常见的文本文件格式，通常用于存储表格数据。CSV 文件中的每一行表示一条记录，每个字段之间用逗号分隔。CSV 文件不需要特定的软件即可打开，可以用任何文本编辑器或电子表格软件打开。

CSV 文件具有以下特点。

1. 简单易用：CSV 文件是纯文本文件，不需要特殊的软件即可打开和编辑，可以用文本编辑器或电子表格软件打开。

2. 跨平台性：CSV 文件可以在不同操作系统和不同软件之间进行数据交换，具有良好的跨平台性。

3. 易于处理：CSV 文件可以用各种编程语言进行处理，包括 Python、Java、PHP、C# 等。

4. 可读性好：CSV 文件中的数据以文本形式存储，易于阅读和理解。

CSV 文件的作用非常广泛，常用于以下场景。

1. 数据交换：CSV 文件是一种通用的数据交换格式，可以用于在不同系统之间进行数据传输和共享。

2. 数据备份：CSV 文件可以用于将数据备份到本地或远程服务器。

3. 数据导入和导出：CSV 文件可以用于将数据从电子表格软件（如 Microsoft Excel）中导出，并将其导入其他软件中进行进一步处理。

4. 数据处理：CSV 文件可以用于将数据导入编程语言中进行处理和分析，如数据清洗、数据分析、数据可视化等。

下面是一个简单的 CSV 文件示例。

```
Name,Age,Gender,Country
John,25,Male,USA
Alice,30,Female,UK
Bob,20,Male,Canada
```

这个 CSV 文件包含了一个表格，其中有四个字段：Name、Age、Gender 和 Country。每一行表示一条记录，记录中的各个字段之间用逗号分隔。

在这个示例中，第一行是表头，用于描述各个字段的含义。从第二行开始，每一行表示一个人的信息，包括姓名、年龄、性别和国家。通过这个 CSV 文件，可以方便地进行数据交换和处理，如将数据导入 Python 程序中进行分析和可视化。

总之，CSV 文件是一种非常实用和常用的文件格式，它可以方便地在不同系统和软件之间进行数据交换和共享，是数据处理和分析的重要工具之一。

从 ChatGPT 给出的 CSV 文件介绍和示例中可以看出，它其实仍然是一种文本文件，只不过对文件内容有固定的格式要求。如果我们用第 10 章中介绍的文件读写方法去处理 CSV 文件，同样也是可以的。不过 Python 提供了一个内置模块，可以让开发者更方便地读写 CSV 文件。

提问：Python 如何读写 CSV 文件?

ChatGPT:

Python 读写 CSV 文件可以使用标准库中的 csv 模块，该模块提供了一组用于读写 CSV 文件的工具函数和类。

如果要写入 CSV 文件，可以使用 csv.writer 对象。以下是一个将数据写入 CSV 文件的示例。

```
import csv
data = [
    ['Name', 'Age', 'Gender'],
    ['Alice', 25, 'Female'],
    ['Bob', 30, 'Male'],
    ['Charlie', 35, 'Male']
]
with open('data.csv', 'w', newline='') as f:
    writer = csv.writer(f)
    writer.writerows(data)
```

这个示例首先创建了一个名为 data 的列表，其中包含多行数据，每行数据是一个列表。然后使用 open() 函数打开一个名为 data.csv 的 CSV 文件，并指定文件打开方式为写入模式。另外，newline=" 参数用于指定行结束符，避免在 Windows 系统下出现多余的空行。接下来创建一个 csv.writer 对象 writer，它可以按行写入 CSV 文件内容。最后使用 writer.writerows() 方法将整个数据列表写入文件中。

以下是一个读取 CSV 文件的示例。

```
import csv
with open('data.csv', 'r') as f:
    reader = csv.reader(f)
    for row in reader:
        print(row)
```

这个示例首先使用 open() 函数打开一个名为 data.csv 的 CSV 文件，并指定文件打开方式为只读模式。然后创建一个 csv.reader 对象 reader，它可以按行读取 CSV 文件内容。最后使用 for 循环逐行读取文件内容，并将每行内容作为一个列表 row 输出。

以上是 Python 读写 CSV 文件的基本方法，使用 csv 模块还可以进行更多高级操作，如自定义分隔符、跳过头部或尾部行、指定数据类型等。具体用法可以参考 csv 模块的文档。

将代码合并复制到编辑器中，先写入后读取，保存并运行，创建的 CSV 文件如图 11-8 所示，程序输出结果如图 11-9 所示。

	A	B	C
1	Name	Age	Gender
2	Alice	25	Female
3	Bob	30	Male
4	Charlie	35	Male
5			

图 11-8　ChatGPT 演示代码创建的 CSV 文件

```
IDLE Shell 3.11.2
Python 3.11.2 (main, Mar 27 2023, 18:39:42) [Clang 14.0.6 ] on darwin
Type "help", "copyright", "credits" or "license()" for more information.
>>>
====== RESTART: /Users/crossin/码上行动：用ChatGPT学会Python编程
/11/11.2.2读写CSV文件.py =====
['Name', 'Age', 'Gender']
['Alice', '25', 'Female']
['Bob', '30', 'Male']
['Charlie', '35', 'Male']
>>>
Ln: 9 Col: 0
```

图 11-9　ChatGPT 演示代码运行结果

11.2.3 读写 Word 文件

Word 和 Excel 同属 Microsoft Office 系列，也是十分常用的文件类型。下面让 ChatGPT 介绍一下 Word 文件的读写方法。

提问：Python 如何读写 Word 文件?

ChatGPT:

Python 可以通过第三方库 python-docx 来读写 Word 文件。这个库可以方便地读取、修改和创建 Word 文档，支持 Python 2.x 和 Python 3.x 版本。以下是使用 python-docx 库进行 Word 文件读写的示例代码。

安装 python-docx 库。可以使用 pip 命令进行安装。

```
pip install python-docx
```

创建 Word 文档。

```
import docx
# 创建 Word 文档
doc = docx.Document()
# 添加段落
doc.add_paragraph("Hello, World!")
doc.add_paragraph("This is a paragraph.")
# 添加表格
table = doc.add_table(rows=3, cols=3)
for i in range(3):
    for j in range(3):
        cell = table.cell(i, j)
        cell.text = "Row {} Col {}".format(i+1, j+1)
# 保存文档
doc.save("example.docx")
```

上面的代码中，我们首先创建了一个空白的 Word 文档，并使用 add_paragraph 方法添加两个段落。然后使用 add_table 方法添加一个 3 行 3 列的表格，并在表格中添加文本。最后使用 save 方法保存文档。

读取 Word 文档。

```
import docx
# 打开 Word 文档
doc = docx.Document("example.docx")
# 读取文档内容
for para in doc.paragraphs:
    print(para.text)
# 读取表格内容
for table in doc.tables:
    for row in table.rows:
        for cell in row.cells:
            print(cell.text, end='\t')
        print()
```

上面的代码中，我们使用 docx 模块中的 Document 类打开 Word 文档，并使用 paragraphs 和 tables 属性来读取文档内容。paragraphs 属性返回一个包含所有段落的列表，而 tables 属性返回一个包含所有表格的列表。然后，我们可以遍历列表并使用 text 属性获取段落和表格中的文本内容。

将代码合并复制到编辑器中，先写入后读取，保存并运行，创建的 Word 文件如图 11-10 所示，程序输出结果如图 11-11 所示。

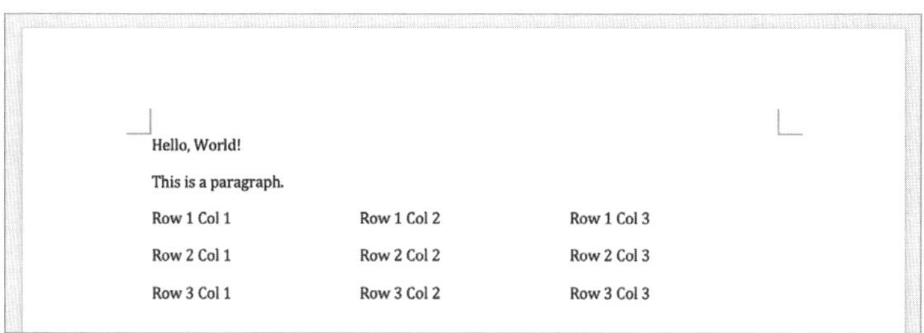

图 11-10　ChatGPT 演示代码创建的 Word 文件

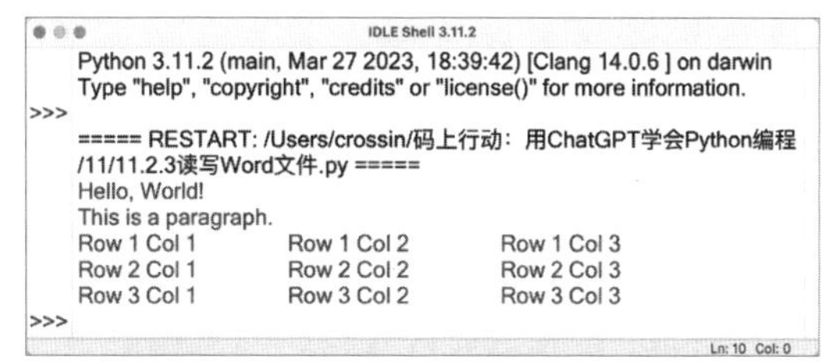

图 11-11　ChatGPT 演示代码运行结果

11.2.4 读写图片文件

除了文本形式的文件，我们也经常会有读写图片、视频等多媒体文件的需求。例如，在对数据进行可视化之后，需要把生成的图表保存成图片。下面就让 ChatGPT 演示如何读写图片文件。

提问：Python 如何读写图片文件？

ChatGPT:

Python 可以使用 PIL（Python Imaging Library）或其继任者 Pillow 库来读写图片文件。Pillow 库是 PIL 库的一个分支，提供了更好的兼容性和更好的性能。在使用 Pillow 库之前，需要通过 pip 命令进行安装。

```
pip install pillow
```

如果要创建新的图片文件，可以使用 Image.new() 函数创建一个新的空白图片，并使用 ImageDraw.Draw() 函数绘制图形。以下是一个使用 Pillow 库创建新的图片文件的示例。

```
from PIL import Image, ImageDraw
# 创建新图片
img = Image.new('RGB', (200, 200), color='white')
# 绘制图形
draw = ImageDraw.Draw(img)
draw.rectangle((50, 50, 150, 150), fill='blue')
# 显示图片
img.show()
# 保存图片
img.save('image.jpg')
```

这个示例使用 Pillow 库中的 Image.new() 函数创建一个大小为 200×200 的 RGB 图片，并使用 color 参数指定背景色为白色。然后，使用 ImageDraw.Draw() 函数创建一个 ImageDraw 对象 draw，它可以用于绘制图形；使用 draw.rectangle() 方法绘制一个蓝色矩形。最后，使用 img.show() 函数显示图片，并使用 img.save() 方法将图片保存为名为 image.jpg 的新文件。

以下是一个使用 Pillow 库读取图片文件的示例。

```
from PIL import Image
# 打开图片文件
img = Image.open('image.jpg')
# 显示图片
img.show()
# 获取图片大小
width, height = img.size
print(f'图片大小为：{width} x {height}')
# 获取像素值
pixels = list(img.getdata())
print(f'前 10 个像素值：{pixels[:10]}')
# 获取单个像素值
pixel = img.getpixel((0, 0))
```

```
14.print(f'左上角像素值为：{pixel}')
```

这个示例首先使用 Pillow 库中的 Image.open() 函数打开一个名为 image.jpg 的图片文件，并将其赋值给变量 img。然后使用 img.show() 函数显示图片。接下来使用 img.size 属性获取图片的大小，并将其赋值给变量 width 和 height；使用 img.getdata() 方法获取所有像素值，并将其转换为列表。使用 img.getpixel() 方法获取左上角的像素值，并将其赋值给变量 pixel。

以上是使用 Pillow 库读写图片文件的基本方法，Pillow 库还提供了许多其他的图像处理功能，如图像缩放、旋转、裁剪、滤镜等，具体用法可以参考 Pillow 库的文档。

将代码合并复制到编辑器中，先写入后读取，保存并运行，创建的图片文件如图 11-12 所示，程序输出结果如图 11-13 所示。

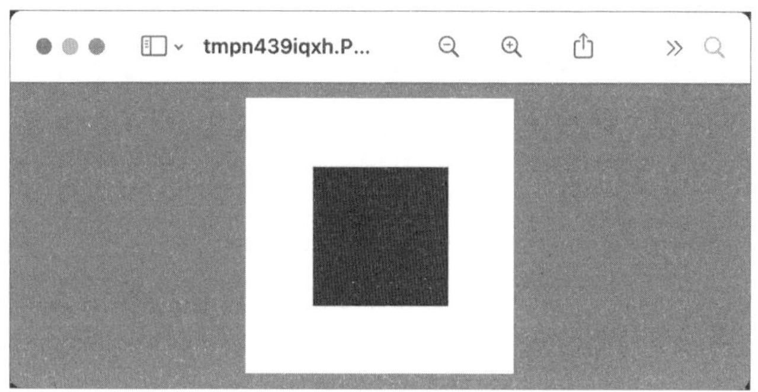

图 11-12　ChatGPT 演示代码创建的图片文件

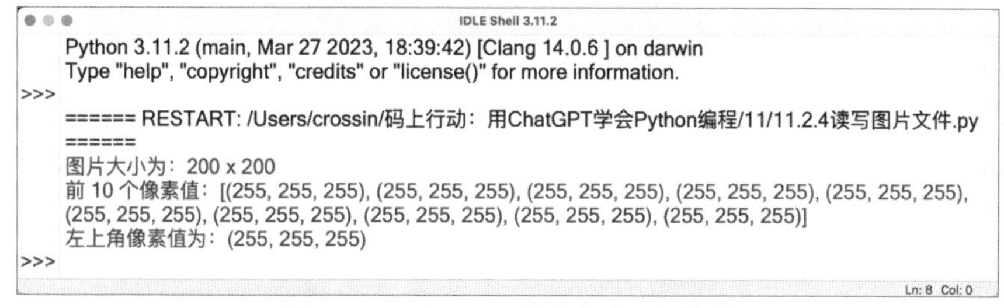

图 11-13　ChatGPT 演示代码运行结果

通过丰富的第三方库，Python 可以支持读写非常多的文件类型，这里仅仅以这几种类型为例演示了基本的操作。在实际应用时，读者可以通过查询文档、上网搜索，或像本书演示中这样询问 ChatGPT 来获知相关模块的使用方法。

11.3 文件系统操作

除了对文件进行读写操作，还有一些对文件本身进行的操作，如复制、删除、重命名等。这些操作称作文件系统操作。

提问：什么是文件系统操作？

ChatGPT:

文件系统操作是指对计算机文件系统中的文件和目录进行创建、删除、复制、移动、重命名等操作的过程。在操作系统中，文件系统是一种用于组织和管理文件与目录的层次结构。每个文件和目录都有一个唯一的路径来表示其在文件系统中的位置。

常见的文件系统操作包括如下几种。

- 创建文件或目录。
- 打开文件并读取或写入文件内容。
- 复制、移动或重命名文件或目录。
- 删除文件或目录。
- 查询文件或目录的属性，如大小、创建时间、修改时间等。
- 遍历文件系统中的目录结构。

文件系统操作是计算机编程中非常常见的操作，几乎所有的编程语言都提供了相应的 API 来进行文件系统操作。在 Python 中，可以使用内置的 os 模块和 shutil 模块来进行文件系统操作。

下面我们结合代码，演示几种常见的文件系统操作。

11.3.1 复制文件

复制文件可以通过先读取原文件，再写入一个新文件的方式实现。更简单的方法是使用 Python 标准库 shutil 模块中的 copy 函数。如果要复制整个目录，则可以使用其中的 copytree 函数。

使用 copy 函数时，如果新的文件名已经存在，会覆盖已有文件。而使用 copytree 函数时，如果新的目录名已经存在，则会触发 FileExistsError 报错。

【示例 11-1 程序】

在编辑器中输入如下示例程序并运行。

第 1 行：导入 shutil 模块。

第 2 行：在当前文件夹复制文件“文件 1.txt”，命名为“文件 2.txt”。

第 3 行：在当前文件夹复制目录“目录 1”，命名为“目录 2”。

示例 11-1

```
1. import shutil
2. shutil.copy('文件1.txt', '文件2.txt')
3. shutil.copytree('目录1', '目录2')
```

准备好测试文件和目录，如图 11-14 所示。保存并运行程序，结果如图 11-15 所示。从运行结果中可以看到，目录 1 中的文件、子目录及各级子目录下的文件都被复制到了目录 2 中。

名称	修改时间	大小	类型
image.jpg	Today at 14:02	2 KB	JPEG image
文件1.txt	Today at 15:45	15 bytes	text
目录1	Today at 16:08	--	Folder
子目录	Today at 16:08	--	Folder
孙目录	Today at 16:06	--	Folder
文件 hij.txt	Today at 16:04	30 bytes	text
文件 def.txt	Today at 16:04	30 bytes	text
文件 abc.txt	Today at 16:08	26 bytes	text

图 11-14 示例 11-1 测试文件目录结构

名称	修改时间	大小	类型
image.jpg	Today at 14:02	2 KB	JPEG image
文件1.txt	Today at 15:45	15 bytes	text
文件2.txt	Today at 16:08	15 bytes	text
目录1	Today at 16:08	--	Folder
子目录	Today at 16:08	--	Folder
孙目录	Today at 16:06	--	Folder
文件 hij.txt	Today at 16:04	30 bytes	text
文件 def.txt	Today at 16:04	30 bytes	text
文件 abc.txt	Today at 16:08	26 bytes	text
目录2	Today at 16:08	--	Folder
子目录	Today at 16:08	--	Folder
孙目录	Today at 16:06	--	Folder
文件 hij.txt	Today at 16:04	30 bytes	text
文件 def.txt	Today at 16:04	30 bytes	text
文件 abc.txt	Today at 16:08	26 bytes	text

图 11-15 示例 11-1 运行后文件目录结构

11.3.2 重命名文件

重命名文件可以使用 Python 标准库 os 模块中的 rename 函数实现。

使用 rename 函数时，如果新的文件名已经存在，会覆盖已有文件。

【示例 11-2 程序】

在编辑器中输入如下示例程序并运行。

第 1 行：导入 os 模块。

第 2 行：将当前文件夹下的文件“文件 1.txt”重命名为“文件 3.txt”。

示例 11-2

```
1. import os
2. os.rename('文件1.txt', '文件3.txt')
```

保存并运行程序，会发现当前文件夹中的“文件 1.txt”被重命名为“文件 3.txt”。

11.3.3 删除文件

删除文件可以使用 Python 标准库 os 模块中的 remove 函数实现。

【示例 11-3 程序】

在编辑器中输入如下示例程序并运行。

第 1 行：导入 os 模块。

第 2 行：删除当前文件夹下的文件“文件 2.txt”。

示例 11-3

```
1. import os
2. os.remove(' 文件 2.txt')
```

保存并运行程序，会发现当前文件夹中的“文件 2.txt”被删除了。

11.4 ChatGPT 演示代码——批量文件搜索器

下面我们将借助 ChatGPT，实现一个综合运用文件操作的小程序。程序的功能：用户输入关键字和目录地址，程序搜索该目录及其各级子目录下的文件，列出文件名或文件内容中包含此关键字的所有文件名。

提问：用 Python 实现，用户输入关键字和目录地址，程序搜索该目录及其各级子目录下的文件，列出文件名或文件内容中包含此关键字的所有文件名。

ChatGPT:

可以使用 Python 中的 os 模块实现这个功能。下面是一个简单的示例代码。

```
import os
def search_files(keyword, directory):
    # 遍历目录及其子目录下的所有文件
    for root, dirs, files in os.walk(directory):
        for file in files:
            # 获取文件路径
            file_path = os.path.join(root, file)
            try:
                # 判断文件名是否包含关键字
                if keyword in file:
                    print(file_path)
                    continue
                # 读取文件内容
```

```
                with open(file_path, 'r') as f:
                    content = f.read()
            except:
                continue
            # 判断文件内容是否包含关键字
            if keyword in content:
                print(file_path)
if __name__ == '__main__':
    keyword = input("请输入关键字：")
    directory = input("请输入目录地址：")
    search_files(keyword, directory)
```

在这个示例中，search_files 函数用于搜索指定目录及其子目录下包含关键字的文件。函数中首先使用 os.walk 函数遍历目录及其子目录下的所有文件，然后使用 in 操作符逐个判断文件名中是否包含关键字，如果包含，就将文件路径输出；如果不包含，就再读取文件内容，并用同样的方式检查文件内容中是否包含关键字，如果包含，则输出文件路径。

使用 input 函数获取用户输入的关键字和目录地址，并将它们作为参数传递给 search_files 函数。可以根据需要对代码进行修改，以实现更复杂的搜索功能。

这里用到了一个关键函数 os.walk，让 ChatGPT 展开说一说。

提问：介绍一下代码中的 os.walk 函数。

ChatGPT:

os.walk() 是 Python 标准库中的一个函数，用于遍历指定目录下的所有文件和子目录。该函数返回一个生成器对象，可以逐层遍历目录树中的所有目录和文件，并返回每个目录中所有子目录和文件的信息。

os.walk() 函数有三个参数，分别如下。

- path：指定要遍历的目录路径。
- topdown：可选，指定遍历的顺序，如果为 True，表示先遍历目录，再遍历子目录；如果为 False，表示先遍历子目录，再遍历目录。
- onerror：可选，指定遇到错误时的处理方式，如果不指定，则默认抛出异常。

os.walk() 函数返回的是一个三元组 (root, dirs, files)。

- root：当前遍历到的目录路径。
- dirs：当前目录中的所有子目录列表。
- files：当前目录中的所有文件列表。

因此，可以使用 os.walk() 函数来遍历指定目录下的所有文件和子目录，并对每个文件进行相应的操作，如搜索文件中的关键字、复制文件等。

由于我们的程序只要求搜索文件，在得到 os.walk 的返回值之后，只需要对其中的 files 进行遍历即可。而 root 则可用来拼接出文件的完整路径。

另外，代码中用到的异常处理也很重要，因为这里使用只读模式逐一读取文件内容，但对于非文本文件，使用只读模式打开并读取有可能报错，所以必须加上异常处理，避免程序中断退出。

我们准备一些测试文件，目录结构及其中“文件 abc.txt”的内容如图 11-16 所示。然后将代码复制到编辑器中，保存并运行，结果如图 11-17 所示。从运行结果中可以看到，文件名和文件内容包含“hi”的文件路径都被列了出来。测试中输入的路径“目录 1”，程序会把它当作相对路径来处理，也就是当前目录下的子目录“目录 1”。

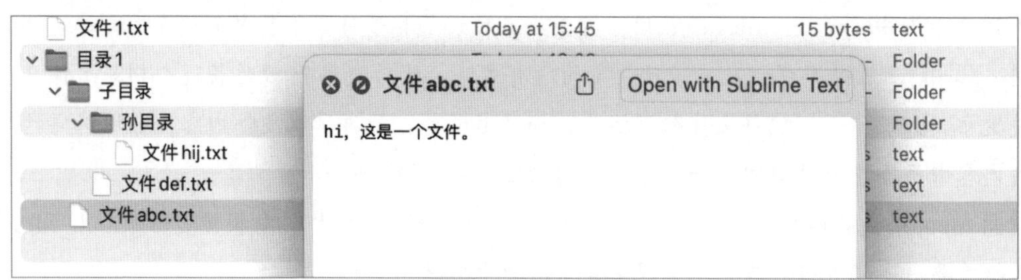

图 11-16　测试文件目录结构及部分内容

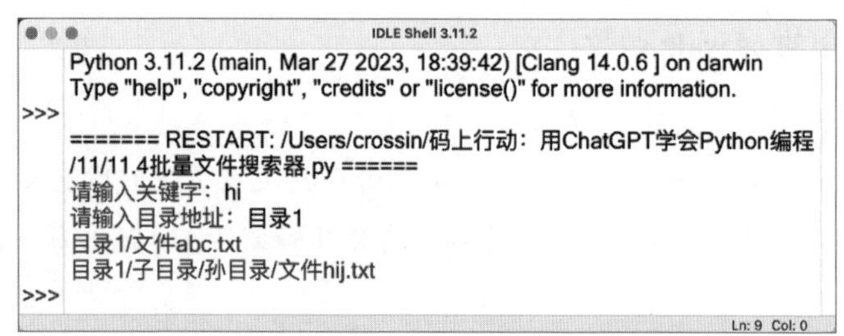

图 11-17　ChatGPT 演示代码运行结果

读者可以尝试在 ChatGPT 给出的这段代码上进一步扩展，如输出文件的完整路径、判断关键字在文件中的第几行等，以此加深对文件操作的理解。

11.5 ChatGPT 答疑解惑

关于文件操作方面的更多问题，我们来看一看 ChatGPT 的解答。

 11.5.1 文件指针

在使用 read 方法读取文件内容时会发现这样一个情况：如果调用两次 read，第二次无法读取到任何内容。让 ChatGPT 来解释一下。

提问：为什么 Python 中使用 read 读取一次文件后就不能再读取了？

ChatGPT:

在 Python 中，使用 read() 函数读取文件时，文件指针会从文件的当前位置开始读取指定长度的数据。一旦读取完成，文件指针会自动向前移动到下一个位置。因此，如果想要再次读取文件的内容，需要将文件指针重新移动到文件开头，即执行 file.seek(0) 操作。

如果不进行 seek() 操作，再次使用 read() 函数读取文件时，由于文件指针已经到达文件末尾，无法再读取任何数据，只会返回空字符串。

需要注意的是，文件指针的位置不仅受到 read() 函数的影响，还受到其他读写操作的影响。例如，如果使用 readline() 函数读取文件的一行数据，文件指针也会向前移动，因此需要使用 seek() 函数将其恢复到正确的位置。

这里 ChatGPT 说的文件指针，大家可以想象成一个文本编辑器中的光标，随着文件的读取，光标也在不断向后移动。文件读取完，光标也就到了文件内容的末尾。所以这时再调用 read 就不会有内容了。要想重新读取，可以调用 seek 方法，将参数设为 0，表示将文件指针设置到文件的开始位置。

11.5.2 异常处理与条件判断的选择

异常处理可以避免读取不存在的文件而产生报错，用 if 语句在读取之前进行判断，也可以达到同样的效果。那么这两者之间应该如何选择呢？来问一问 ChatGPT。

提问：异常处理和条件判断有什么区别，应当如何选择？

ChatGPT:

异常处理和条件判断都是用于控制程序流程的基本机制，但它们的使用场景和效果略有不同。

异常处理通常用于处理无法避免的、预期之外的异常情况，如网络连接中断、文件不存在等。在这种情况下，程序会抛出异常并中断执行，如果没有合适的异常处理机制，程序可能会因为异常而崩溃或产生不可预期的结果。使用异常处理可以对异常情况进行处理或通过错误日志等方式记录异常信息，保证程序的稳定性和可靠性。

条件判断则更多用于根据不同的条件执行不同的代码块，如根据用户的输入或程序计算的结果执行相应的操作。在这种情况下，条件判断可以根据情况执行不同的分支，避免因为条件不满足而产生错误或不必要的计算。

在选择使用异常处理和条件判断时，需要根据具体的情况来考虑。一般来说，如果遇到的情况是可以预期并通过条件判断来解决的，建议优先选择条件判断。如果遇到的情况无法预期或需要在异常情况下保证程序的稳定性和可靠性，建议使用异常处理。同时，在编写代码时应该充分考虑各种情况，避免因为意外情况而导致程序崩溃或运行错误。

从 ChatGPT 的表述中可以了解到，用异常处理还是条件判断，一个重要的判断标准是要处理的情况是不是可以被预期的。另外，在开发的时候，建议在程序功能完成并调试通过之后再增加异常处理的代码，否则可能会隐藏程序本身的报错，给调试过程增加不必要的麻烦。

11.5.3 如何保持学习编程的动力

读到这里，我们的编程学习已经进行了一段时间，内容也逐渐从 Python 语法转向模块功能的学习。在此过程中，难免会遇到一些困难并产生懈怠。能否保持学习编程的动力，对于初学者来说很重要。关于这方面，看看 ChatGPT 有什么建议。

提问：如何保持学习编程的动力？

ChatGPT:

保持学习编程的动力是一个重要的问题，以下是几个建议。

1. 了解编程的应用场景：了解编程的应用场景，可以让你对编程有更深入的理解，并对自己学习编程的方向和目标有更明确的认识。尝试编写一些实用的小程序，可以增加自己的兴趣和动力。

2. 不断挑战自己：尝试去解决一些具有挑战性的问题，可以锻炼自己的思维和解决问题的能力，也可以增加自己的成就感和满足感。

3. 参加编程社区和交流活动：参加编程社区和交流活动可以与其他程序员交流，学习他们的经验和技巧，也可以结交志同道合的朋友，共同探讨编程之路。

4. 不断学习新技术和新知识：编程是一个不断发展和更新的领域，学习新技术和新知识可以让你跟上潮流，不断提高自己的水平和能力，也可以让你对编程充满兴趣和热情。

5. 持之以恒，保持耐心：学习编程需要耐心和毅力，不要期望一夜之间就可以掌握所有的知识和技能。在学习过程中遇到困难时，不要放弃，多尝试、多实践、多交流，相信自己一定会取得进步和成功。

总之，保持学习编程的动力需要多方面的努力和坚持，关键在于培养自己的兴趣和热情，同时不断学习和提高自己的能力。

总结一下 ChatGPT 的建议和笔者的个人经验：学习编程要找到明确的学习目标，如开发一个网站或一个游戏；建议多与其他学习者交流；欲速则不达，不要求快，耐心坚持，这样更容易保持学习编程的动力。

本章小结

本章主要介绍了 Python 中文件操作的相关知识，包括文件读写、异常处理、文件系统操作等内容。在文件读写方面，详细介绍了 Python 如何读取和写入文本文件，以及文件的各种打开模式。然后讲解了如何通过 Python 的异常处理机制，应对读写文件中可能存在的预期外情况。此外，本章还介绍了如何读写 Excel、Word、CSV 和图片等文件，并以复制、重命名和删除文件为例，讲解了如何利用标准库进行文件的系统操作。文件操作是 Python 编程中非常重要的一部分，对于想要进行办公自动化、数据处理、爬虫等方面的读者来说，本章的内容是很有帮助的。

第 12 章

网络爬虫

★本章导读★

随着大数据时代的到来，网络爬虫逐渐被人们所熟知。网络爬虫是一种自动抓取网页信息的程序，是 Python 的主要应用领域之一。学习网络爬虫需要先了解 HTTP 请求及网页前端相关的基础知识。本章将对这些内容进行初步介绍，并演示如何通过 Python 的相关模块实现网络爬虫程序。

★知识要点★

通过本章内容的学习，读者能掌握以下知识：

◆ 了解网络爬虫的相关概念

◆ 了解网页前端的基础知识点

◆ 掌握使用 requests 模块实现网络爬虫

12.1 ChatGPT 讲解知识点——网络爬虫

在动手开发网络爬虫程序之前，我们先借助 ChatGPT 了解和学习一下相关的概念。

12.1.1 网络爬虫

先让 ChatGPT 介绍一下什么是网络爬虫。

提问：什么是网络爬虫？

ChatGPT:

网络爬虫（Web Crawler）是一种自动化程序，可以在互联网上自动抓取网页信息并进行处理。它可以模拟人类在浏览器中的操作，自动访问互联网上的网站，获取网页内容，然后将内容进行解析和处理，从而提取出需要的信息。

网络爬虫的工作流程通常包括以下几个步骤。

1. 确定目标网站：选择需要抓取的目标网站，并分析该网站的结构和内容。

2. 发送网络请求：通过发送 HTTP 请求，获取目标网站的网页内容。爬虫需要模拟人类的浏览器行为，包括设置请求头、处理 Cookie 等。

3. 解析网页内容：通过解析 HTML、CSS、JavaScript 等网页内容，提取出需要的信息。解析工具通常使用正则表达式、XPath、CSS 选择器等。

4. 存储数据：将提取出的数据保存到本地文件或数据库中，以便后续的分析和使用。

网络爬虫可以应用于很多领域，如搜索引擎、数据挖掘、内容聚合、价格比较等。通过使用爬虫程序，用户可以快速地从互联网上获取大量的数据，以便进行分析和研究。

需要注意的是，在使用爬虫抓取网站内容时，需要遵守网络道德和法律法规，避免对他人隐私和知识产权的侵犯。同时，为了保护服务器资源，也需要合理设置爬虫的访问频率和深度，避免对服务器造成过大的负载压力。

从 ChatGPT 的回答中可以看出，发送 HTTP 请求和解析网页内容是爬虫的两个重要步骤。另外，我们需要清楚，爬虫的本质是模拟并自动化人的行为，所以它只能获取用户本身可以访问的公开或已授权信息，并不能抓取无法正常访问的内容。

12.1.2 HTTP 请求

HTTP 请求是爬虫获取网页上信息的重要途径。下面让 ChatGPT 介绍一下什么是 HTTP 请求。

提问：什么是 HTTP 请求?

ChatGPT:

HTTP 请求是一种客户端向服务器发送请求，以获取特定信息或执行特定操作的过程。HTTP（Hypertext Transfer Protocol）是一种应用层协议，它定义了客户端和服务器之间通信的格式与规则。

在 HTTP 请求过程中，客户端发送一个 HTTP 请求消息到服务器，请求消息包括请求行、请求头和请求体三部分。请求行包括请求方法、URL 和 HTTP 协议版本，如 GET /index.html HTTP/1.1。请求头包括客户端的一些附加信息，如 Accept、User-Agent、Referer 等。请求体包含请求参数和数据，对于 GET 请求来说，请求体通常为空，而对于 POST 请求来说，请求体包含 POST 数据。

服务器在收到请求后，会根据请求行中的方法和 URL 来确定要执行的操作，并返回相应的响应消息。响应消息包括状态行、响应头和响应体三部分。状态行包括响应协议版本、状态码和状态描述，如 HTTP/1.1 200 OK。响应头包括服务器的一些附加信息，如 Content-Type、Content-Length、Cache-Control 等。响应体包含服务器返回的数据，对于静态资源来说，响应体是文件内容，对于动态资源来说，响应体是生成的 HTML 或 JSON 等格式的数据。

HTTP 请求是客户端和服务器之间通信的基础，它的设计和实现对于互联网的性能与安全都具有重要影响。在实际开发中，通常使用 HTTP 请求库或框架来简化 HTTP 请求的实现，如 Python 中的 requests 库、Java 中的 HttpClient 库等。

我们平时上网浏览网页，就是浏览器向网站服务器不断发送 HTTP 请求的过程。爬虫把这个过程抽离出来，直接向目标地址发送请求，获取我们需要的信息。通过一些相关模块，可以很容易地在代码中实现 HTTP 请求。

12.1.3 Python 发送 HTTP 请求

下面让 ChatGPT 列举一下 Python 中发送 HTTP 请求的方法。

提问：如何用 Python 发送 HTTP 请求?

ChatGPT:

Python 提供了多种发送 HTTP 请求的方法，常见的有以下几种。

1. 使用内置的 urllib 库

```
import urllib.request
response = urllib.request.urlopen('http://www.example.com/')
print(response.read().decode('utf-8'))
```

2. 使用 requests 库

```
import requests
response = requests.get('http://www.example.com/')
print(response.text)
```

3. 使用 httplib2 库

```
import httplib2
http = httplib2.Http()
response, content = http.request('http://www.example.com/', 'GET')
print(content.decode('utf-8'))
```

4. 使用 http.client 库

```
import http.client
conn = http.client.HTTPSConnection("www.example.com")
conn.request("GET", "/")
response = conn.getresponse()
print(response.read().decode('utf-8'))
```

上述代码中，第一种方法使用了 Python 内置的 urllib 库，可以发送 HTTP 请求并获取响应。第二种方法使用了流行的 requests 库，具有简洁易用的特点。第三种方法使用了 httplib2 库，它提供了高性能和高可扩展性的 HTTP 客户端。第四种方法使用了 http.client 库，可以实现底层的 HTTP

通信。

以上是常见的 Python 发送 HTTP 请求的方法，具体选择哪种方法取决于实际需求和个人喜好。

ChatGPT 给出了四种 Python 发送 HTTP 请求的方法。其中第一种所用的 urllib 模块是 Python 标准库，其他几种方法所用的模块都需要另外安装。一般推荐使用 requests 模块，它功能完善、使用方便，稍后将结合示例代码来具体演示。

12.2 用 ChatGPT 学网页前端基础知识

在尝试用 Python 开发自己的爬虫程序之前，我们有必要先了解一些网页前端的基础知识。这是因为爬虫抓取的目标大部分是网页，了解网页的知识才能更清楚如何编写相应的爬虫抓取程序。构建网页的主要技术是 HTML、CSS 和 JavaScript，我们将借助 ChatGPT 逐一进行学习。

12.2.1 HTML

我们平时在网页上看到的内容网页最基础的技术是 HTML。先让 ChatGPT 给我们介绍一下。

提问：什么是 HTML？

ChatGPT:

HTML（Hypertext Markup Language，超文本标记语言）是一种用于创建网页和其他在线文档的标记语言，其中的“超文本”意味着文档中的文本可以链接到其他文档或资源。

HTML 的基本元素是标记（tag），标记是用尖括号括起来的文本，它们告诉浏览器如何显示文档的内容。例如，“<h1>”是一个标题标记，它告诉浏览器将文本显示为一级标题。标记可以包含属性，属性提供了关于标记更多的信息，如颜色、大小或位置。

HTML 文档通常由头部和主体两部分组成。头部包含文档的元数据，如文档的标题、作者、描述、关键字等。主体包含文档的内容，如段落、标题、图像、列表、表格等。

HTML 也支持超链接（hyperlink），超链接可以链接到其他页面、文档、图像、视频、音频等。超链接可以用文本、图像或其他任何内容来表示。

HTML 还支持表单（form），表单可以收集用户输入的数据，并将数据发送到服务器进行处理。表单中可以包含文本框、单选按钮、复选框、下拉列表等元素。

HTML 是 Web 开发的基础，它与 CSS 和 JavaScript 一起构成了 Web 技术的三大支柱。通过 HTML，开发人员可以创建丰富的 Web 内容，并将其发布到互联网上。

HTML 是一个网页的基本框架，决定了页面上有哪些元素，这些元素按什么样的结构进行组织。

提问：写一个简单的 HTML 示例。

ChatGPT:

下面是一个简单的 HTML 示例，它包含一个标题和一个段落。

```
<!DOCTYPE html>
<html>
<head>
    <title> 我的网页 </title>
</head>
<body>
    <h1> 欢迎来到我的网页 </h1>
    <p> 这是我的第一个网页。</p>
</body>
</html>
```

这个示例中，<!DOCTYPE html> 告诉浏览器这是一个 HTML5 文档。<html> 标记表示 HTML 文档的开始，<head> 标记包含文档的头部信息，<title> 标记定义了文档的标题，这个标题将显示在浏览器的标题栏中。<body> 标记包含文档的主体内容，<h1> 标记定义了一个一级标题，<p> 标记定义了一个段落。

将代码复制到编辑器中，保存为以 .html 为后缀的文件，并在浏览器中打开，结果如图 12-1 所示。

图 12-1　ChatGPT 演示代码运行结果

12.2.2 CSS

了解了 HTML，我们再让 ChatGPT 介绍一下 CSS，它可以让网页更加美观。

提问：什么是 CSS？

ChatGPT:

CSS（Cascading Style Sheets，层叠样式表）是一种用于控制网页样式和布局的样式表语言。它与 HTML 和 JavaScript 一起构成了 Web 开发的三大支柱。

CSS 的主要作用是将样式应用于 HTML 文档中的元素，如改变文本的颜色、大小、字体、背景、边框、间距等。CSS 还可以控制元素的位置、尺寸、对齐方式等，从而实现网页的布局效果。CSS 还支持伪类和伪元素，可以用于创建一些特殊效果，如鼠标悬停、第一个字母大写等。

CSS 样式表由选择器和声明块组成。选择器用于选择要应用样式的 HTML 元素，而声明块包含一组属性和值，用于描述要应用的样式。例如，下面是一个简单的 CSS 样式表。

```
p {
  color: red;
  font-size: 16px;
}
```

这个样式表中，选择器 p 表示选择所有的 <p> 标签，而声明块包含了两个属性：color 和 font-size。color 属性定义了文本颜色为红色，而 font-size 属性定义了文本字体大小为 16 像素。

CSS 还支持层叠、继承和优先级等特性，可以对多个样式进行组合和覆盖，从而实现更加复杂的样式效果。

总之，CSS 是一种非常重要的 Web 技术，它可以让 Web 开发人员轻松地控制网页的外观和布局，从而实现更加美观、可读和易用的 Web 页面。

CSS 的主要作用就是描述网上元素的样式和布局，从而改进网页的外观，以增强用户体验。

提问：如何在页面中添加 CSS？

ChatGPT:

有三种方式可以在页面中添加 CSS。

1. 内联样式：在 HTML 元素中使用 style 属性来设置样式。例如：

```
<p style="color: red; font-size: 16px;">这是一个段落</p>
```

在这个例子中，style 属性中的样式规则直接应用于 <p> 元素。

2. 内部样式表：在 HTML 文档的 <head> 标签中使用 <style> 标签定义样式。例如：

```
<!DOCTYPE html>
<html>
<head>
  <meta charset="UTF-8">
  <title>My Web Page</title>
  <style>
    p {
      color: red;
      font-size: 16px;
    }
  </style>
</head>
<body>
  <p>Hello, World!</p>
```

```
  <p>This is my web page.</p>
</body>
</html>
```

在这个例子中，<style> 标签中定义了一个 p 元素的样式规则，将所有段落文本的颜色设置为红色，字体大小设置为 16 像素。

3. 外部样式表：将样式定义在外部样式表文件中，然后在 HTML 页面中使用 <link> 标签引用这个文件。例如：

```
<!DOCTYPE html>
<html>
<head>
  <meta charset="UTF-8">
  <title>My Web Page</title>
  <link rel="stylesheet" href="styles.css">
</head>
<body>
  <p>Hello, World!</p>
  <p>This is my web page.</p>
</body>
</html>
```

在这个例子中，<link> 标签将外部样式表文件 styles.css 引入 HTML 页面中，使得页面中的所有段落文本都遵循 styles.css 中定义的样式规则。在 styles.css 文件中，可以定义许多样式规则。例如：

```
p {
  color: red;
  font-size: 16px;
}
h1 {
  color: blue;
  font-size: 24px;
}
```

采用上述的第 2 种方式，我们在 12.2.1 节的示例代码的基础之上添加内部样式表。

```
<!DOCTYPE html>
<html>
<head>
  <title>我的网页</title>
  <style>
    p {
      color: red;
      font-size: 16px;
    }
    h1 {
```

```
        color: blue;
        font-size: 24px;
    }
  </style>
</head>
<body>
  <h1>欢迎来到我的网页</h1>
  <p>这是我的第一个网页。</p>
</body>
</html>
```

将代码复制到编辑器中，保存为以 .html 为后缀的文件，并在浏览器中打开，结果如图 12-2 所示。可以看到，网页上的标题和内容呈现出了与之前不同的颜色和大小。

图 12-2　ChatGPT 演示代码运行结果

12.2.3 JavaScript

下面再让 ChatGPT 介绍一下 JavaScript，它可以为网页添加更丰富的效果。

提问：什么是 JavaScript？

ChatGPT:

JavaScript 是一种脚本语言，用于为网页添加交互和动态效果。它是 Web 开发的重要组成部分，与 HTML 和 CSS 一起构成了 Web 应用程序的前端部分。

JavaScript 最初由 Netscape 公司开发，后来被标准化为 ECMAScript。它是一种解释性语言，不需要编译器即可在 Web 浏览器中运行。JavaScript 可以用于创建动态网页、处理表单、验证用户输入、动态加载内容、创建游戏、制作动画等。

JavaScript 通常与 HTML 和 CSS 一起使用，可以通过以下三种方式嵌入 HTML 页面中。

1. 直接在 HTML 页面中嵌入 JavaScript 代码，使用 <script> 标签包裹代码块。例如：

```
<script>
  alert("Hello, World!");
```

```
</script>
```

2. 将 JavaScript 代码保存为单独的文件，然后在 HTML 页面中使用 <script> 标签引入文件。例如：

```
<script src="script.js"></script>
```

3. 将 JavaScript 代码写在 HTML 页面的特定属性中，如 onclick、onmouseover 等。例如：

```
<button onclick="alert('Hello, World!')">点击我</button>
```

JavaScript 的语法与 C、Java 等语言相似，包括变量、数据类型、运算符、流程控制语句、函数等基本概念。JavaScript 还提供了许多内置对象和方法，用于实现各种功能，如操作 DOM 元素、发送 AJAX 请求、操作浏览器历史记录等。

总之，JavaScript 是一种非常重要的 Web 技术，它可以让 Web 开发人员为网页添加丰富的交互和动态效果，从而提升用户体验和网站的功能性。

JavaScript 本身也是一种功能强大的编程语言，构建网页上的动态效果是其主要功能。采用上述的第 3 种方式，我们在 12.2.2 节的示例代码的基础之上再添加 JavaScript 代码以实现动态效果。

```
<!DOCTYPE html>
<html>
<head>
  <title>我的网页</title>
  <style>
    p {
      color: red;
      font-size: 16px;
    }
    h1 {
      color: blue;
      font-size: 24px;
    }
  </style>
</head>
<body>
  <h1>欢迎来到我的网页</h1>
  <p>这是我的第一个网页。</p>
  <button onclick="alert('Hello, World!')">点击我</button>
</body>
</html>
```

将代码复制到编辑器中，保存为以 .html 为后缀的文件，并在浏览器中打开，结果如图 12-3 所示。当单击按钮之后，页面上会弹出一个对话框。

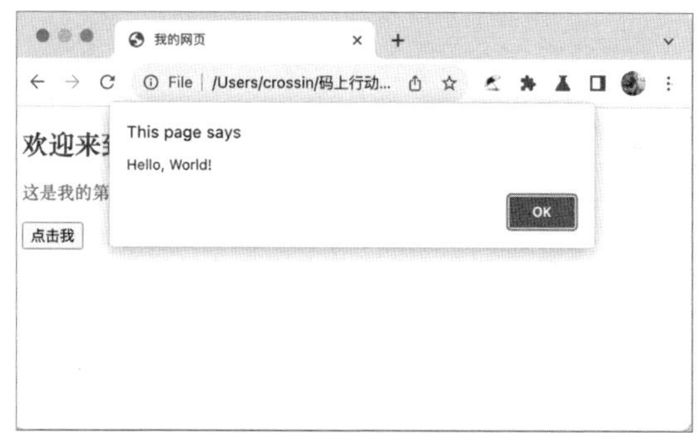

图 12-3　ChatGPT 演示代码运行结果

以上就是对网页前端的三大核心技术 HTML、CSS 和 JavaScript 的简要介绍。因为我们现在的目标是抓取网页而不是开发网页，所以这里不再继续深入讲解，有需要的读者可以自行阅读相关书籍和教程。

12.2.4 GET 和 POST

HTTP 请求有多种请求方法，其中最主要的是 GET 和 POST。关于这两种请求方法的区别，让 ChatGPT 介绍一下。

提问：HTTP 请求的 GET 和 POST 有什么区别？

ChatGPT:

HTTP 请求中最常见的两种方法是 GET 和 POST，它们的主要区别如下。

1. 参数传递方式不同：GET 请求的参数通过 URL 的查询字符串传递，即参数附加在 URL 后面，如 https://www.example.com/login?name=user1&code=123456；而 POST 请求的参数通过请求体传递，即参数不会出现在 URL 中，而是包含在请求体中。

2. 安全性不同：GET 请求的参数会出现在 URL 中，因此可以被他人轻易地获取和篡改，不适合传递敏感信息，如密码等。而 POST 请求的参数不会出现在 URL 中，相对而言更加安全。

3. 请求长度限制不同：由于 URL 的长度限制，GET 请求的参数长度通常不能超过 2048 个字符；而 POST 请求的参数长度没有这个限制。

4. 缓存方式不同：GET 请求可以被浏览器缓存，从而提高响应速度，但也会带来缓存不一致的问题；而 POST 请求不会被浏览器缓存，每次都会向服务器发送请求。

5. 语义不同：GET 请求主要用于获取资源，如获取网页内容、查询数据等；而 POST 请求主要用于提交数据，如提交表单、上传文件等。

需要根据实际场景选择合适的请求方法，以确保安全性和性能。

这两种请求方法在代码实现时会有所不同，后面我们将在示例中分别演示。

12.2.5 Cookie和Session

另外两个在爬虫开发中经常会涉及的概念是Cookie和Session，它们与浏览网站时的身份验证有关。下面让ChatGPT来给我们讲解一下。

提问：什么是Cookie？

ChatGPT:

Cookie是一个小的文本文件，由服务器发送给用户的Web浏览器，然后存储在用户的计算机上。当用户再次访问相同的网站时，Web浏览器会向服务器发送包含该站点的Cookie信息的请求，以便服务器识别用户并提供个性化的服务。

Cookie常用于以下场景。

1. 身份验证：当用户登录到网站时，网站会在用户计算机上创建一个Cookie，其中包含一个唯一的标识符。当用户再次访问网站时，网站可以使用这个标识符来识别用户，并自动登录。

2. 记住用户偏好：例如，网站可以使用Cookie记录用户的语言偏好、字体大小偏好、购物车内容等信息。这样，当用户再次访问网站时，网站可以使用Cookie中存储的信息来还原用户的偏好设置。

3. 跟踪用户行为：例如，网站可以使用Cookie跟踪用户访问的页面、点击的链接、购买的产品等信息。这些信息可以用于网站优化、广告投放等。

需要注意的是，Cookie存储在用户的计算机上，因此存在一些安全风险。恶意网站可以使用Cookie盗取用户的登录凭证、个人信息等敏感信息。为了保护用户的隐私和安全，浏览器通常会提供一些选项，允许用户控制哪些网站可以创建Cookie，以及何时删除Cookie。

提问：什么是Session？

ChatGPT:

Session（会话）是一种在客户端和服务器之间维持状态的机制。当用户第一次访问服务器时，服务器会为该用户创建一个Session，并分配一个唯一的Session ID，然后将该ID存储在Cookie或URL参数中发送给客户端。在后续的请求中，客户端会将该Session ID发送回服务器，以便服务器识别该用户，并从之前存储的Session数据中恢复用户状态。

Session常用于以下场景。

1. 身份验证：当用户登录到网站时，服务器可以创建一个包含用户身份信息的Session。在后续的请求中，服务器可以使用Session中的身份信息来识别用户身份。

2. 记住用户偏好：与Cookie类似，服务器可以使用Session存储用户的偏好设置，如语言偏好、字体大小偏好等。

3. 状态维护：某些Web应用程序需要维护一些状态信息，如购物车内容、用户上传的文件等。这些状态信息可以存储在Session中。

需要注意的是，Session 数据存储在服务器端，相比 Cookie 更为安全。

从 ChatGPT 的回答中可以了解到，Cookie 和 Session 的作用都是浏览网页时验证用户身份、保持登录状态及记住用户偏好和状态等。区别在于，Session 存储于服务器中，而 Cookie 存储于用户的计算机上，通常 Session ID 会被包含在 Cookie 中。在我们需要通过爬虫程序访问授权登录的页面时，会在请求中带上 Cookie 信息以通过服务器的验证。

12.3 requests 模块

前面我们提到，推荐使用 requests 模块发送网络请求。requests 是 Python 的一个第三方 HTTP 请求库，它简化了与 HTTP 数据通信的过程，提供了一组简单而优雅的 API。使用 requests 库，开发者可以很方便地发送 HTTP 请求、处理 HTTP 响应，以及管理与服务器之间的 Session。

下面我们结合示例代码来详细讲解。

requests 模块不是 Python 标准库，使用前需通过 pip 安装。

```
pip install requests
```

12.3.1 get

用 requests 获取一个网页上的内容，最简单的方法就是通过 get 方法发送一个 HTTP GET 请求。

【示例 12-1 程序】

在编辑器中输入如下示例程序并运行。

第 1 行：导入 requests 模块。

第 2 行：创建变量 url 并赋值为网址，网址中有两个参数 a=1 和 b=2。

第 3 行：通过 get 方法向网址 url 发送 GET 请求，将结果赋值给变量 response。

第 4 行：通过 text 属性获取网页文本内容并输出。

示例 12-1

```
1. import requests
2. url = 'https://httpbin.org/get?a=1&b=2'
3. response = requests.get(url)
4. print(response.text)
```

向网站发送 GET 请求时可以通过在地址后增加问号来传递参数，每个参数用等号赋值给对应的参数名，多个参数间用“&”符号隔开。

httpbin.org/get 是一个可用来测试 GET 请求的网址，会把请求的参数和 IP 等信息放在结果中返回给我们。

将代码复制到编辑器中，保存并运行，结果如图 12-4 所示。

```
IDLE Shell 3.11.2
    Python 3.11.2 (main, Mar 27 2023, 18:39:42) [Clang 14.0.6 ] on darwin
    Type "help", "copyright", "credits" or "license()" for more information.
>>>
    ========== RESTART: /Users/crossin/码上行动：用ChatGPT学会Python编程/12/12-1.py
    ==========
    {
      "args": {
        "a": "1",
        "b": "2"
      },
      "headers": {
        "Accept": "*/*",
        "Accept-Encoding": "gzip, deflate",
        "Host": "httpbin.org",
        "User-Agent": "python-requests/2.30.0",
        "X-Amzn-Trace-Id": "Root=1-65215042-5269bd8a333b1f1c532a9235"
      },
      "origin": "13.212.229.226",
      "url": "https://httpbin.org/get?a=1&b=2"
    }

>>>
                                                              Ln: 21  Col: 0
```

图 12-4　示例 12-1 运行结果

12.3.2 json

上面的返回结果看起来很像字典，它是一种叫作 JSON 的文本格式。我们也可以让 requests 直接将它转换成字典，方便后续的处理。

【示例 12-2 程序】

在编辑器中输入如下示例程序并运行。

第 1 行：导入 requests 模块。

第 2 行：创建变量 url 并赋值为网址，网址中有两个参数 a=1 和 b=2。

第 3 行：通过 get 方法向网址 url 发送 GET 请求，将结果赋值给变量 response。

第 4 行：通过 json 方法属性将网页内容转换成字典格式，赋值给变量 data。

第 5 行：输出 data 中键 args 对应的值。

示例 12-2

```
1. import requests
2. url = 'https://httpbin.org/get?a=1&b=2'
3. response = requests.get(url)
4. data = response.json()
5. print(data['args'])
```

要注意，使用 json 方法直接转换返回结果时，需确保网站返回的内容符合 JSON 格式规范，否则会触发 JSONDecodeError 解码错误。

将代码复制到编辑器中，保存并运行，结果如图 12-5 所示。

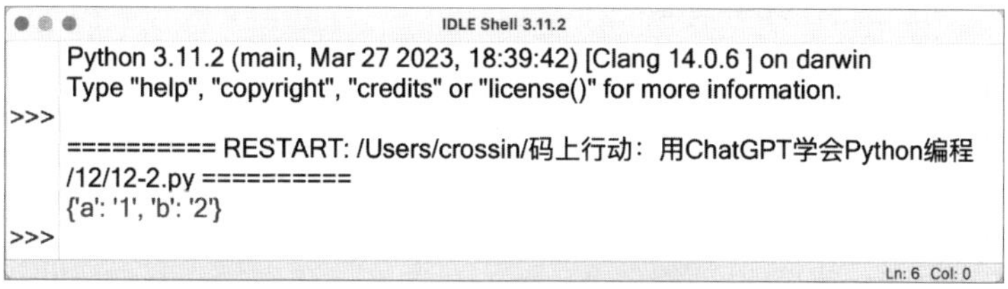

```
IDLE Shell 3.11.2
    Python 3.11.2 (main, Mar 27 2023, 18:39:42) [Clang 14.0.6 ] on darwin
    Type "help", "copyright", "credits" or "license()" for more information.
>>>
    ========== RESTART: /Users/crossin/码上行动：用ChatGPT学会Python编程
    /12/12-2.py ==========
    {'a': '1', 'b': '2'}
>>>
                                                        Ln: 6  Col: 0
```

图 12-5　示例 12-2 运行结果

12.3.3 post

如果要发送 POST 请求，只需要把 requests 的 get 方法换成 post 方法即可。但相应的参数传递方式需要改变。

【示例 12-3 程序】

在编辑器中输入如下示例程序并运行。

第 1 行：导入 requests 模块。

第 2 行：创建变量 url 并赋值为网址。

第 3 行：创建变量 d 并赋值为一个字典。

第 4 行：通过 post 方法向网址 url 发送 POST 请求，参数 data 设置为 d，将结果赋值给变量 response。

第 5 行：通过 text 属性获取网页文本内容并输出。

示例 12-3

```
1. import requests
2. url = 'https://httpbin.org/post'
3. d = {'x': 3, 'y': 4}
4. response = requests.post(url, data=d)
5. print(response.text)
```

httpbin.org/post 是一个接受 POST 请求的网址。发送请求时选择 get 方法还是 post 方法，要根据网站的实际情况决定。如果请求方法不对，网站通常会返回一个“405 Method Not Allowed”的错误状态。

将代码复制到编辑器中，保存并运行，结果如图 12-6 所示。从运行结果中可以看出，这次我们发送的参数没有显示在“args”中，而是被放在了“form”中。在网页中，form 的含义为表单，是指发送给服务器的请求数据，如我们登录时的用户名、密码，发表评论时的评论内容等。

```
IDLE Shell 3.11.2
Python 3.11.2 (main, Mar 27 2023, 18:39:42) [Clang 14.0.6 ] on darwin
Type "help", "copyright", "credits" or "license()" for more information.
>>>
========== RESTART: /Users/crossin/码上行动：用ChatGPT学会Python编程
/12/12-3.py ==========
{
  "args": {},
  "data": "",
  "files": {},
  "form": {
    "x": "3",
    "y": "4"
  },
  "headers": {
    "Accept": "*/*",
    "Accept-Encoding": "gzip, deflate",
    "Content-Length": "7",
    "Content-Type": "application/x-www-form-urlencoded",
    "Host": "httpbin.org",
    "User-Agent": "python-requests/2.30.0",
    "X-Amzn-Trace-Id": "Root=1-65215081-6720a84a60a71dc35b4276b4"
  },
  "json": null,
  "origin": "13.212.229.226",
  "url": "https://httpbin.org/post"
}

>>>
Ln: 27 Col: 0
```

图 12-6　示例 12-3 运行结果

12.3.4 Session

前面我们讲过，HTTP 请求可以通过 Cookie 和 Session 来验证与保持用户的登录状态。requests 也提供了相应的方法支持请求之间的状态记录。

【示例 12-4 程序】

在编辑器中输入如下示例程序并运行。

第 1 行：导入 requests 模块。

第 2 行：创建一个 Session 会话对象，赋值给变量 s。

第 3 行：通过 s 的 get 方法向网址发送 GET 请求。

第 4 行：再次通过 s 的 get 方法向网址发送 GET 请求，将结果赋值给变量 r。

第 5 行：通过 text 属性获取网页文本内容并输出。

示例 12-4

```
1. import requests
2. s = requests.Session()
3. s.get('http://httpbin.org/cookies/set/sessioncookie/123456789')
4. r = s.get("http://httpbin.org/cookies")
5. print(r.text)
```

httpbin.org/cookies/set 这个网址可以设置网站的 Cookie 值，代码中设置了一个参数 sessioncookie。

而 httpbin.org/cookies 可以读取网站的 Cookie 值。

将代码复制到编辑器中，保存并运行，结果如图 12-7 所示。从运行结果中可以看出，虽然是两次独立的请求，但由于用了同一个 Session 会话对象，第二次请求获取到了第一次请求设置的 Cookie 值。借助类似的方法，就可以抓取那些需要登录状态才能访问的网站页面。

```
IDLE Shell 3.11.2
Python 3.11.2 (main, Mar 27 2023, 18:39:42) [Clang 14.0.6 ] on darwin
Type "help", "copyright", "credits" or "license()" for more information.
>>>
========== RESTART: /Users/crossin/码上行动：用ChatGPT学会Python编程
/12/12-4.py ==========
{
  "cookies": {
    "sessioncookie": "123456789"
  }
}

>>>
                                                        Ln: 11  Col: 0
```

图 12-7　示例 12-4 运行结果

12.4 bs4 模块

通过 requests 模块可以获取网页的内容，但不是所有的网页内容都像 JSON 数据一样可以直接转换为字典使用。很多时候，我们拿到的是 HTML 代码，需要再从中提取出目标信息，这时就需要对网页内容进行文本提取。

Python 提取文本信息可以使用正则表达式、XPath、pyquery、bs4 等多种方式。下面我们结合示例讲解如何使用 bs4 提取 HTML 网页上的信息。

bs4 是 Python 的一个第三方模块，全称为 Beautiful Soup 4，它提供了一种便捷的方式来解析 HTML 和 XML 文档，使得我们可以轻松从网页中提取数据。

bs4 模块也不是 Python 标准库，使用前需通过 pip 安装。

```
pip install beautifulsoup4
```

假设我们现在已经获取到了一个网页的 HTML 内容，并将其赋值给变量 html_doc。

```
html_doc = """
<html><head><title>The Dormouse's story</title></head>
<body>
<p class="title"><b>The Dormouse's story</b></p>
<p class="story">Once upon a time there were three little sisters; and their
names were
<a href="http://example.com/elsie" class="sister" id="link1">Elsie</a>,
```

```
<a href="http://example.com/lacie" class="sister" id="link2">Lacie</a> and
<a href="http://example.com/tillie" class="sister" id="link3">Tillie</a>;
and they lived at the bottom of a well.</p>
<p class="story">...</p>
"""
```

这段测试文本来自 bs4 的官方文档，下面的示例代码将在此变量的基础上进行。

12.4.1 按标签名获取元素

通过 bs4 可以很容易地按照标签名获取 HTML 网页中特定类型的元素及其属性。

【示例 12-5 程序】

在编辑器中输入如下示例程序并运行。

第 1 行：导入 bs4 模块中的 BeautifulSoup 函数。

第 2 行：将网页内容 html_doc 转换为一个 BeautifulSoup 对象，解析器为 html.parser，赋值给变量 soup。

第 3 行：输出网页中的 title 元素。

第 4 行：输出网页中 title 元素的显示文本。

第 5 行：输出网页中的第一个 p 元素。

第 6 行：输出网页中第一个 p 元素的 class 属性。

第 7 行：输出网页中第一个 p 元素所包含的文本。

第 8 行：输出网页中的第一个 a 元素。

第 9 行：输出网页中的所有 a 元素。

示例 12-5

```
1. from bs4 import BeautifulSoup
2. soup = BeautifulSoup(html_doc, 'html.parser')
3. print(soup.title)
4. print(soup.title.string)
5. print(soup.p)
6. print(soup.p['class'])
7. print(soup.p.get_text())
8. print(soup.a)
9. print(soup.find_all('a'))
```

代码中用到的 html_doc 变量如本节开头所定义。

将代码复制到编辑器中，保存并运行，结果如图 12-8 所示。从运行结果中可以看出，如果同类元素有多个，则会得到第一个元素；通过 find_all 方法则可获取所有符合条件的元素。

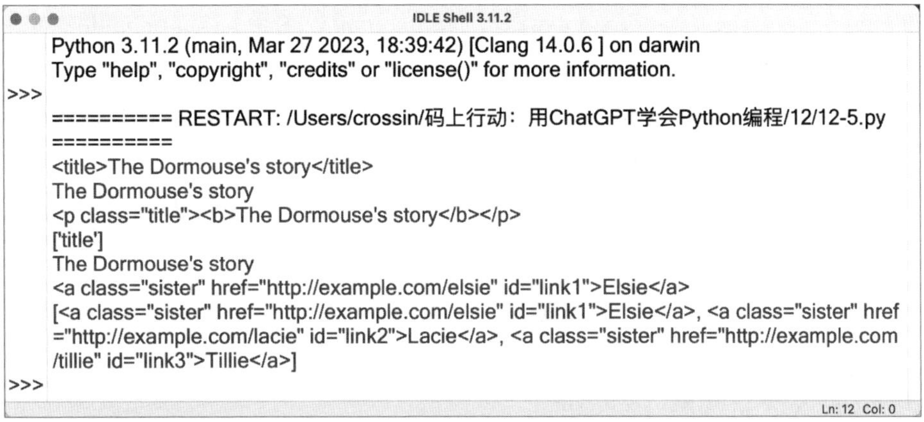

```
IDLE Shell 3.11.2
Python 3.11.2 (main, Mar 27 2023, 18:39:42) [Clang 14.0.6 ] on darwin
Type "help", "copyright", "credits" or "license()" for more information.
>>>
========== RESTART: /Users/crossin/码上行动：用ChatGPT学会Python编程/12/12-5.py
==========
<title>The Dormouse's story</title>
The Dormouse's story
<p class="title"><b>The Dormouse's story</b></p>
['title']
The Dormouse's story
<a class="sister" href="http://example.com/elsie" id="link1">Elsie</a>
[<a class="sister" href="http://example.com/elsie" id="link1">Elsie</a>, <a class="sister" href
="http://example.com/lacie" id="link2">Lacie</a>, <a class="sister" href="http://example.com
/tillie" id="link3">Tillie</a>]
>>>
Ln: 12 Col: 0
```

图 12-8　示例 12-5 运行结果

12.4.2 按属性获取元素

有时候，页面中同一种类的元素有很多，直接通过标签名不能快速定位到所预期的元素。这时候可以通过元素的属性来更精确地定位。

【示例 12-6 程序】

在编辑器中输入如下示例程序并运行。

第 1 行：导入 bs4 模块中的 BeautifulSoup 函数。

第 2 行：将网页内容 html_doc 转换为一个 BeautifulSoup 对象，解析器为 html.parser，赋值给变量 soup。

第 3 行：输出网页中 id 为“link1”的元素。

第 4 行：输出网页中所有 class 为“sister”的元素。

示例 12-6

```
1. from bs4 import BeautifulSoup
2. soup = BeautifulSoup(html_doc, 'html.parser')
3. print(soup.find(id="link1"))
4. print(soup.find_all(class_="sister"))
```

代码中用到的 html_doc 变量如本节开头所定义。

将代码复制到编辑器中，保存并运行，结果如图 12-9 所示。从运行结果中可以看出，使用 find 或 find_all 方法，同时指定 id、class 等属性，可以快速获取一个或所有符合条件的元素。注意，这里因为网页中的“class”属性与 Python 中的关键字重名，所以 bs4 将参数名设置为了“class_”。

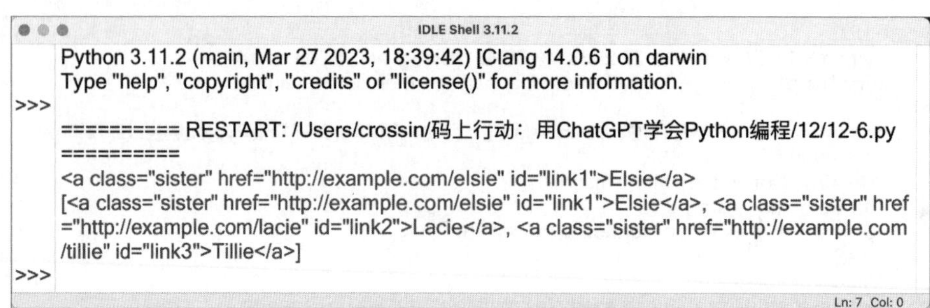

图 12-9　示例 12-6 运行结果

12.4.3 按层级获取元素

如果同类元素很多，同时元素又没有额外的属性可以用来定位，那么可以考虑根据目标元素的上级或下级元素来定位。

【示例 12-7 程序】

在编辑器中输入如下示例程序并运行。

第 1 行：导入 bs4 模块中的 BeautifulSoup 函数。

第 2 行：将网页内容 html_doc 转换为一个 BeautifulSoup 对象，解析器为 html.parser，赋值给变量 soup。

第 3 行：输出网页中 class 为“story”的第一个元素，赋值给变量 p。

第 4 行：输出元素 p 的上一级元素的标签名。

第 5 行：输出元素 p 的下级元素中的第一个 a 元素。

第 6 行：输出元素 p 的所有下级元素。

示例 12-7

```
1. from bs4 import BeautifulSoup
2. soup = BeautifulSoup(html_doc, 'html.parser')
3. p = soup.find('p', class_="story")
4. print(p.parent.name)
5. print(p.a)
6. print(p.find_all())
```

代码中用到的 html_doc 变量如本节开头所定义。

将代码复制到编辑器中，保存并运行，结果如图 12-10 所示。从运行结果中可以看出，在获取到一个元素之后，可以用此元素继续调用 bs4 的相关方法和属性，从其下级元素中进行查找。

```
IDLE Shell 3.11.2
Python 3.11.2 (main, Mar 27 2023, 18:39:42) [Clang 14.0.6 ] on darwin
Type "help", "copyright", "credits" or "license()" for more information.
>>>
========== RESTART: /Users/crossin/码上行动：用ChatGPT学会Python编程/12/12-7.py
==========
body
<a class="sister" href="http://example.com/elsie" id="link1">Elsie</a>
[<a class="sister" href="http://example.com/elsie" id="link1">Elsie</a>, <a class="sister" href
="http://example.com/lacie" id="link2">Lacie</a>, <a class="sister" href="http://example.com
/tillie" id="link3">Tillie</a>]
>>>
Ln: 8 Col: 0
```

图 12-10　示例 12-7 运行结果

12.5 ChatGPT 演示代码——下载 Bing 每日一图

微软的搜索引擎 Bing 有一个特色功能：它每天会在搜索首页上更新一张优美的图片。这些图片涵盖了自然风景、历史事件、名人传记等各种不同的主题。很多用户希望能够将这些图片保存到本地收藏。

下面我们借助 ChatGPT，实现一个可以下载 Bing 每日一图的程序。

提问：如何用 Python 下载 Bing 的每日一图？

ChatGPT:

你可以使用 Python 的 requests 库发送 HTTP 请求来获取 Bing 的每日一图。获取 Bing 的每日一图的 URL 后，你可以使用 Pillow 库下载图片并保存到本地。

以下是一个简单的 Python 程序，它可以抓取 Bing 的每日一图并将其保存到本地文件中。

```python
import requests
from io import BytesIO
from PIL import Image
# 获取 Bing 每日一图的 URL
response = requests.get("https://www.bing.com/HPImageArchive.aspx?format=js&idx=0&n=1&mkt=en-US")
data = response.json()
url = "https://www.bing.com" + data["images"][0]["url"]
# 下载图片并保存到本地
response = requests.get(url)
image = Image.open(BytesIO(response.content))
image.save("bing_daily_image.jpg")
```

在此示例中，我们首先向 Bing 发送 HTTP 请求，获取包含每日一图 URL 的 JSON 数据。然后从 JSON 数据中提取 URL 并发送另一个 HTTP 请求来获取图片。最后使用 Pillow 库将图片保存到本地文件中。

提问：详细解释一下这段代码。

ChatGPT:

当我们运行这段程序时，它将发送两个 HTTP 请求以获取 Bing 的每日一图并将其保存到本地。

第一个请求发送到 https://www.bing.com/HPImageArchive.aspx?format=js&idx=0&n=1&mkt=en-US，该 URL 返回包含 JSON 格式数据的响应。在这个 URL 中，format 参数指定返回的数据格式为 JSON，idx 参数指定返回的图片是从当天开始数的第几天，n 参数指定返回的图片数量，mkt 参数指定返回图片的语言和地区。在此示例中，我们指定 n 参数为 1，idx 参数为 0，mkt 参数为 en-US，以获取当天的 Bing 每日一图。

接下来，我们使用 response.json() 方法将响应转换为 JSON 数据，并从中提取出每日一图的 URL。我们将 URL 存储在 url 变量中，稍后用于下载图片。

第二个请求发送到获取的 URL，以获取每日一图的图片数据。我们使用 requests.get() 方法发送 GET 请求，并将响应内容存储在 response.content 中。然后我们使用 BytesIO 类将响应内容转换为 PIL 中的图片对象，并使用 save() 方法将图片保存到名为 bing_daily_image.jpg 的本地文件中。

需要注意的是，此程序的运行需要安装 requests 和 Pillow 两个库，如果没有安装，可以使用以下命令进行安装：

```
pip install requests pillow
```

ChatGPT 给出的示例代码并不复杂。通常来说，爬虫开发重要的一步是分析要抓取的内容来源，也就是找到目标 URL 地址。而现在，这一步 ChatGPT 已经帮我们解决了，剩下的就是发送请求和保存文件两个主要步骤。

这里 requests 获取返回图片后使用了 content 属性，而非我们之前演示的 text 属性，这是因为返回值并非文本文件，需使用 content 获取对应的原始二进制数据。这里如果不用 pillow 库，直接使用 Python 标准库的文件读写“wb”模式将其写入文件也是可以的，读者可自行尝试此方法。

将代码复制到编辑器中，保存并运行，成功下载图片，如图 12-11 所示。

图 12-11　ChatGPT 演示代码运行结果

12.6 ChatGPT 答疑解惑

关于网络爬虫方面的更多问题，我们来看一看 ChatGPT 的解答。

12.6.1 爬虫模块推荐

除了 requests 和 bs4，还有哪些实用的 Python 爬虫模块，让 ChatGPT 来推荐一下。

提问：有哪些值得推荐的 Python 爬虫相关模块，简要介绍一下。

ChatGPT:

以下是一些值得推荐的 Python 爬虫相关模块，它们可以帮助你更轻松地编写和运行爬虫序。

1. requests: 一个 Python HTTP 库，用于发送 HTTP 请求和处理响应。它提供了简单易用的接口，可以用于爬取网页内容或从 API 获取数据。

2. BeautifulSoup: 一个用于解析 HTML 和 XML 文档的 Python 库，提供了方便的方法来遍历和搜索文档树，可以用于提取网页中的数据。

3. Scrapy: 一个基于 Python 的高级爬虫框架，它提供了强大的组件来处理请求、响应、数据抽取、数据存储等任务，可以快速地编写和运行高效的爬虫程序。

4. Selenium: 一个自动化测试工具，可以用于模拟用户操作浏览器，可以在需要执行 JavaScript 的情况下，模拟用户进行操作和获取网页数据。

5. PyQuery: 一个类似于 jQuery 的 Python 库，可以用于解析 HTML 和 XML 文档，提供了与 jQuery 相似的 API 接口，可以方便地提取网页中的数据。

6. tldextract: 一个用于提取网址中的域名和子域名的 Python 库，可以快速准确地获取网址中的域名和子域名，可以用于处理网页中的链接。

7. lxml: 一个 Python 的 XML 解析库，可以快速解析 XML 和 HTML 文档，具有高性能和低内存消耗等优点，可以用于提取网页中的数据。

这些模块都是非常有用的爬虫工具，可以让你更轻松地编写和运行爬虫程序，提取所需数据。当然，这只是其中的一部分，还有很多其他的模块也可以用于爬虫开发，具体使用哪些模块还需根据具体情况来决定。

ChatGPT 最先推荐的也是 requests 和 BeautifulSoup，看来这两个模块果然是开发 Python 爬虫的首选。另外提到的 Scrapy 适合开发较大型的爬虫系统，而 Selenium 更接近于真实用户访问，可以抓取到一些 requests 不易获取的网页。

12.6.2 应对反爬

在谈到爬虫程序时，“反爬”是一个避不开的概念。关于反爬的概念及应对方法，来看看ChatGPT的介绍。

提问：反爬是什么意思，如何解决？

ChatGPT:

反爬是指网站为了防止被爬虫程序抓取和获取数据而采取的一系列措施。这些措施旨在使爬虫程序难以获取数据，从而保护网站的数据安全和网站的正常运行。

常见的反爬手段如下。

1. 验证码：在网站中添加验证码，需要用户手动输入验证信息，以此防止机器人自动抓取数据。

2. IP 屏蔽：网站可以通过 IP 屏蔽来防止恶意爬虫，当一个 IP 地址的访问频率超过一定阈值时，网站会将该 IP 地址屏蔽。

3. User-Agent 识别：网站可以通过检查请求头中的 User-Agent 字段来判断是否为爬虫程序，从而进行相应的处理。

4. 动态页面：网站可以使用动态页面技术来生成网页内容，使得抓取工具难以获取网页内容。

要解决反爬问题，有以下方法。

1. 设置请求头：模拟浏览器请求，设置 User-Agent 和 Referer，以及其他 HTTP 请求头信息，来欺骗网站检测机制。

2. 使用代理：使用代理可以隐藏真实的 IP 地址，从而规避 IP 屏蔽。

3. 验证码自动化：使用 OCR 技术进行验证码识别，或使用第三方验证码识别服务。

4. 动态页面抓取：使用工具模拟浏览器行为，如使用 Selenium 等模拟浏览器，获取完整的渲染后的网页内容。

5. 限速爬取：限制爬虫程序的访问频率，避免过于频繁的请求对网站造成负担，也可以避免被网站封禁。

需要注意的是，反爬是网站的合法权利，为了避免违反法律和道德规范，开发者在进行爬虫开发时应该尊重网站的反爬机制，并遵守爬虫规则和道德规范。

从 ChatGPT 的介绍中可以了解到，反爬是网站为了限制爬虫而采取的一系列措施。从技术上来讲，可以通过尽可能模拟真实用户的操作来突破反爬，但同时也要注意，在开发和使用爬虫时应遵守相关法规，避免产生侵权行为。

12.6.3 通过项目学习

随着学习的深入，我们逐渐偏向于用代码解决实际问题。这也是掌握 Python 基本语法之后，进一步提升编程能力的重要途径。在这一阶段，如何更好地通过项目来学习 Python 编程，来看看 ChatGPT 的建议。

提问：如何通过开发项目提升 Python 编程能力？

ChatGPT:

通过开发项目，可以提升 Python 编程能力。以下是几种项目开发的方法。

1. 自己的项目：可以根据自己的兴趣爱好，开发一些小型应用。例如，开发一个简单的电子商务网站、博客系统、天气预报应用、社交媒体应用、网站分析工具等。

2. 开源项目贡献：可以参与一些开源项目的贡献。这样可以学习到别人的代码风格和思想，同时也可以帮助完善项目。参与开源项目贡献，可以通过 Github 等网站，找到合适的项目进行贡献。

3. 竞赛项目：可以参加一些编程竞赛。这些竞赛往往会提供一些编程题目，通过解决这些问题，可以锻炼编程能力。

4. 实战项目：可以参加一些实战项目。实战项目一般会由一些大型互联网公司或培训机构提供，参与者可以通过开发实战项目，了解项目开发流程和技术栈，从而提升编程能力。

在开发项目的过程中，建议注意以下几点。

1. 需求分析：在开始开发之前，要先进行需求分析，明确项目的目标和功能。

2. 设计思路：设计项目架构和思路，选择合适的框架和工具。

3. 编码实现：按照设计思路和需求分析，开始编码实现项目。

4. 测试和调试：在开发完成后，进行测试和调试，确保项目的正常运行和功能完备。

5. 代码规范：编写规范的代码，注重代码可读性和可维护性。

总之，通过开发项目可以提升编程能力，同时也可以为自己的职业发展打下坚实的基础。

ChatGPT 列举了一些参与项目的途径，并给出开发项目时的几点注意事项。对于完成了编程基础阶段，将要踏入进阶阶段的学习者来说，找到合适的项目非常重要。这不仅是锻炼编程能力、积累编程经验的主要途径，也会让你的目标更明确，学习更高效。

本章小结

本章主要介绍了如何使用 Python 开发网络爬虫程序。首先讲解了什么是网络爬虫及 HTTP 请求的相关知识。然后通过讲解前端三大技术 HTML、CSS、JavaScript，以及 GET/POST、Cookie/

Session 等概念，使读者能够更好地理解和使用爬虫工具。最后结合代码介绍了 requests 和 bs4 两个 Python 爬虫模块的使用，并以抓取 Bing 每日一图为例，演示了如何实现一个简单的爬虫。掌握网络爬虫技能，不仅可以用于数据采集和分析，还能为后续的项目开发提供有力支持，是一项非常实用的技能。

第 13 章

面向对象

★本章导读★

Python 是一门面向对象的编程语言，变量、函数、模块在 Python 中都是以对象的形式存在。与按照解决问题的步骤来组织代码的面向过程设计不同，面向对象的设计思路是将数据与处理数据的方法进行封装。本章我们将讲解面向对象的相关概念，以及面向对象的程序设计方法。

★知识要点★

通过本章内容的学习，读者能掌握以下知识：

- 了解类和对象的概念
- 掌握类的创建和对象的实例化
- 掌握使用类的属性与方法

13.1 ChatGPT 讲解知识点——面向对象

我们先借助 ChatGPT 了解一下面向对象的相关概念，建立整体的认识。

13.1.1 面向对象的基本概念

先问问 ChatGPT 什么是面向对象。

提问：什么是面向对象？

ChatGPT:

面向对象（Object-Oriented，OOP）是一种软件开发方法和编程范式，是计算机科学中极为重要和广泛应用的一种编程思想。面向对象的基本思想是把现实世界中的事物看作一个个相互独立、有自己的特征和行为的对象，通过对对象进行分类、组合、封装、继承、多态等操作，构建出复杂的系统。在面向对象编程中，一个对象不仅包含数据本身，还包含操作这些数据的方法。

在面向对象编程中，程序员通过定义类来描述对象的特征和行为，一个类可以看作一种模板或蓝图，它描述了一类对象的共同特征和行为。例如，一个“汽车”类可以包括汽车的颜色、型号、速度等属性，以及启动、加速、刹车等方法。

类是面向对象编程的基础，一个类可以创建多个对象，每个对象都拥有自己的属性和方法。面向对象编程中，对象的创建、销毁、访问、传递等操作都是通过调用对象的方法来实现的。在面向对象编程中，封装、继承和多态是三个重要的特性。

- 封装（Encapsulation）：封装是指将数据和操作数据的方法打包成一个独立的单元，避免外界直接访问和修改对象的内部数据，从而保证数据的安全性和一致性。
- 继承（Inheritance）：继承是指通过定义子类来继承父类的属性和方法，子类可以继承父类的所有公共属性和方法，同时可以重写或添加自己的属性和方法，从而实现代码的复用和扩展。
- 多态（Polymorphism）：多态是指同一个对象在不同情况下呈现不同的状态和行为。在面向对象编程中，多态性是通过方法的重载和重写来实现的，同一个方法可以根据不同的参数和对象类型表现出不同的行为。

面向对象编程具有良好的封装性、可重用性、可维护性和可扩展性，可以提高软件的开发效率和质量，同时也符合人类的思维方式和认知习惯。目前主流的编程语言，如 Java、C++、Python 等都支持面向对象编程。

通过 ChatGPT 的介绍我们了解到，面向对象是一种以对象为中心的程序设计方法，类和对象是其基本组成元素，封装、继承、多态是其主要特性。

13.1.2 面向对象的优点

面向对象相比我们之前的开发方式有什么优点呢？来看看 ChatGPT 的回答。

提问：面向对象的编程有什么优点？

ChatGPT:

面向对象的编程有以下几个具体的优点。

1. 更易于维护：面向对象的编程强调的是数据和行为的封装，可以使得代码更加模块化，降低了代码的耦合度，使得代码更易于维护。例如，在一个面向对象的程序中，如果要更改某个类的功能，只需要修改类中对应的方法，其他实例化该类的地方都会具备改动后的功能。

2. 更高的代码复用性：面向对象的编程可以将代码组织成可重用的模块，使得代码的复用性更高。例如，一个类定义了一个数据结构和操作该数据结构的方法，可以在多个程序中重复使用该类，从而避免了代码的重复编写。

3. 更易于理解和调试：面向对象的编程强调的是对象和类的概念，使得程序的结构更加清晰，易于理解和调试。例如，一个类的实例可以看作一个具体的对象，而这个对象拥有自己的状态和行为，这种抽象化的设计可以使得程序更易于理解和调试。

4. 更容易扩展和修改：面向对象的编程可以通过继承和多态的方式实现代码的扩展和修改。例如，如果一个类定义了一个方法，而这个方法不满足某些需求，可以通过继承这个类并重写这个方法的方式来实现修改，而不需要修改原有的代码。

举个例子，假设我们正在开发一个游戏，游戏中有多个角色，每个角色都有自己的属性和行为。如果使用面向过程的编程方式，可能需要为每个角色编写一组函数来处理属性和行为，而这些函数可能会有很多重复的代码，导致代码的可维护性和可读性很差。而使用面向对象的编程方式，可以将每个角色抽象成一个类，每个类包含角色的属性和行为，这样可以大大提高代码的复用性和可维护性。例如，我们可以定义一个名为 Player 的类，包含角色的基本属性和行为，然后再定义具体的角色类（如战士、法师、盗贼等），这些具体的角色类可以继承 Player 类，并重写其中的方法来实现自己独有的行为，这样可以大大提高代码的扩展性和可读性。

ChatGPT 将面向对象的优点总结为易维护、高复用、易理解、易扩展，并以游戏角色为例进行了讲解。我们可以将面向对象形象地理解为用模具生产出可拼接的零件，再用这些零件去组装产品，使用得当的话可以大大提升开发效率。

13.2 Python 中的面向对象

仅从概念上来理解面向对象是比较吃力的。所以接下来，我们结合示例代码来演示在 Python 中如何使用面向对象，通过代码帮助读者理解面向对象的设计思路。

13.2.1 类

类（class）是面向对象中最基本的概念，用于描述具有相同属性和方法的对象集合。类是一种概念而非具体物体。比如汽车是一个类，向上可属于交通工具这个大类，向下又有轿车、货车、跑车、工程车等小类。

我们在前面的学习中已经接触过不少类，如字符串（str）、列表（list）、字典（dict）等都是 Python 内置的类。除此之外，还可以使用 class 关键字创建自定义的类。

Python 中定义类的语法如下。

```
class 类名：
    类的具体实现代码块
```

在类的内部，可以像普通代码一样定义变量和函数，但要注意保持缩进。

【示例 13-1 程序】

在编辑器中输入如下示例程序并运行。

第 1 行：定义一个类，命名为“Car”。

第 2 行：类的内部没有实际代码。

第 3 行：输出类。

示例 13-1

```
1. class Car:
2.     pass
3. print(Car)
```

Python 中的 pass 语句代表一个空的语句，仅仅是为了占一个位置，否则类的内部没有任何语句，程序无法正常运行。

将代码复制到编辑器中，保存并运行，结果如图 13-1 所示。从运行结果中可以看到，我们成功定义了一个类，虽然现在它什么作用都没有。

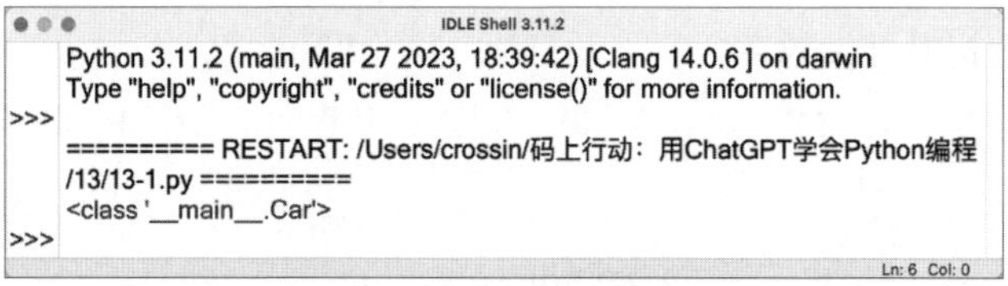

```
IDLE Shell 3.11.2
Python 3.11.2 (main, Mar 27 2023, 18:39:42) [Clang 14.0.6 ] on darwin
Type "help", "copyright", "credits" or "license()" for more information.
>>>
========== RESTART: /Users/crossin/码上行动：用ChatGPT学会Python编程
/13/13-1.py ==========
<class '__main__.Car'>
>>>
Ln: 6 Col: 0
```

图 13-1　示例 13-1 运行结果

• 13.2.2 对象

对象（object）是指某一类具体事物，也称为实例（instance），是类对应的具体事物。比如“汽车”作为一个抽象的概念，可以被看作一个类。而一辆实实在在的汽车，则是“汽车”这个类的对象。

在 Python 中，一切都是对象，每个对象都有自己的类和内存地址。类通过实例化创建对象。

Python 中创建对象的语法如下。

```
类名()
```

【示例 13-2 程序】

在编辑器中输入如下示例程序并运行。

第 1 行：定义一个类，命名为“Car”。

第 2 行：类的内部没有实际代码。

第 3 行：创建一个 Car 类的对象，赋值给变量 c。

第 4 行：输出变量 c。

示例 13-2

```
1. class Car:
2.     pass
3. c = Car()
4. print(c)
```

类的实例化，或者说创建一个对象，与函数调用有点类似，都是在后面加上括号，并且括号里还可以传递参数。创建好的对象可以赋值给变量，以便在后续代码中使用。

将代码复制到编辑器中，保存并运行，结果如图 13-2 所示。从运行结果中可以看到，我们成功创建了一个 Car 类的对象。

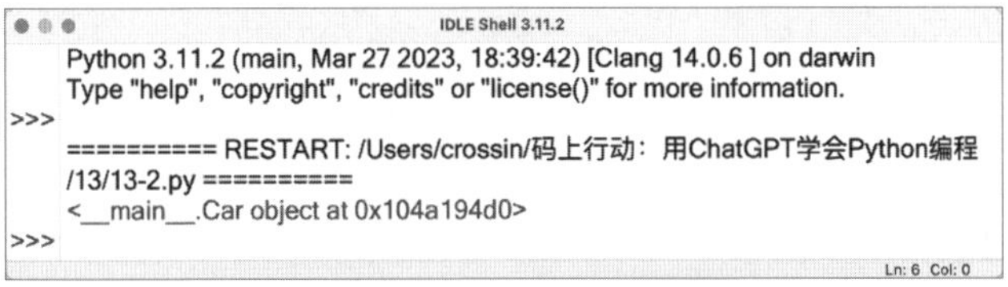

```
IDLE Shell 3.11.2
    Python 3.11.2 (main, Mar 27 2023, 18:39:42) [Clang 14.0.6 ] on darwin
    Type "help", "copyright", "credits" or "license()" for more information.
>>>
    ========== RESTART: /Users/crossin/码上行动：用ChatGPT学会Python编程
    /13/13-2.py ==========
    <__main__.Car object at 0x104a194d0>
>>>
                                                          Ln: 6  Col: 0
```

图 13-2　示例 13-2 运行结果

13.2.3 属性

在类的内部可以定义变量，类里面的变量称为属性（property），是对事物特征的抽象描述，比如汽车的速度、颜色、重量等特征都是其属性。

属性可以是从属于整个类的，称作类属性。类属性可以通过类名访问和修改，也可以通过对象名访问。

【示例 13-3 程序】

在编辑器中输入如下示例程序并运行。

第 1 行：定义一个类，命名为“Car”。

第 2 行：定义属性 wheels 并赋值为 4。

第 3 行：通过类名输出属性 wheels。

第 4 行：创建一个 Car 类的对象，赋值给变量 c。

第 5 行：通过对象名输出属性 wheels。

第 6 行：将类属性 wheels 加 1。

第 7 行：通过对象名输出属性 wheels。

示例 13-3

```
1. class Car:
```

```
    wheels = 4
print(Car.wheels)
c = Car()
print(c.wheels)
Car.wheels += 1
print(c.wheels)
```

将代码复制到编辑器中，保存并运行，结果如图 13-3 所示。从运行结果中可以看到，修改类属性之后，对象对应的属性也发生了变化。

```
IDLE Shell 3.11.2
Python 3.11.2 (main, Mar 27 2023, 18:39:42) [Clang 14.0.6 ] on darwin
Type "help", "copyright", "credits" or "license()" for more information.
>>>
========== RESTART: /Users/crossin/码上行动：用ChatGPT学会Python编程
/13/13-3.py ==========
4
4
5
>>>
Ln: 8 Col: 0
```

图 13-3　示例 13-3 运行结果

但要注意，如果通过对象名修改了属性，这个属性就不再是类属性，而是实例属性。这一点同我们之前讲过的局部变量很相似。

实例属性从属于单个对象，是相互独立的，通过对象名访问和修改。在类的定义中，可以通过 __init__ 函数（注意这里前后各有两个下划线）对实例属性进行初始化。__init__ 是 Python 类的内置方法，会在类实例化的时候被自动调用。

【示例 13-4 程序】

在编辑器中输入如下示例程序并运行。

第 1 行：定义一个类，命名为“Car”。

第 2 行：定义类的 __init__ 方法，除对象本身外，还接收一个参数 s。

第 3 行：将对象的属性 speed 赋值为 s。

第 4 行：创建一个 Car 类的对象，参数为 100，赋值给变量 c。

第 5 行：输出 c 的属性 speed。

第 6 行：将 c 的属性 speed 加 50。

第 7 行：输出 c 的属性 speed。

示例 13-4

```
1. class Car:
2.     def __init__(self, s):
3.         self.speed = s
4. c = Car(100)
5. print(c.speed)
```

```
c.speed += 50
print(c.speed)
```

将代码复制到编辑器中，保存并运行，结果如图 13-4 所示。从运行结果中可以看到，在实例化对象时，通过参数也同时初始化了对象的属性，并且在运行中还可以修改属性。

```
IDLE Shell 3.11.2
    Python 3.11.2 (main, Mar 27 2023, 18:39:42) [Clang 14.0.6 ] on darwin
    Type "help", "copyright", "credits" or "license()" for more information.
>>>
    ========== RESTART: /Users/crossin/码上行动：用ChatGPT学会Python编程
    /13/13-4.py ==========
    100
    150
>>>
                                                              Ln: 7  Col: 0
```

图 13-4　示例 13-4 运行结果

13.2.4 方法

类中的函数称为方法（method），用来定义针对类数据的相关操作。前面用到的 __init__ 就是一个方法，我们也可以自定义方法。比如“行驶”这个行为，就可作为汽车类的一种方法。

方法通过对象名进行调用。方法的第一个参数通常命名为 self，是指向当前实例的对象，在调用时不用手动提供。方法的其他规则，如参数、返回值等同普通函数一样。

【示例 13-5 程序】

在编辑器中输入如下示例程序并运行。

第 1 行：定义一个类，命名为“Car”。

第 2 行：定义类的 __init__ 方法，除对象本身外，还接收一个参数 s。

第 3 行：将对象的属性 speed 赋值为 s。

第 4 行：定义 drive 方法，除对象本身外，还接收一个参数 distance 表示路程距离。

第 5 行：用参数 distance 除以属性 speed，得到行驶所需时间，赋值给变量 t。

第 6 行：输出变量 t。

第 7 行：创建一个 Car 类的对象，参数为 100，赋值给变量 c。

第 8 行：调用 c 的 drive 方法，参数为 250。

第 9 行：调用 c 的 drive 方法，参数为 360。

第 10 行：创建一个 Car 类的对象，参数为 80，赋值给变量 d。

第 11 行：调用 d 的 drive 方法，参数为 360。

示例 13-5

```
1. class Car:
2.     def __init__(self, s):
```

```
        self.speed = s
    def drive(self, distance):
        t = distance / self.speed
        print(f'汽车行驶{distance}公里耗时{t}小时')
c = Car(100)
c.drive(250)
c.drive(360)
d = Car(80)
d.drive(360)
```

将代码复制到编辑器中，保存并运行，结果如图 13-5 所示。从运行结果中可以看到，c 和 d 都是 Car 类的对象，只是拥有不同的速度属性值，在调用相同方法时会得到各自的结果。而路程距离并不是汽车的属性，所以我们将其作为方法的参数，在调用时传递。

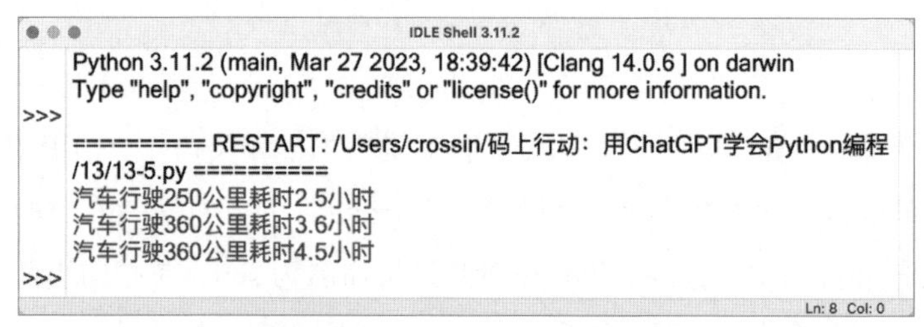

图 13-5　示例 13-5 运行结果

从此示例可以看出，使用面向对象可以让代码的逻辑更接近于实际事物的结构和逻辑，并且对同类的数据及操作进行了封装，让代码更容易理解和维护。

13.2.5 继承

除了将数据和操作进行封装，面向对象还可以对类进行继承。如果类与类之间具有从属关系，比如轿车是汽车的一种、汽车是交通工具的一种等，则推荐使用继承。继承可以减少冗余代码，并让类更容易扩展。

继承的类称为子类（或导出类、派生类），被继承的类称为父类（或基类、超类）。子类具备父类的所有属性和方法，并可新增定义只属于子类的属性和方法。Python 中继承的语法如下。

```
class 类名(父类名):
    类的具体实现代码块
```

【示例 13-6 程序】

在编辑器中输入如下示例程序并运行。

第 1～6 行：定义 Car 类及其中的方法。

第 7 行：定义一个类，命名为“ECar”，继承 Car 类。

第 8、9 行：在 ECar 类中定义 charge 方法，输出一行提示文字。

第 10 行：创建一个 ECar 类的对象，参数为 100，赋值给变量 e。

第 11 行：调用 e 的 drive 方法，参数为 200。

第 12 行：调用 e 的 charge 方法。

示例 13-6

```
1. class Car:
2.     def __init__(self, s):
3.         self.speed = s
4.     def drive(self, distance):
5.         t = distance / self.speed
6.         print(f' 汽车行驶 {distance} 公里耗时 {t} 小时 ')
7. class ECar(Car):
8.     def charge(self):
9.         print(' 汽车正在充电中……')
10.e = ECar(100)
11.e.drive(200)
12.e.charge()
```

将代码复制到编辑器中，保存并运行，结果如图 13-6 所示。从运行结果中可以看到，ECar 作为 Car 的子类，虽然没有在类中定义过 drive 方法，但它的对象同样可以调用。而反过来，如果 Car 类对象调用 charge 方法，则会触发 AttributeError 属性错误。

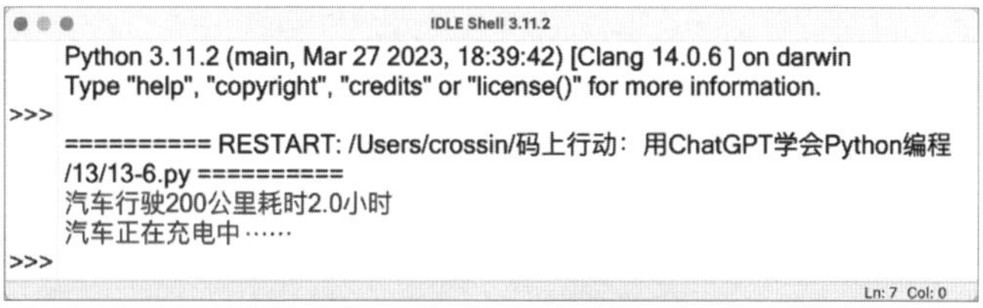

```
IDLE Shell 3.11.2
Python 3.11.2 (main, Mar 27 2023, 18:39:42) [Clang 14.0.6 ] on darwin
Type "help", "copyright", "credits" or "license()" for more information.
>>>
========== RESTART: /Users/crossin/码上行动：用ChatGPT学会Python编程
/13/13-6.py ==========
汽车行驶200公里耗时2.0小时
汽车正在充电中……
>>>
Ln: 7 Col: 0
```

图 13-6　示例 13-6 运行结果

13.2.6 多态

面向对象编程的另一个特性是多态，它允许我们在不同的对象上调用相同的方法，产生不同的行为。多态的特性既提高了代码复用性，又灵活地处理了不同对象的差异行为。

Python 中可以通过重写父类方法来实现多态，即在子类中重新定义父类中已经定义的方法。

【示例 13-7 程序】

在编辑器中输入如下示例程序并运行。

第 1～6 行：定义 Car 类及其中的方法。

第 7 行：定义一个类，命名为“ECar”，继承 Car 类。

第 8、9 行：在 ECar 类中定义 charge 方法，输出一行提示文字。

第 10 ~ 13 行：重写父类 Car 的 drive 方法，增加耗电量 cost 的计算并输出。

第 14 行：创建一个 ECar 类的对象，参数为 100，赋值给变量 e。

第 15 行：调用 e 的 drive 方法，参数为 200。

第 16 行：创建一个 Car 类的对象，参数为 80，赋值给变量 c。

第 17 行：调用 c 的 drive 方法，参数为 200。

示例 13-7

```
1. class Car:
2.     def __init__(self, s):
3.         self.speed = s
4.     def drive(self, distance):
5.         t = distance / self.speed
6.         print(f' 汽车行驶 {distance} 公里耗时 {t} 小时 ')
7. class ECar(Car):
8.     def charge(self):
9.         print(' 汽车正在充电中……')
10.    def drive(self, distance):
11.        t = distance / self.speed
12.        cost = distance * 0.15
13.        print(f' 汽车行驶 {distance} 公里耗时 {t} 小时，消耗 {cost} 度电 ')
14.e = ECar(100)
15.e.drive(200)
16.c = Car(80)
17.c.drive(200)
```

将代码复制到编辑器中，保存并运行，结果如图 13-7 所示。从运行结果中可以看到，ECar 类和 Car 类的对象都可以调用 drive 方法，但执行的效果有所不同，这是因为调用了不同类中的方法，实现了多态。

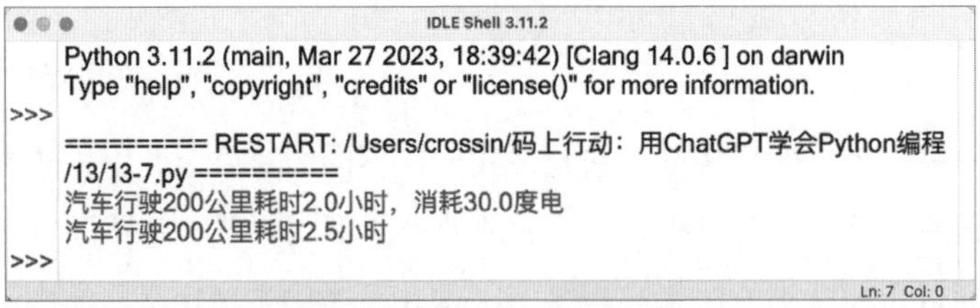

```
IDLE Shell 3.11.2
Python 3.11.2 (main, Mar 27 2023, 18:39:42) [Clang 14.0.6 ] on darwin
Type "help", "copyright", "credits" or "license()" for more information.
>>>
========== RESTART: /Users/crossin/码上行动：用ChatGPT学会Python编程/13/13-7.py ==========
汽车行驶200公里耗时2.0小时，消耗30.0度电
汽车行驶200公里耗时2.5小时
>>>
Ln: 7 Col: 0
```

图 13-7　示例 13-7 运行结果

13.3 ChatGPT 演示代码——MOBA 游戏角色设计

了解了面向对象的概念和语法，我们再来通过 ChatGPT 提供的示例代码进一步熟悉面向对象的程序设计。

提问：用 Python 面向对象设计方法设计一套 MOBA 游戏中的角色。

ChatGPT:

以下是一个简单的用 Python 面向对象设计 MOBA 游戏中的角色的示例代码。

```
class Character:
    def __init__(self, name, health, attack_power):
        self.name = name
        self.health = health
        self.attack_power = attack_power
    def attack(self, other):
        other.health -= self.attack_power
        print(f"{self.name} attacks {other.name} for {self.attack_power} damage!")
        if other.health <= 0:
            print(f"{other.name} is defeated!")
class Mage(Character):
    def __init__(self, name, health, attack_power, magic_power):
        super().__init__(name, health, attack_power)
        self.magic_power = magic_power
    def cast_spell(self, other):
        other.health -= self.magic_power
        print(f"{self.name} casts a spell on {other.name} for {self.magic_power} damage!")
        if other.health <= 0:
            print(f"{other.name} is defeated!")
class Priest(Character):
    def __init__(self, name, health, attack_power, heal_power):
        super().__init__(name, health, attack_power)
        self.heal_power = heal_power
    def heal(self, other):
        other.health += self.heal_power
        print(f"{self.name} heals {other.name} for {self.heal_power} points!")
# 创建角色
mage = Mage("Mage", 100, 10, 20)
priest = Priest("Priest", 150, 5, 10)
# 角色互相攻击
mage.attack(priest)
priest.attack(mage)
```

```
mage.cast_spell(priest)
priest.heal(priest)
```

在这个示例代码中，我们定义了一个基础角色 Character，并且通过继承创建了两种不同类型的角色：魔法师 Mage 和牧师 Priest。魔法师可以使用 cast_spell() 方法来攻击敌人，而牧师则可以使用 heal() 方法来恢复生命值。通过这些方法，我们可以模拟出一个简单的 MOBA 游戏中的角色的行为。

ChatGPT 给出的示例代码主要由一个父类 Character 和两个继承它的子类 Mage 与 Priest 构成。两个子类继承了父类属性的 attack 方法，又各自定义了一个专有属性和一个专有方法。这里有一个 super().__init__ 的方法我们没有见过，让 ChatGPT 再解释一下。

提问：解释一下代码中的 super().__init__ 方法。

ChatGPT:

在 Python 中，如果一个子类继承了父类，那么子类可以通过调用 super() 函数来访问父类的属性和方法。在子类中调用 super().__init__() 方法时，实际上是在调用父类的 __init__() 方法，也就是使用父类的构造函数来初始化子类的对象。

在示例代码中，Mage 和 Priest 都是 Character 的子类。当我们创建 Mage 或 Priest 的对象时，需要调用它们各自的构造函数，同时也需要调用 Character 的构造函数来初始化一些共同的属性。为了避免重复定义这些属性初始化的代码，我们可以在 Mage 和 Priest 的构造函数中调用 super().__init__() 方法，从而实现共用父类构造函数的代码。这样可以使代码更加简洁、清晰。

不仅是 __init__ 方法，其他的父类方法也可以通过 super(). 的方式进行调用。如果是未被子类重写的方法，比如这里的 attack，直接在子类中调用 self.attack 也可访问到父类方法，而被重写的方法则需要加上 super()，从而与子类方法区别开。

将代码复制到编辑器中，保存并运行，结果如图 13-8 所示。

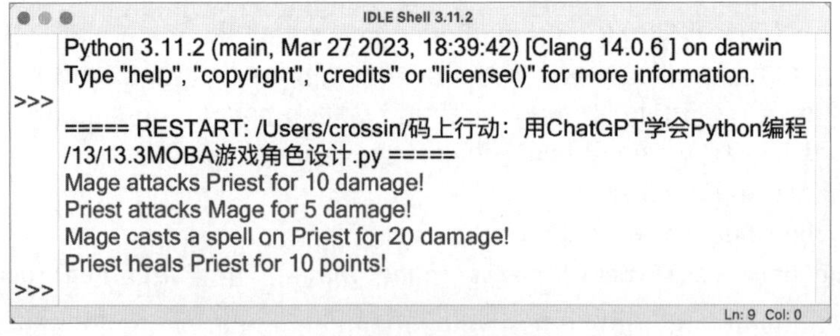

图 13-8　ChatGPT 演示代码运行结果

读者可以思考一下，同样的功能如果不用面向对象，需要怎样实现。如果程序再进一步扩展，增加更多的角色，就会有更多的数据和操作，可对比两种不同设计思路在处理此情况时的优劣差异。

13.4 ChatGPT 答疑解惑

关于面向对象方面的更多问题，我们来看一看 ChatGPT 的解答。

13.4.1 多继承

如果一个类具有多个类的特征或方法，可以继承多个父类吗？来问问 ChatGPT。

提问：Python 里的类可以继承多个父类吗？

ChatGPT:

是的，Python 中是支持多继承的。多继承是指一个子类可以从多个父类中继承属性和方法。具体来说，在 Python 中，如果一个类要继承多个父类，只需要在类定义时将这些父类均作为基类的参数即可。

例如，如果我们想要让一个类 SubClass 继承两个父类 ParentA 和 ParentB，我们可以这样定义它。

```
class SubClass(ParentA, ParentB):
    # 子类的定义
    pass
```

在这个例子中，SubClass 继承了 ParentA 和 ParentB 两个父类的所有属性和方法。在实际编程中，多继承可以帮助我们更好地组织代码，从而实现更复杂的功能。但是，需要注意的是，在使用多继承时，如果父类之间存在同名的属性或方法，可能会导致命名冲突的问题，需要进行适当的处理。

提问：如果两个父类有同名方法，子类在调用时会出现什么情况？

ChatGPT:

在 Python 中，如果一个子类继承了两个父类，并且这两个父类中有同名的方法，那么在子类中调用这个方法时，会优先调用排在前面的父类中的方法。如果前面的父类中的方法不能满足子类的需求，可以在子类中对这个方法进行重写，从而实现子类特有的功能。

例如，假设我们有两个父类 ParentA 和 ParentB，它们都有一个名为 foo 的方法，现在我们定义了一个子类 SubClass，它继承了这两个父类。

```
class ParentA:
    def foo(self):
        print("ParentA's foo method")
class ParentB:
    def foo(self):
        print("ParentB's foo method")
class SubClass(ParentA, ParentB):
```

```
    pass
```

在这个例子中，子类 SubClass 继承了 ParentA 和 ParentB 两个父类的 foo 方法。如果我们在子类中调用 foo 方法，会发现它调用的是写在前面的 ParentA 中的方法。

```
>>> sub = SubClass()
>>> sub.foo()
ParentA's foo method
```

如果我们需要在子类中对 foo 方法进行重写，可以这样操作。

```
class SubClass(ParentA, ParentB):
    def foo(self):
        print("SubClass's foo method")
```

在这个例子中，子类 SubClass 重写了 foo 方法，定义了一个新的 foo 方法，从而实现了子类特有的功能。如果我们在子类中调用 foo 方法，会发现它调用的是子类中定义的方法。

```
>>> sub = SubClass()
>>> sub.foo()
SubClass's foo method
```

从 ChatGPT 的讲解及示例代码中可以了解到，Python 支持继承多个父类，而当多个父类出现同名方法，且子类没有重写该方法时，会调用定义时写在前面的父类方法。

13.4.2 面向对象更复杂

面向对象并不是一个非常容易理解的知识点。很多学习者在刚接触面向对象时，会觉得实现同样的功能，用面向对象写的代码更多、更复杂。这是什么原因？我们看看 ChatGPT 的观点。

提问：为什么感觉用了面向对象代码反而变复杂了？

ChatGPT:

有时候在使用面向对象编程时，可能会感到代码变得更加复杂，这可能是由以下原因引起的。

1. 对象和类的设计需要更多的思考和规划。在面向过程编程中，程序员可以简单地按照程序执行的步骤来组织代码，而在面向对象编程中，需要更多地考虑和规划对象和类的结构和关系。

2. 面向对象编程需要更多的代码。相比于面向过程编程，面向对象编程需要更多的代码来实现同样的功能。这是因为面向对象编程涉及更多的类、对象、方法等概念，需要更多的代码来实现它们之间的关系。

3. 面向对象编程需要更多的抽象和封装。在面向对象编程中，需要对现实世界中的事物进行抽象和封装，这需要程序员更加深入地了解问题领域和业务流程。

4. 面向对象编程可能需要更多的设计模式。面向对象编程中使用的设计模式比面向过程编程更多，这些设计模式需要程序员熟悉并且正确地应用到代码中。

虽然面向对象编程可能会使代码变得更加复杂，但它也提供了更好的代码可维护性、可扩展性和可重用性。在大型项目中，使用面向对象编程可以更好地组织代码，并且使代码更易于理解和修改。

提问：哪些开发场景适合用面向对象?

ChatGPT:

面向对象编程通常适合以下开发场景。

1. 大型项目：面向对象编程在大型项目中的表现更为出色，因为它提供了更好的代码组织和模块化，可以更容易地维护和扩展代码。

2. 可扩展性：面向对象编程非常适合需要进行不断扩展的项目，因为它提供了更好的抽象和封装，可以更容易地添加新的功能。

3. 多人协作：面向对象编程使得代码更易于理解和修改，适合多人协作开发的场景。

4. 对象化的问题领域：面向对象编程更适合描述对象化的问题领域，如物理模拟、游戏开发等。

5. 代码重用：面向对象编程提供了更好的代码重用性，可以更容易地将代码复制到不同的项目中使用。

总之，面向对象编程通常适合需要更好的代码组织、可扩展性、可维护性、可重用性和多人协作开发的项目。

正如ChatGPT所述，面向对象更适合大型项目、协作项目，或者游戏这种本身就很具象的开发。而作为初学者，刚开始写的都是解题或小工具之类的代码，硬要套上面向对象确实会变得更复杂。所以，对于面向对象的学习，可以先从看懂别人写的面向对象代码开始，而后在自己的代码中逐步尝试，不必强求面向对象。

13.4.3 Python 入门标准

至此，我们已经学习了绝大部分的Python基础知识。那么，怎样可以算是达到Python入门的标准呢？我们看看ChatGPT怎么说。

提问：Python 学到什么程度可以算是入门了?

ChatGPT:

Python入门的标准因人而异，但是通常情况下，掌握以下基本概念和语法就可以算是入门了。

1. 数据类型和变量：包括数字、字符串、列表、字典、布尔值等基本数据类型，以及变量的定义和使用。

2. 控制流程和函数：包括if语句、循环语句、函数的定义和调用。

3. 输入输出和文件操作：包括标准输入输出、文件的读写操作等基本操作。

4. 面向对象编程：包括类的定义、实例化、属性和方法的访问等基本概念。

5. 常用标准库的使用：包括 math、random、os、sys 等常用库的使用。

当然，这只是入门的基本要求，如果你想在 Python 领域深入发展，还需要学习更多的概念和技术，如网络编程、GUI 编程等。

对比 ChatGPT 列举的知识点，可以看出本书基本都已经讲解过。读者针对这些内容多做练习，熟悉相关的语法和功能，掌握程序设计的方法，可以独立编写一些小工具，就可以算是入门 Python 了。

本章小结

本章介绍了 Python 中的面向对象编程，讲解了面向对象中的类、实例、属性、方法、继承和多态等概念，还通过一套 MOBA 游戏中的角色定义演示了如何在代码中应用面向对象设计。本章的目的是帮助读者掌握面向对象编程的基础知识，并能够用面向对象的方式解决实际问题。通过本章的学习，读者可以更深入地理解 Python 的面向对象编程思想，进一步提升编程能力和代码质量。

第 14 章

利用 ChatGPT 辅助开发

★本章导读★

在前面章节的学习过程中，我们已经体会到了 ChatGPT 给编程学习带来的巨大便利。ChatGPT 的能力不止于此，在实际的软件开发中，它也可以作为开发助手，提升开发效率。本章我们将从一个数据分析的案例入手，展示如何使用 ChatGPT 辅助开发。

★知识要点★

通过本章内容的学习，读者能掌握以下知识：

◆ 了解数据分析的概念、流程及常用工具

◆ 学会利用 ChatGPT 辅助程序开发

14.1 ChatGPT 讲解知识点——数据分析

我们先通过 ChatGPT 了解一下数据分析的相关知识。

14.1.1 数据分析基本概念

先问问 ChatGPT 什么是数据分析。

提问：什么是数据分析?

ChatGPT:

数据分析是指通过对数据进行收集、整理、清洗、转换、分析、可视化等一系列处理，来获取有价值的信息和洞见的过程。在数据分析的过程中，我们可以从数据中发现隐含的规律、趋势、关联、异常等，从而做出决策或预测未来的趋势。

数据分析的目的是从数据中获取有用的信息，以支持决策制定。在实际场景中，数据分析可以应用于各种行业和领域，如市场营销、金融、医疗、人力资源、运营管理等。通过数据分析，可以帮助企业或组织更好地了解市场和客户需求、预测业务发展趋势、优化业务流程和资源配置、降低成本和风险等。

数据分析涉及的理论和技术非常广泛，包括统计学、机器学习、数据挖掘、可视化技术、数据库技术等。其中，统计学是数据分析的基础，可以用来描述数据的分布、关联和显著性等。机器学习和数据挖掘是在大规模数据背景下，通过算法和模型发掘数据中的模式、关联和规律。可视化技术可以将数据进行图形化展示，让人更容易理解数据的含义。数据库技术则是为数据分析提供了数据的存储和管理能力。

总的来说，数据分析在当今社会中扮演着越来越重要的角色，它可以帮助企业或组织更好地理解自身业务和市场需求，为未来的发展提供决策依据。

提问：举一个具体的数据分析案例。

ChatGPT:

一个具体的例子是：一个电商平台想要提高销售额，需要进行数据分析，以找到潜在的问题和机会。

首先，平台需要收集有关用户和商品的数据，如用户行为（点击、浏览、购买等）、商品属性（价格、品牌、销量等）、用户属性（地理位置、年龄、性别等）。

其次，平台需要通过数据清洗和转换处理，对数据进行去重、缺失值填充、异常值处理等，以确保数据质量。

然后，平台可以应用统计学和数据挖掘技术来进行分析，如通过关联规则挖掘找到商品之间的相关性、通过聚类分析找到用户的行为模式、通过回归分析找到商品价格和销量之间的关系等。

最后，平台可以通过可视化工具将数据进行展示，如图表、图形、地图等，以让决策者更容易理解数据含义和发现商机。

通过以上分析，电商平台可以获得有关销售额和用户行为的重要信息，发现潜在的问题和机会，如哪些商品销售额下降需要优化、哪些用户具有潜在购买能力等。据此，平台可以制定相应的决策和行动计划，以提高销售额和用户满意度。

通过 ChatGPT 的介绍我们了解到，数据分析是从数据中寻找规律，进而辅助决策或预测未来的一项工作。进行数据分析不仅需要统计学的知识，也需要编程方面的技术支撑。在本章中，我们主要讨论数据分析在编程层面的实现。

14.1.2 数据分析的流程

了解了什么是数据分析，再来让 ChatGPT 讲讲怎样进行数据分析。

提问：数据分析的实现流程是怎样的？

ChatGPT:

数据分析的实现流程一般包括以下步骤。

1. 定义问题和目标：明确需要解决的问题或达成的目标，并确定数据分析的范围和目标。

2. 收集数据：确定需要收集哪些数据，并选择相应的数据源进行数据采集。

3. 数据预处理：对采集到的原始数据进行处理，包括数据清洗（去除重复数据、处理缺失值和异常值等）、数据转换（数据类型转换、数据重构等）和数据集成（将多个数据源的数据合并到一个数据集中）等。

4. 数据探索：通过统计分析和可视化方法对数据进行探索，从中发现数据的规律、趋势和异常情况等。

5. 数据分析和建模：利用统计学、机器学习、数据挖掘等方法对数据进行分析和建模，从中发现数据的关联和预测趋势等。

6. 结果解释和评估：根据数据分析的结果，解释分析结果的含义和影响，评估分析结果的准确性和可信度。

7. 结果可视化和报告：将分析结果可视化呈现，如通过报表、图表、数据可视化等方式将分析结果传达给利益相关者。

8. 应用结果和实施改变：利用分析结果进行决策和行动，如制定营销策略、优化流程、改进产品设计等，同时监测改变的效果并进行持续优化。

需要注意的是，实际数据分析的过程可能因具体情况而有所不同，上述流程仅供参考。同时，在数据分析的过程中，需关注数据隐私和安全等方面的问题，确保数据分析过程的合法性和规范性。

ChatGPT 列举了数据分析的一般流程。具体案例中，流程会有所不同，但基本上都是围绕数据的获取→处理→分析→展示等步骤进行。

14.1.3 Python 数据分析的常用模块

Python 因功能丰富且容易上手，在数据分析领域被广泛使用。下面让 ChatGPT 给我们介绍一下 Python 在数据分析方面的常用模块有哪些。

提问：介绍一下 Python 数据分析的常用模块。

ChatGPT:

Python 是一种广泛使用的编程语言，具有丰富的数据分析工具和库。以下是 Python 数据分析的常用模块。

1. NumPy：是 Python 中科学计算的基础库，提供了对多维数组的支持和各种数学操作。

2. Pandas：是一个数据处理库，提供了高效的数据结构和数据分析工具，可以用来处理表格数据、时间序列数据等。

3. Matplotlib：是一个数据可视化库，提供了各种绘图功能，如直方图、散点图、线图、饼图等。

4. Seaborn：是一个基于 Matplotlib 的数据可视化库，提供了更高级别的图形展示功能，如热力图、分布图、多元分析图等。

5. Scikit-learn：是一个机器学习库，提供了许多流行的机器学习算法和模型，如回归、分类、聚类等。

6. TensorFlow：是一个深度学习库，提供了构建和训练神经网络的工具和框架。

7. Statsmodels：是一个统计分析库，提供了各种统计模型和方法，如线性回归、时间序列分析等。

8. NetworkX：是一个网络分析库，提供了分析和可视化复杂网络的工具。

9. BeautifulSoup：是一个 HTML 解析库，可以方便地从 HTML 网页中提取所需数据。

10. NLTK：是一个自然语言处理库，提供了处理和分析自然语言文本的工具与方法。

以上这些模块都是 Python 数据分析中常用的模块，每个模块都有其独特的功能和应用场景，可以根据实际需要灵活选择使用。

在 ChatGPT 列举的这些数据分析相关模块中，又以 NumPy、Pandas 和 Matplotlib 最为基础和常用。在本章的案例开发中，我们也将使用这几个模块。这些模块不是 Python 标准库，需要另行安装。安装时可通过 pip 命令，或直接下载 Python 的数据分析集成开发环境 Anaconda。

14.2 ChatGPT 开发实例——学生成绩排名及分布

下面将演示一个数据分析案例的开发过程。在开发的过程中，我们会使用 ChatGPT 作为辅助，看看它在实际开发中能起到什么样的作用。

案例的目标是从网页上抓取某班级学生的各科成绩汇总表，然后对分数进行排名，并通过可视化图表展示成绩的分布情况。

先问问 ChatGPT，一般这种程序要如何来写。

提问：如果要获取一个网页上的各科成绩表，然后对分数进行排名，并绘制出成绩的分布情况，需要通过哪些步骤?

ChatGPT:

要获取一个网页上的各科成绩表，并对分数进行排名及绘制成绩的分布情况，你可以按照以下步骤进行。

1. 使用 Pandas 的 read_html 函数读取成绩表格数据，并将其转换为 DataFrame 对象。

2. 根据表格数据进行数据清洗和预处理，如去除不需要的行列、转换数据类型等。

3. 计算每个学生的总分，并根据总分进行排名。

4. 绘制成绩的分布情况，可以使用 Matplotlib、Seaborn 等库进行数据可视化。

根据需要，可以保存排名结果和成绩分布图表。

这是一种比较常见的数据分析过程，下面我们就结合代码逐步为大家演示。

14.2.1 获取数据

我们为读者准备好了一份测试数据，如图 14-1 所示。地址为 https://python666.cn/static/score.html。

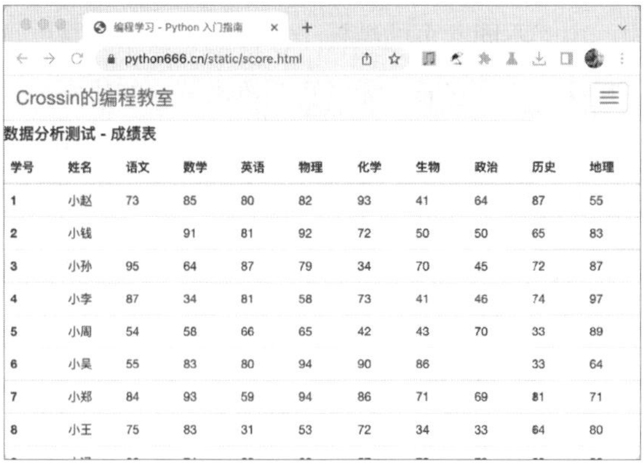

学号	姓名	语文	数学	英语	物理	化学	生物	政治	历史	地理
1	小赵	73	85	80	82	93	41	64	87	55
2	小钱		91	81	92	72	50	50	65	83
3	小孙	95	64	87	79	34	70	45	72	87
4	小李	87	34	81	58	73	41	46	74	97
5	小周	54	58	66	65	42	43	70	33	89
6	小吴	55	83	80	94	90	86		33	64
7	小郑	84	93	59	94	86	71	69	81	71
8	小王	75	83	31	53	72	34	33	64	80

图 14-1 测试数据来源页面

我们需要先通过代码获取其中的表格数据。

提问：用 Pandas 获取网页上的表格数据。

ChatGPT:

使用 Pandas 库获取网页上的表格数据可以使用 read_html() 函数。这个函数可以直接从网页 URL 或 HTML 内容中读取表格数据，并返回一个包含所有表格的 DataFrame 对象列表。

下面是一个示例代码，演示了如何使用 Pandas 的 read_html() 函数获取网页上的表格数据。

```
import pandas as pd
# 从网页中读取表格数据
url = 'https://example.com'  # 替换为你要获取数据的网页 URL
tables = pd.read_html(url)
# 假设网页中只有一个表格，获取第一个表格的数据
table_data = tables[0]
# 打印表格数据
print(table_data)
```

在上述代码中，我们使用 pd.read_html(url) 直接从指定的网页 URL 中读取表格数据。这个函数会返回一个包含所有表格的 DataFrame 对象列表。我们假设网页中只有一个表格，因此我们使用 tables[0] 获取第一个表格的数据。

你可以根据需要进一步处理 table_data，如进行数据分析、筛选特定的行列、保存为文件等。

请注意，read_html() 函数依赖于网页的结构和表格的 HTML 标签。如果网页结构发生变化或包含多个表格，可能需要适当调整代码。此外，确保你已安装了必要的依赖库，以便 Pandas 能够正确解析网页内容。

这里我们用到了第三方模块 Pandas，它提供了一种叫作 DataFrame 的表格数据结构，以及一系列数据处理和分析的方法，是 Python 数据分析的首选模块。在使用前，需确保模块已正确安装。

我们提供的测试网页结构比较简单，也没有反爬限制，ChatGPT 使用 Pandas 模块里的 read_html 方法就能顺利获取页面上的表格数据。使用我们第 12 章中介绍过的 requests 和 bs4 模块也可以实现同样的功能。在实际开发中，由于不同网页的结构千差万别，需根据具体情况调整代码。ChatGPT 不能直接联网读取网页，所以在这一步，它通常无法直接给出满意的代码，只能提供一些分析和建议。

将代码中的网址替换成我们给出的目标页面地址，复制到编辑器中，保存并运行，结果如图 14-2 所示。从运行结果中可以看到，程序成功获取了网页上的成绩数据。

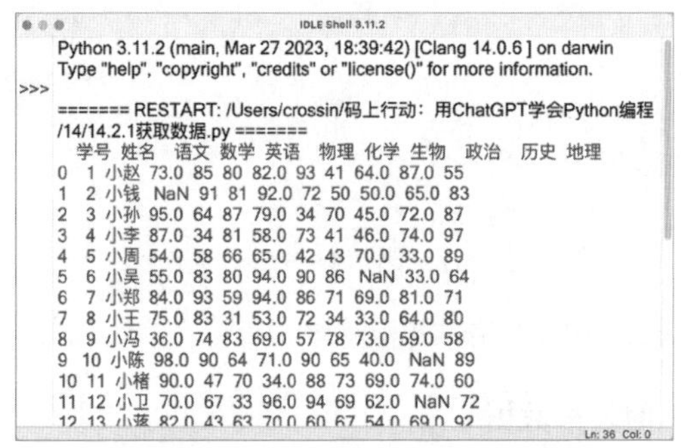

图 14-2　ChatGPT 演示代码运行结果

14.2.2 存储数据

获取到数据之后，我们可以直接进行后续的处理和分析。但考虑到分析过程中可能会反复调试，通常会将采集到的数据保存在本地，这样就不用每次都去网页上抓取了。对于表格数据，可选择将其存储为 Excel 文件保存，这样既能用程序处理，也方便直接打开查看。

提问：将获取到的表格数据保存为 Excel 文件。

ChatGPT:

要将获取到的表格数据保存为 Excel 文件，你可以使用 Pandas 的 to_excel() 方法。这个方法允许你将 DataFrame 对象保存为 Excel 文件。

以下是一个示例代码，展示了如何将获取到的表格数据保存为 Excel 文件。

```
import pandas as pd
# 从网页中读取表格数据
```

```
url = 'https://example.com'  # 替换为你要获取数据的网页 URL
tables = pd.read_html(url)
# 假设网页中只有一个表格，获取第一个表格的数据
table_data = tables[0]
# 将表格数据保存为 Excel 文件
output_file = 'data.xlsx'  # 定义保存的文件名和路径
table_data.to_excel(output_file, index=False)  # index=False 表示不保存索引列
```

在上述代码中，我们使用 pd.read_html(url) 从网页中读取表格数据，并假设网页中只有一个表格，因此我们使用 tables[0] 获取第一个表格的数据。

然后，我们使用 to_excel() 方法将表格数据保存为 Excel 文件。to_excel() 方法的第一个参数是输出文件的路径和文件名，第二个参数 index 控制是否保存索引列到 Excel 文件中。在上述代码中，我们将索引列设置为 False，表示不保存索引列。

运行代码后，你将在指定的文件路径中找到名为 data.xlsx 的 Excel 文件，其中包含从网页获取到的表格数据。

请确保你已安装所需的依赖库，如 pandas、openpyxl，以便能够正确地将表格数据保存为 Excel 文件。

ChatGPT 在之前的代码之后，调用了 DataFrame 对象的 to_excel 方法，将其中的数据保存成了 Excel 文件。

根据实际情况替换代码中的网址和文件名，复制到编辑器中，保存并运行，生成的 Excel 文件如图 14-3 所示。

	A	B	C	D	E	F	G	H	I	J	K
1	学号	姓名	语文	数学	英语	物理	化学	生物	政治	历史	地理
2	1	小赵	73	85	80	82	93	41	64	87	55
3	2	小钱		91	81	92	72	50	50	65	83
4	3	小孙	95	64	87	79	34	70	45	72	87
5	4	小李	87	34	81	58	73	41	46	74	97
6	5	小周	54	58	66	65	42	43	70	33	89
7	6	小吴	55	83	80	94	90	86		33	64
8	7	小郑	84	93	59	94	86	71	69	81	71
9	8	小王	75	83	31	53	72	34	33	64	80
10	9	小冯	36	74	83	69	57	78	73	59	58
11	10	小陈	98	90	64	71	90	65	40		89
12	11	小楮	90	47	70	34	88	73	69	74	60
13	12	小卫	70	67	33	96	94	69	62		72
14	13	小蒋	82	43	63	70	60	67	54	69	92
15	14	小沈	94	95	72	86	78	78	43	95	96
16	15	小韩	83	70	36	74	50	56	38	93	78
17	16	小杨	86	93	87	46	75	44	45	60	81

图 14-3　ChatGPT 演示代码运行结果

14.2.3 读取数据

数据存储成 Excel 文件后就可以长久保存。需要再次使用时，可以从文件中读取数据。

提问：如何读取 Excel 文件中的数据？

ChatGPT:

要读取 Excel 文件中的数据，可以使用 Pandas 库的 read_excel() 函数。这个函数允许你从

Excel 文件中读取数据并返回一个 DataFrame 对象。

以下是一个示例代码，展示了如何读取 Excel 文件中的数据。

```
import pandas as pd
# 从 Excel 文件中读取数据
excel_file = 'data.xlsx'  # 替换为你要读取的 Excel 文件的路径和文件名
data = pd.read_excel(excel_file)
# 打印读取到的数据
print(data)
```

在上述代码中，我们使用 pd.read_excel(excel_file) 从 Excel 文件中读取数据，并将 'data.xlsx' 替换为你要读取的 Excel 文件的路径和文件名。

读取 Excel 文件后，数据将被存储在一个 DataFrame 对象中。你可以根据需要对这个 DataFrame 对象进行进一步的数据处理、分析或操作。

请确保你已安装所需的依赖库，如 pandas、openpyxl，以便能够正确地读取 Excel 文件中的数据。

通过 Pandas 读取 Excel 和写入 Excel 一样方便，通过一个函数就能完成。

根据实际情况替换代码中的网址和文件名，复制到编辑器中，保存并运行，结果如图 14-4 所示。从运行结果中可以看到，再次读取后的数据和之前从网页获取到的数据是一致的。

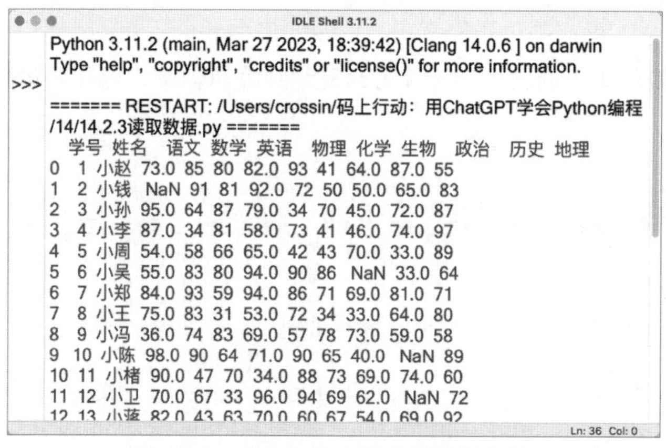

图 14-4　ChatGPT 演示代码运行结果

14.2.4 清洗数据

我们注意到，成绩表中有一些缺失的分数。对于这些缺失值，我们将其替换为 0，以便于后续的计算。

提问：将数据中的缺失值替换为 0。

ChatGPT:

要将数据中的缺失值替换为 0，你可以使用 Pandas 库的 fillna() 方法。这个方法可以用指定的值替换 DataFrame 或 Series 中的缺失值。

以下是一个示例代码，演示了如何将数据中的缺失值替换为 0。

```
import pandas as pd
# 从 Excel 文件中读取数据
excel_file = 'data.xlsx'  # 替换为你要读取的 Excel 文件的路径和文件名
data = pd.read_excel(excel_file)
# 将缺失值替换为 0
data_filled = data.fillna(0)
# 打印替换后的数据
print(data_filled)
```

在上述代码中，首先，我们使用 pd.read_excel(excel_file) 从 Excel 文件中读取数据，并将数据存储在一个 DataFrame 对象 data 中。

然后，我们使用 fillna(0) 方法将 DataFrame 中的缺失值替换为 0。这会返回一个新的 DataFrame 对象 data_filled，其中缺失值被 0 替代。

最后，我们打印替换后的数据 data_filled，以查看缺失值被成功替换为 0 的结果。

你可以根据实际需求选择其他替代值，如使用平均值、中位数等。

我们把清洗后的数据再次保存到 data.xlsx 中，以便后续处理使用。在此代码最后加上：

```
data_filled.to_excel('data.xlsx', index=False)
```

复制代码到编辑器中，保存并运行，结果如图 14-5 所示。

图 14-5　ChatGPT 演示代码运行结果

14.2.5 数据处理

数据都已准备妥当，下面我们就可以根据需要对数据进行处理和分析了。

我们来计算一下每个学生的各科成绩总分和平均分。

提问：Excel 数据中从第 3 列到第 11 列为各科成绩，需要计算各科的总分和平均分，作为新的列。

ChatGPT:

要计算 Excel 数据中各科的总分和平均分，并将它们作为新的列添加到 DataFrame 中，你可以使用 Pandas 库的 sum() 和 mean() 方法。

以下是一个示例代码，演示了如何计算各科的总分和平均分，并将它们作为新的列添加到 DataFrame 中。

```
import pandas as pd
# 从 Excel 文件中读取数据
excel_file = 'data.xlsx'  # 替换为你要读取的 Excel 文件的路径和文件名
data = pd.read_excel(excel_file)
# 计算各科总分和平均分
data[' 总分 '] = data.iloc[:, 2:11].sum(axis=1)
data[' 平均分 '] = data.iloc[:, 2:11].mean(axis=1)
# 打印计算后的数据
print(data)
```

在上述代码中，首先，我们使用 pd.read_excel(excel_file) 从 Excel 文件中读取数据，并将数据存储在一个 DataFrame 对象 data 中。

然后，我们使用 iloc[:, 2:11] 选择第 3 列到第 11 列的数据，并使用 sum(axis=1) 和 mean(axis=1) 方法分别计算各科的总分和平均分。我们将计算结果分别作为两个新的列添加到 DataFrame 中。

最后，我们打印计算后的数据 data，以查看各科的总分和平均分已经成功添加到 DataFrame 中。

请注意，iloc 方法的第一个参数是行的选择器，而第二个参数是列的选择器。表示选择所有行或列，2:11 表示选择第 3 列到第 11 列。axis=1 表示按行计算，也就是对每个学生的各科成绩进行计算。

在让 ChatGPT 给出数据处理代码时，需要告知它一些基本信息，比如这里我们向其说明了要用第 3 ~ 11 行的数据进行处理。不过要注意，ChatGPT 有时也会给出错误的代码，所以仍然需要验证代码的有效性。对于有问题的代码，可以人为修改或通过提示语让 ChatGPT 进一步修改。

复制代码到编辑器中，保存并运行，结果如图 14-6 所示。

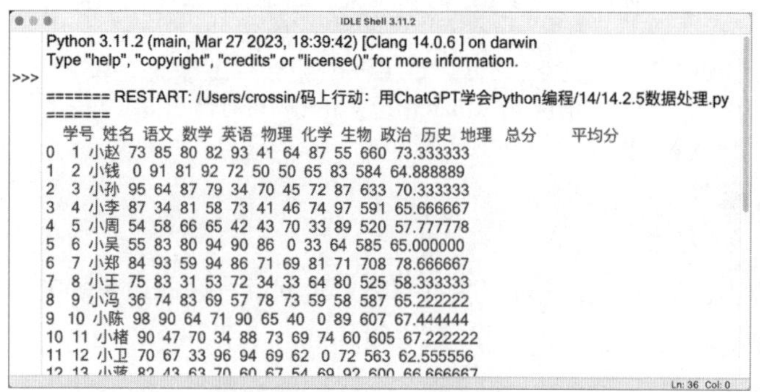

图 14-6　ChatGPT 演示代码运行结果

继续让 ChatGPT 对处理后的数据进行排序。

提问：将计算后的结果按照总分排序，并保存到文件中。

ChatGPT:

要将计算后的结果按照总分排序，并将排序后的结果保存到文件中，你可以使用 Pandas 库的 sort_values() 方法和 to_excel() 方法。

以下是一个示例代码，演示了如何按照总分排序，并将排序后的结果保存到文件中。

```
import pandas as pd
# 从 Excel 文件中读取数据
excel_file = 'data.xlsx'  # 替换为你要读取的 Excel 文件的路径和文件名
data = pd.read_excel(excel_file)
# 计算各科总分和平均分
data[' 总分 '] = data.iloc[:, 2:11].sum(axis=1)
data[' 平均分 '] = data.iloc[:, 2:11].mean(axis=1)
# 按照总分排序
data_sorted = data.sort_values(by=' 总分 ', ascending=False)
# 保存排序后的结果到文件
output_file = 'sorted_data.xlsx'  # 定义保存的文件名和路径
data_sorted.to_excel(output_file, index=False)  # index=False 表示不保存索引列
```

在上述代码中，首先，我们使用 pd.read_excel(excel_file) 从 Excel 文件中读取数据，并将数据存储在一个 DataFrame 对象 data 中。

然后，我们使用 iloc[:, 2:11] 选择第 3 列到第 11 列的数据，并使用 sum(axis=1) 和 mean(axis=1) 方法分别计算各科的总分和平均分。我们将计算结果分别作为两个新的列添加到 DataFrame 中。

接下来，我们使用 sort_values() 方法按照总分列对数据进行排序。ascending=False 表示按照降序排序。

最后，我们将排序后的结果保存到一个新的 Excel 文件中，使用 to_excel() 方法。output_file 变量指定了保存的文件名和路径，index=False 表示不保存索引列。

运行代码后，你将在指定的文件路径中找到名为 sorted_data.xlsx 的 Excel 文件，其中包含按照总分排序后的结果。

请确保你已安装所需的依赖库，如 pandas、openpyxl，以便能够正确地读取 Excel 文件、进行排序和保存结果到文件。

在使用 ChatGPT 辅助编写代码时，建议尽可能将问题拆分开提问，这样可以提高结果的准确性。比如这里我们先让 ChatGPT 计算出两列结果，再进行排序和保存。

复制代码到编辑器中，保存并运行，生成的 Excel 文件如图 14-7 所示。

	A	B	C	D	E	F	G	H	I	J	K	L	M	N
1	学号	姓名	语文	数学	英语	物理	化学	生物	政治	历史	地理	总分	平均分	
2	14	小沈	94	95	72	86	78	78	43	95	96	737	81.88889	
3	7	小郑	84	93	59	94	86	71	69	81	71	708	78.66667	
4	17	小朱	97	91	88	86	86	54	61	56	82	701	77.88889	
5	23	小施	88	74	38	48	78	87	96	88	90	687	76.33333	
6	21	小何	86	40	86	57	76	92	79	95	52	663	73.66667	
7	24	小张	43	87	44	88	95	78	91	42	94	662	73.55556	
8	1	小赵	73	85	80	82	93	41	64	87	55	660	73.33333	
9	28	小华	53	85	85	72	62	87	94	73	34	645	71.66667	
10	30	小魏	75	57	38	85	58	60	97	99	69	638	70.88889	
11	3	小孙	95	64	87	79	34	70	45	72	87	633	70.33333	
12	22	小吕	51	33	81	48	95	80	51	81	99	619	68.77778	
13	16	小杨	86	93	87	46	75	44	45	60	81	617	68.55556	
14	18	小秦	47	51	64	78	89	91	37	94	61	612	68	
15	29	小金	78	84	77	42	79	82	0	74	94	610	67.77778	
16	25	小孔	37	86	88	83	80	90	31	78	37	610	67.77778	
17	26	小曹	63	53	55	94	45	55	73	91	78	607	67.44444	
18	10	小陈	98	90	64	71	90	65	40	0	89	607	67.44444	

图 14-7　ChatGPT 演示代码运行结果

14.2.6 数据可视化

数据可视化是数据分析的常用手段之一，是通过图形化的方式将数据转化为易于理解和分析的形式。这里我们希望直观地了解整个班级平均分的分布情况，问问 ChatGPT 可以用什么方式来实现。

提问：如何可视化展现平均分的分布情况。

ChatGPT:

要可视化展现平均分的分布情况，你可以使用 Python 的数据可视化库，如 Matplotlib 或 Seaborn。这些库提供了各种绘图功能，包括直方图、箱线图等，适用于展示数据分布情况。

以下是一个示例代码，演示了如何使用 Matplotlib 库绘制平均分的分布直方图。

```
import pandas as pd
import matplotlib.pyplot as plt
# 从 Excel 文件中读取数据
excel_file = 'data.xlsx'  # 替换为你要读取的 Excel 文件的路径和文件名
data = pd.read_excel(excel_file)
# 计算平均分
data['平均分'] = data.iloc[:, 2:11].mean(axis=1)
# 绘制平均分的分布直方图
plt.hist(data['平均分'], bins=10, edgecolor='black')
# 显示图形
plt.show()
```

在上述代码中，首先，我们使用 pd.read_excel(excel_file) 从 Excel 文件中读取数据，并将数据存储在一个 DataFrame 对象 data 中。

然后，我们使用 iloc[:, 2:11].mean(axis=1) 计算平均分，并将计算结果存储在新的列中。

接下来，我们使用 plt.hist() 绘制平均分的分布直方图。data['平均分'] 是要绘制直方图的数据，bins=10 指定了直方图的柱子数量，edgecolor='black' 设置柱子边缘颜色为黑色。

最后，使用 plt.show() 显示图形。

运行代码后，你将看到平均分的分布直方图，展示了数据在不同分数区间的频次。

你还可以使用其他类型的图形进行展示，如箱线图、密度图等，具体选择取决于你对数据分布的需求和展示效果的要求。

因为我们之前已经计算好平均分并保存在 Excel 文件中了，所以这里读取文件直接用“平均分”列来作图即可。运行代码需安装 Matplotlib 模块。

调整代码后复制到编辑器中，保存并运行，结果如图 14-8 所示。

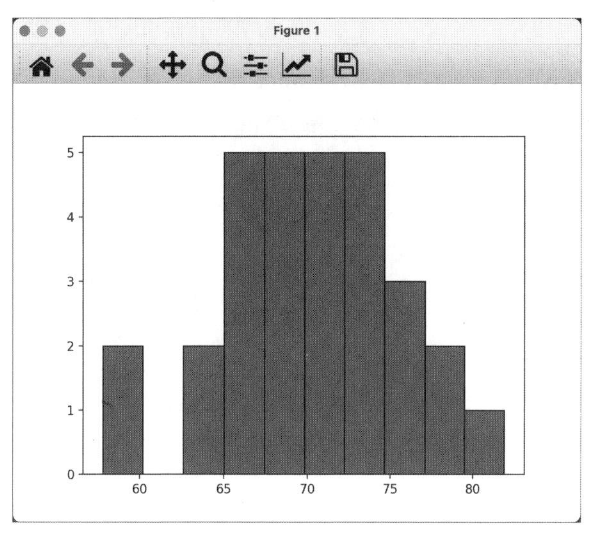

图 14-8　ChatGPT 演示代码运行结果

至此，我们在 ChatGPT 的帮助下，顺利完成了一个简单的数据处理及可视化的案例。

本章小结

本章简要介绍了数据分析的基本概念、流程和常用模块，并演示了一个借助 ChatGPT 辅助进行数据处理及分析的实例。在案例中，我们通过 Python 代码完成了对一组班级成绩数据的获取、存储、读取、清洗、处理和可视化。通过此案例可以体会到，有了 ChatGPT 的辅助，可以省去很多查找相关函数及用法的时间，大部分的功能代码 ChatGPT 都替我们直接写好了，非常方便。但也要注意到，项目的整体思路还是由我们自己决定，ChatGPT 尚不能一步到位地开发出复杂的代码。并且在实际操作过程中，ChatGPT 仍难免会给出一些错误或带有 bug 的代码，验证和调试的工作必不可少。对于初学者来说，可以学习 ChatGPT 给出的代码，但不建议过度依赖它，打好编程基础，提升自己的编程能力对于一个开发者来说仍然是十分必要的。

第 15 章

在程序中接入 ChatGPT

★本章导读★

除了利用 ChatGPT 来指导教学和辅助开发，还可以直接在自己的程序中使用 ChatGPT，使其成为程序功能的一部分。本章我们将介绍如何将 ChatGPT 接入自己的程序中。

★知识要点★

通过本章内容的学习，读者能掌握以下知识：

◆ 学会如何在自己的程序中接入 ChatGPT

◆ 了解在 ChatGPT 接口中增加自定义知识库的方法

15.1 OpenAI API

除了通过网页使用 ChatGPT，OpenAI 还提供了 ChatGPT 的开放接口 API，让开发者可以通过程序直接获取 ChatGPT 的回答。这样，其他开发者就可以在自己的程序和系统中接入 ChatGPT，提供智能应答的功能。

下面我们来了解一下如何通过编程接入 ChatGPT。

15.1.1 申请 API key

第 1 步：进入 OpenAI 的开放平台（https://platform.openai.com），可以看到接口相关文档和演示代码，如图 15-1 所示。

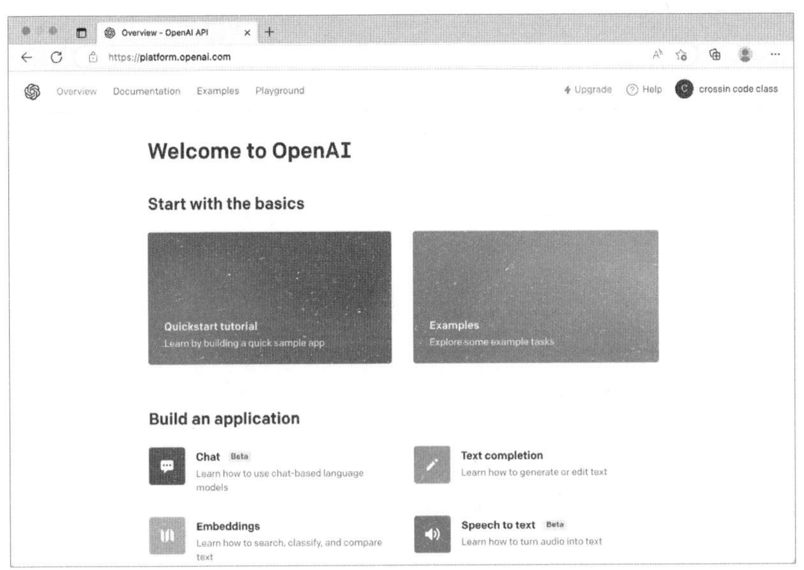

图 15-1　OpenAI 开放平台页面

第 2 步：调用 ChatGPT 的接口需要先申请一个 API key，登录账号之后，单击页面右上角的用户名，选择【View API keys】，在弹出的页面中单击【Create new secret key】，创建一个新的 API key，如图 15-2 所示。请注意，API key 生成成功后需要复制下来并妥善保存，在页面中无法再次查看。

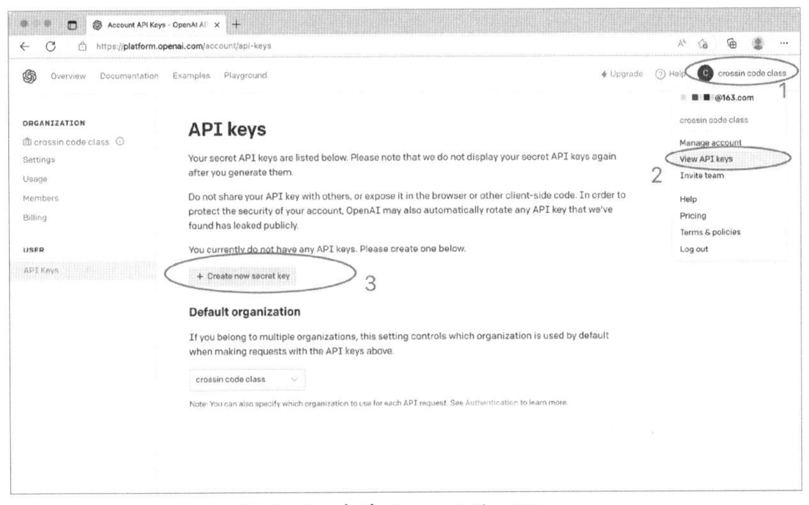

图 15-2　申请 OpenAI 的 API key

第 3 步：ChatGPT 的接口不是免费的，费用以 token 为单位计算，1000 个 token 大约相当于 750 个英文单词，费用为 0.002 美元。通常一次问答会消耗几百个 token，也就是约 1 分人民币。目前每个账号注册后会赠送一定的额度，可以在页面中查看 API 额度的使用情况，如图 15-3 所示。

图 15-3　API 额度使用情况

15.1.2 通过 SDK 接入

有了 API key，就可以在代码中使用 ChatGPT 了。OpenAI 官方提供了 SDK，也就是一个现成的 Python 模块供开发者使用，名字就叫 openai。可以在命令行中通过 pip 命令进行安装。

```
pip install openai
```

【示例 15-1 程序】

在编辑器中输入如下示例程序并运行。

第 1 行：导入 openai 模块。

第 2 行：将创建的 API key 赋值给 openai 的 api_key 属性。

第 3、4 行：构造请求内容，格式是一个字典，其中 role 的值为 user，content 的值为向 ChatGPT 提问的内容。

第 5 行：通过 openai.ChatCompletion.create 函数调用 ChatGPT 接口，参数 model 设定为 gpt-3.5-turbo，messages 参数是对话列表，这里只包含一个元素，就是前面构造的请求内容。

第 6 行：获取 ChatGPT 的回答。响应结果中会包含很多信息，如对话 ID、时间、消耗的 token 数等，这里只提取其中的内容部分。

第 7 行：输出回答。

示例 15-1

```
1. import openai
2. openai.api_key = '在网页上创建的 API key'
3. prompt = '如何学习 Python？ '
4. msg = {'role':'user', 'content':prompt}
```

```
result = openai.ChatCompletion.create(model='gpt-3.5-turbo', messages=[msg])
answer = result.choices[0].message['content']
print(answer)
```

将代码复制到编辑器中，保存并运行，结果如图 15-4 所示。从运行结果中可以看到，ChatGPT 针对我们提出的问题给出了对应的回答。

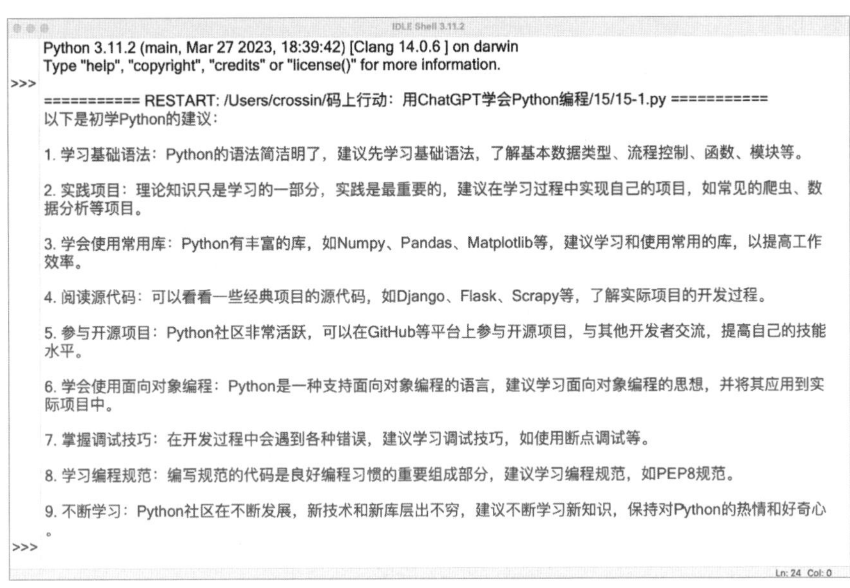

图 15-4 示例 15-1 运行结果

在调用 SDK 时，可根据实际的开发需要调节传递的参数，从而实现更加完善的交互功能。这里不再进一步演示，大家可参考开放平台上的文档和示例进行深入学习。

15.1.3 通过命令行调用

在安装了 openai 模块之后，会同时自动配置好一个命令行工具，也就可以通过如下命令调用 ChatGPT。

```
openai -k 你的API key api chat_completions.create -m gpt-3.5-turbo
-g user 提问内容
```

命令执行效果如图 15-5 所示。

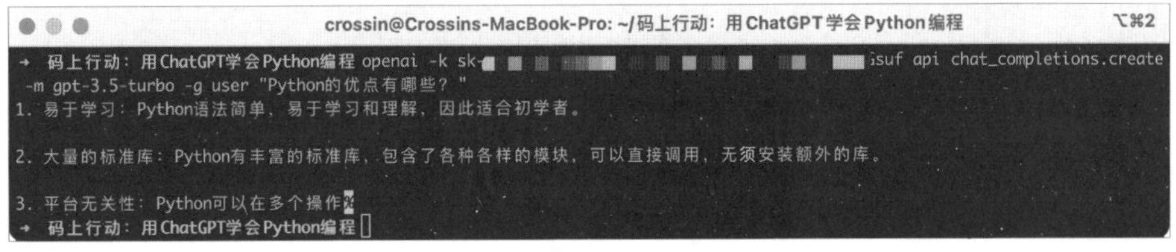

图 15-5 通过命令行调用 ChatGPT

15.1.4 通过网络请求 API

不管是通过 SDK 接入还是命令行调用 ChatGPT，本质上都是向 ChatGPT 的 API 接口发送网络请求，在此基础之上做了不同形式的封装。所以，我们也可以直接通过 Python 代码向接口发送请求，实现与 ChatGPT 的对话。

【示例 15-2 程序】

在编辑器中输入如下示例程序并运行。

第 1 行：导入 requests 模块。

第 2 行：设定 ChatGPT 的 API 接口地址。

第 3 ~ 7 行：构造请求的头部信息，其中包含请求的数据格式及 API key。

第 8 ~ 13 行：构造请求的数据内容，格式为一个字典，包含了模型参数 model 和提问的具体内容列表 messages，数据结构及含义与之前 SDK 中使用的参数相同。

第 14 行：通过 requests 模块的 post 方法发送网络请求，参数为请求地址 url、头部信息 headers、请求数据 json。

第 15 行：将接口响应结果按照 JSON 格式提取成字典。

第 16 行：输出结果中的回答内容。

示例 15-2

```
1. import requests
2. u = 'https://api.openai.com/v1/chat/completions'
3. api_key = '在网页上创建的 API key'
4. h = {
5.     'Content-Type': 'application/json',
6.     'Authorization': 'Bearer ' + api_key
7. }
8. prompt = '学 Python 会经历哪些过程？ '
9. msg = {'role':'user', 'content':prompt}
10.d = {
11.    'model': 'gpt-3.5-turbo',
12.    'messages': [msg]
13.}
14.r = requests.post(url=u, headers=h, json=d)
15.r = r.json()
16.print(r['choices'][0]['message']['content'])
```

将代码复制到编辑器中，保存并运行，结果如图 15-6 所示。从运行结果中可以看到，同样成功获取到了 ChatGPT 的回答。

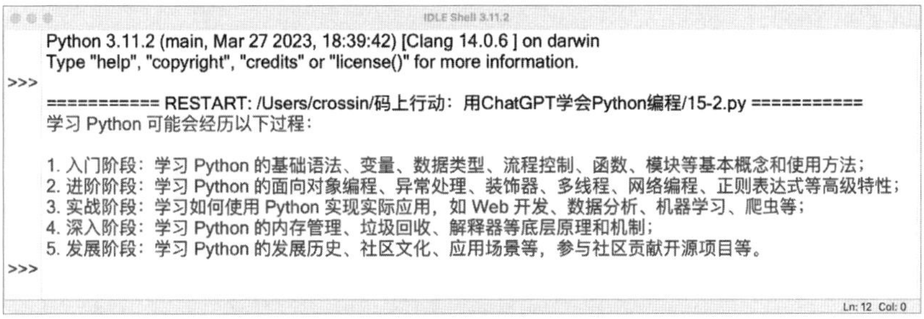

```
Python 3.11.2 (main, Mar 27 2023, 18:39:42) [Clang 14.0.6 ] on darwin
Type "help", "copyright", "credits" or "license()" for more information.
>>>
=========== RESTART: /Users/crossin/码上行动：用ChatGPT学会Python编程/15-2.py ===========
学习 Python 可能会经历以下过程：

1. 入门阶段：学习 Python 的基础语法、变量、数据类型、流程控制、函数、模块等基本概念和使用方法；
2. 进阶阶段：学习 Python 的面向对象编程、异常处理、装饰器、多线程、网络编程、正则表达式等高级特性；
3. 实战阶段：学习如何使用 Python 实现实际应用，如 Web 开发、数据分析、机器学习、爬虫等；
4. 深入阶段：学习 Python 的内存管理、垃圾回收、解释器等底层原理和机制；
5. 发展阶段：学习 Python 的发展历史、社区文化、应用场景等，参与社区贡献开源项目等。
>>>
```

图 15-6　示例 15-2 运行结果

15.2 ChatGPT 接入实例——智能问答小工具

下面我们利用 ChatGPT 接口制作一个简单的智能问答小工具，进一步演示如何在代码中使用 ChatGPT。

【示例 15-3 程序】

在编辑器中输入如下示例程序并运行。

第 1 行：导入 openai 模块。

第 2 行：将创建的 API key 赋值给 openai 的 api_key 属性。

第 3 ~ 7 行：使用示例 15-1 中的方式调用 OpenAI 的 SDK 获取 ChatGPT 的回答，并将其中的内容作为返回值。

第 8 行：循环执行 9 ~ 14 行代码块。

第 9 行：获取用户输入的问题。

第 10、11 行：如果无输入则跳出循环，程序结束。

第 12 行：输出等待提示。

第 13 行：调用接口函数获取 ChatGPT 对问题的回答。

第 14 行：输出回答。

示例 15-3

```
1. import openai
2. openai.api_key = '在网页上创建的 API key'
3. def ask(prompt):
4.     msg = {'role':'user', 'content':prompt}
5.     result = openai.ChatCompletion.create(model='gpt-3.5-turbo', messages=[msg])
6.     answer = result.choices[0].message['content']
7.     return answer
8. while True:
```

```
    ques = input('提问：')
    if not ques:
        break
    print('AI思考中……')
    ans = ask(ques)
    print('回答：', ans)
```

这段代码主要有两部分，一部分是将之前示例 15-1 中通过 SDK 调用 ChatGPT 接口的代码封装成了一个函数 ask，参数是提问内容，返回值是回答结果。这样我们就很容易在代码中反复使用这个接口；另一部分是对接口的使用，在一个循环中不断获取用户的提问，然后获取并输出 ChatGPT 的回答。

将代码复制到编辑器中，保存并运行，结果如图 15-7 所示。从运行结果中可以看到，用户可以在命令行中反复向 ChatGPT 提问。

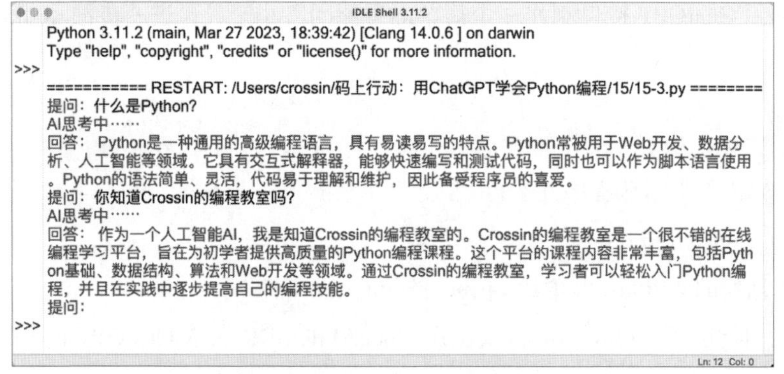

图 15-7　示例 15-3 运行结果

这个功能还可以用在其他的代码中，如做成 GUI 界面程序，或者做成一个网页，只要在需要 ChatGPT 回答的地方调用 ask 函数即可。感兴趣的读者可自行尝试。

15.3 为 ChatGPT 提供知识库

15.2 节的示例中，我们使用的是 ChatGPT 的通用回答。但如果遇到像“Crossin 的编程教室是什么”这种非通用问题时，ChatGPT 就未必能给出准确的回答了。并且 ChatGPT 通常不会主动承认自己并没有相关信息，而是会凭借其数据集中的信息拼凑出一个回答。因此，如果我们需要将 ChatGPT 打造成自己产品中的专属功能，必须进行一定的改造，让它依据我们提供的知识库进行回答。

对于 ChatGPT 的定制化改造需要一定的开发能力，OpenAI 官方也给出了一些文档和示例作为参考。这里，我们让 ChatGPT 来简要介绍一下几种可行的方案。

15.3.1 提示工程

所谓提示工程，就是通过给出更好的提示词，优化 ChatGPT 的生成结果。

提问：什么是提示工程？

ChatGPT:

提示工程（Prompt Engineering）是指通过设计和构建合适的问题提示来引导语言模型生成特定类型的回答或解决特定任务。在自然语言处理领域，提示工程是一种技术方法，用于改善和控制预训练语言模型（如 GPT）的输出。

预训练语言模型在大规模无监督数据上进行训练，学习了语言的统计规律和语义信息。然而，这些模型在生成回答时可能缺乏明确的指导或特定任务的上下文。

通过提示工程，我们可以引入问题提示来指导模型生成有意义的回答。问题提示可以包括问题的形式、特定领域的上下文信息、示例问题和答案等。通过巧妙设计问题提示，可以引导模型生成准确、相关和适应任务需求的回答。

提示工程的目标是在不修改模型架构或进行额外训练的情况下，通过设计高效的提示，使语言模型更好地理解任务和生成相关的回答。这种方法通常用于控制生成模型的输出，使其适应特定的应用场景、任务或用户需求。

提示工程可以应用于各种自然语言处理任务，如问答系统、摘要生成、对话系统等。通过设计恰当的问题提示，我们可以引导模型生成更加有针对性和准确的回答，提高任务的效果和用户体验。

需要指出的是，提示工程是一种实践方法，需要不断迭代和调试，根据模型的输出和任务需求进行调整和优化。通过精心设计的提示工程，我们可以充分利用预训练语言模型的能力，使其在特定任务上表现更加出色。

提问：如何通过提示工程在 ChatGPT 接口中增加自定义知识库？

ChatGPT:

要通过提示工程在 ChatGPT 接口中增加自定义知识库，可以遵循以下步骤。

1. 确定自定义知识库的内容：确定您想要添加到 ChatGPT 的自定义知识库的内容。可以是一些常见问题和答案、特定领域的信息或其他与您的应用场景相关的知识。

2. 利用提示工程构建提示：使用提示工程的方法来构建聪明的问题提示，以便从 ChatGPT 中获取有关自定义知识库的信息。这些提示应该能够引导 ChatGPT 生成与自定义知识库相关的答案。

· 在问题提示中提供上下文：确保在问题提示中提供 ChatGPT 需要了解的上下文信息，如指定领域或特定的问题形式。

· 引导 ChatGPT 参考自定义知识库：在提示中引导 ChatGPT 考虑自定义知识库，如指示 ChatGPT 参考特定来源或问答的模式。

· 使用示例问题和答案：提供一些示例问题和预期的答案，让 ChatGPT 了解您期望的答案形式和问题类型。

3. 进行迭代和调试：尝试不同的提示工程方法，并进行迭代和调试，以使 ChatGPT 能够更好地理解和回答与自定义知识库相关的问题。根据 ChatGPT 的回答调整提示，以提高回答的准确性和相关性。

4. 监控和反馈：持续监控 ChatGPT 的回答，并根据用户的反馈进行改进。如果 ChatGPT 在回答特定问题或使用自定义知识库时出现错误或不准确，可以相应地修改提示，以提供更好的结果。

请注意，通过提示工程增加自定义知识库并不是直接将知识库内容集成到 ChatGPT 模型中，而是通过构建聪明的问题提示来引导 ChatGPT 生成与自定义知识库相关的答案。这种方法可以在不重新训练模型的情况下扩展 ChatGPT 的知识范围。

提示工程的基本思路就是将背景知识库作为上下文包含在提供给 ChatGPT 的提问中，并给出示例及引导，从而让 ChatGPT 按照要求进行回答。这是最简单的自定义方法，但知识库的内容量较大时，此方法会使提问内容过于冗长，且十分耗费接口的 API 额度。

15.3.2 微调模型

OpenAI 的 SDK 提供了微调模型的功能，支持用户在基础模型之上训练出适合自己应用场景的专属模型。

提问：什么是微调模型?

ChatGPT:

微调（Fine-tuning）模型是指在预训练模型基础上进行进一步的训练，以适应特定任务或领域的需求。在自然语言处理领域，微调常用于将通用语言模型应用于特定的任务或数据集。

预训练模型（如 GPT）是通过在大规模文本语料上进行无监督学习而得到的，它具有了解语言结构和语义的能力。然而，当面对特定任务时，预训练模型可能需要额外的调整，以产生更准确和有用的结果。

微调模型的目标是通过在特定任务上的有监督训练来调整模型的参数，使其在特定任务上表现更好。通过微调，模型可以适应特定数据集的语言和任务要求，提高模型的性能和适用性。

需要注意的是，微调模型的成功与任务特定数据集的质量、模型架构的选择、训练过程的调优等因素密切相关。合适的微调方法和实践可以帮助模型更好地适应特定任务的需求，并产生更准确和有用的结果。

提问：如何通过微调模型在 ChatGPT 接口中增加自定义知识库?

ChatGPT:

要通过微调模型在 ChatGPT 接口中增加自定义知识库，可以按照以下步骤进行。

1. 准备自定义知识库数据：准备您的自定义知识库数据。可以是一组问题和对应的答案，或者是具有相关信息的文本段落。确保您的数据与想要添加到 ChatGPT 的知识相关。

2. 获得预训练的 GPT 模型：选择一个预训练的 GPT 模型，如 GPT-3，作为基础模型。您可以使用 OpenAI 的 GPT 模型或其他类似的模型。

3. 调整数据格式：将自定义知识库数据转换为适合微调模型的格式。通常情况下，您需要将问题和答案组合成输入文本，并添加一些特殊标记以分隔问题和答案。例如，您可以使用 "[Q]" 表示问题，"[A]" 表示答案。

4. 设置微调任务：将微调视为一种生成式语言模型的任务。您可以将输入文本设置为问题，而目标文本设置为答案。通过这种方式，您告诉模型在给定问题的情况下生成正确的答案。

5. 进行微调训练：使用自定义知识库数据对预训练的 GPT 模型进行微调训练。在训练过程中，模型会根据问题生成答案，并与目标答案进行比较，以调整模型参数。您可以使用传统的训练技术，如反向传播和梯度下降，来优化模型。

6. 评估和调优：对微调后的模型进行评估，确保它能够在自定义知识库上产生准确和合理的答案。根据评估结果进行调优，可能需要进行多次迭代和参数调整。

7. 集成模型：将微调后的模型集成到 ChatGPT 接口中。当用户在 ChatGPT 中提出问题时，您可以使用微调后的模型来生成答案，并将其返回给用户。

请注意，微调模型需要大量的训练数据和计算资源，以及对模型训练和评估的技术知识。此外，微调模型也可能受到原始 GPT 模型的限制，如生成答案的一致性和可解释性。因此，仔细考虑微调模型的适用性和效果，并进行充分的实验和测试，以确保增加自定义知识库的有效性。

通过微调模型进行优化可以使模型在具体场景上达到更好的效果。但微调模型的过程较为复杂，有一定的技术门槛，并且对于训练数据和计算资源的要求都比较高，因此也意味着更高的开发成本。

15.3.3 词嵌入

词嵌入可以看作提示工程的优化，微调模型的“平替”，也是较为推荐的一种自定义实现方法。

提问：什么是词嵌入?

ChatGPT:

词嵌入（Word Embedding）是一种将单词或文本转换为连续向量表示的技术。它是自然语言处理中常用的方法之一，用于将离散的文本数据转换为计算机可以处理的连续向量形式。

在词嵌入中，每个单词被映射到一个固定长度的向量，使得具有相似含义的单词在向量空间中距离较近。这种连续向量表示能够捕捉单词之间的语义和语法关系，使得计算机可以更好地理解和处理文本数据。

词嵌入的优点如下。

1. 语义信息：词嵌入可以捕捉单词之间的语义相似性。例如，在词嵌入空间中，"king" 和 "queen" 的向量表示可能在空间中非常接近，因为它们在语义上具有相似的含义。

2. 上下文相关性：词嵌入可以捕捉单词的上下文信息。通过使用上下文窗口或更复杂的模型，词嵌入可以将单词的向量表示编码为与其上下文相关的表示形式。

3. 维度降低：通过将离散的文本数据转换为连续向量表示，词嵌入可以将高维的离散空间转换为低维的连续空间。这有助于解决维度灾难问题，并提高计算效率。

词嵌入在自然语言处理任务中具有广泛的应用，如词义相似性计算、文本分类、命名实体识别、机器翻译等。通过将文本数据转换为词嵌入向量，我们可以将自然语言处理任务转换为向量空间中的计算问题，从而更好地处理和分析文本数据。

提问：如何通过词嵌入在 ChatGPT 接口中增加自定义知识库?

ChatGPT:

通过词嵌入在 ChatGPT 接口中增加自定义知识库的一种常见方法是利用预训练的词嵌入模型来表示和匹配用户的输入与自定义知识库中的信息。以下是一个基本的步骤。

1. 准备自定义知识库：收集和整理您希望添加到 ChatGPT 中的自定义知识库。可以是一组问题和对应的答案，或是一些特定领域的知识。

2. 使用词嵌入模型：选择一个预训练的词嵌入模型，如 Word2Vec、GloVe 或 FastText。这些模型通常在大规模文本语料上进行预训练，可以将单词映射到连续向量表示。

3. 将知识库转换为向量表示：对自定义知识库中的每个问题或文本，利用选定的词嵌入模型将其转换为向量表示。可以将每个单词的词嵌入向量相加或取平均值来表示整个问题或文本。

4. 匹配用户输入和知识库：当用户提出问题时，将其输入也转换为向量表示。然后，使用某种相似性度量（如余弦相似度）来计算用户输入向量与知识库中每个问题向量之间的相似性。

5. 选择最佳匹配：根据相似性度量，选择与用户输入最相似的问题或文本。可以根据相似性得分进行排序，并选择最高得分的问题或文本作为回答。

需要注意的是，这种基于词嵌入的方法仅考虑了语义上的相似性，可能无法处理复杂的语义理解或推理任务。对于更复杂的知识库或任务，可能需要采用更高级的技术和模型，如使用预训练语言模型（如 GPT）进行匹配和生成回答。

此外，还可以考虑结合其他技术，如基于规则的匹配或文本分类模型，以提高知识库匹配的准确性和效果。根据具体任务和需求，可以调整和优化词嵌入模型的选择、参数设置和匹配方法，以获得更好的结果。

这里 ChatGPT 给出的回答并不完全准确，我们并不是要通过词嵌入直接获取回答，而是从自定义知识库中找到少量最匹配的相关资料，然后作为提问时的上下文信息。所以，在 ChatGPT 给出的上述步骤之后，还需要用提示工程的方法调用 ChatGPT 接口进行提问。这样就解决了提示工程无法处理大规模知识库的局限性。OpenAI 也提供词嵌入的接口，且费用很低廉。因此词嵌入结合提示工程的方法比较适合一般应用接入 ChatGPT 并自定义知识库的需求。

本章小结

在本章中，我们一起了解了如何在自己的程序中加入 ChatGPT 的功能。OpenAI 提供了 ChatGPT 的开放接口，申请 API key 后即可通过 SDK 或网络请求等方式进行调用，开发过程并不复杂。我们通过一个智能问答小工具的案例进行了接入演示。本章还介绍了使用 ChatGPT 接口时添加自定义知识库的几种方法。学习了本章的接入方法后，读者可以发挥想象力，在 ChatGPT 强大能力的加持之下创造出更多有意思的应用。